秸秆何处安放

夏贤格　陈云峰　杨　利　等　著

图书在版编目(CIP)数据

秸秆何处安放 / 夏贤格等著 . --北京：中国农业科学技术出版社，2022.8

ISBN 978-7-5116-5820-3

Ⅰ.①秸…　Ⅱ.①夏…　Ⅲ.①秸秆-综合利用　Ⅳ.①S38

中国版本图书馆 CIP 数据核字(2022)第 122396 号

责任编辑　张国锋
责任校对　李向荣
责任印制　姜义伟　王思文

出 版 者　中国农业科学技术出版社
　　　　　北京市中关村南大街 12 号　　邮编：100081
电　　话　(010) 82106625 (编辑室)　(010) 82109702 (发行部)
　　　　　(010) 82109709 (读者服务部)
网　　址　http://www.castp.cn
经 销 者　各地新华书店
印 刷 者　北京富泰印刷有限责任公司
开　　本　170 mm×240 mm　1/16
印　　张　13
字　　数　240 千字
版　　次　2022 年 8 月第 1 版　2022 年 8 月第 1 次印刷
定　　价　58.00 元

《秸秆何处安放》

著者人员名单

夏贤格　陈云峰　杨　利　邹　娟　胡　诚
张志毅　张　智　杨立军　周　维　吕　亮
董朝霞　于　翠　胡洪涛　刘　威　刘　波
徐祥玉　刘冬碧　刘东海　聂新星　张富林
夏　颖　李文静　袁　斌

前　　言

人类曾有长达250万年的时间靠采集及狩猎为生，并不会特别干预动植物的生长情形①。

随着新石器时代劳动工具的改进与运用，人类逐步告别采集和狩猎，走进了农耕时代，以维系其自身生存和发展的原始农业日益兴起。先民们开始对农作物进行驯化和种植，在收获农作物籽粒的同时，也留下了农作物的秸秆。

在漫长的农业生产实践中，人们更多的是关注农作物的籽粒（食物的产生），深深感知“万物土中生，食从土中来”，同时，对秸秆的认识也不断加深，处理和利用秸秆的途径不断拓展。

历史上秸秆在人们的生产生活中随处可见，与人们的关系日益密切。最常见的烧火做饭少不了秸秆。秸秆燃尽后剩下的草木灰，还可以肥田、洗衣，有时也可作为干燥剂和药品。人们时常用秸秆建房子、筑堤坝，编织成各种生产生活中的用具；秸秆作为饲料，喂养马、牛、羊等牲畜；秸秆作为有机肥料，直接还田，等等。不管人们怎么开发利用秸秆，在秸秆的诸多用途中，作为燃料的用途一直是占主导地位的。

进入20世纪90年代，我国秸秆表现出“相对过剩”，主要原因：一是随着农业的进步，秸秆数量不断增加；二是随着社会发展和科技进步，秸秆逐步被新的原（燃）材料取代，特别是农村能源结构的变化，秸秆的用途越来越有限，消耗秸秆的渠道越来越窄；三是对秸秆的自然属性认识不充分，利用技术开发滞后，新的用途没有得到及时拓展。秸秆“过剩”了，人们又没有找到其他处理和利用的办法，似乎变成了“包袱”。农民无可奈何地选择“一烧了之”，特别是到了夏收、秋收之际，全国范围内曾一度秸秆田间焚烧此起彼伏，“烽烟四起”。秸秆焚烧，带来了交通受阻、事故频发；加剧了雾霾天气、

---

① 尤瓦尔·赫拉利著．林俊宏译．人类简史：从动物到上帝［M］．2版．中信出版集团股份有限公司．2017：75.

空气质量降低；更为严重的是浪费了秸秆资源，污染了生态环境。

秸秆田间焚烧显然已经成为影响人们生产生活的全国性的问题。各级政府采取行政干预，国家和地方纷纷立法立规，纳入依法管理，一场秸秆禁烧之路走了三十年，终于取得应有成效。

堵住了秸秆焚烧，必须疏通秸秆处理和利用渠道。摆在人们面前的现实问题是及时为秸秆找出路，这已成为政府、农民、科技工作者的共同责任。

在探索秸秆处理与资源化利用的实践中，根据秸秆的自然资源属性、市场需求、环境约束，考量经济效益、社会效益、生态效益，各地开展了秸秆“肥料化、饲料化、基料化、燃料化、原料化”利用技术研究，并根据不同生态区的特点，因地制宜选择了多种多样的方式，并涌现出不少成功案例，取得了一些宝贵的经验。人们的科研和生产实践活动不断拓展了秸秆处理和利用空间，提高了秸秆资源化利用的价值。同时，围绕秸秆“焚烧—禁烧”“离田—还田”“农用—工用”“高效（利用）—高值（利用）”，也展开了一系列讨论。

从现阶段的情况来看，无论秸秆处理和利用采取哪种方式，各地秸秆“肥料化”仍然占主导地位，秸秆直接还田仍然是农民的普遍行为。农民在生产实践中，确立了秸秆处理与利用的优先序。这似乎不是农民应对秸秆禁烧的无奈之举，也不是农民的权宜之计，而是一种适应现实的选择，顺应了自然界物质循环规律，满足了农田生态系统对有机质的需要。

动植物残体作为有机质还回土壤，不仅可以不断补充土壤有机质，有助于土壤健康，提高农业生产力，更为重要的是，为土壤发育注入了动力，为土壤中的微生物、动物提供了新鲜的食粮。从某种意义上来说，秸秆等有机质维持着土壤及土壤生物的生命，决定着它们的存在状态。“使土壤恢复生命的潜力归根结底是我们怎样看待死掉的和看不见的东西，即有机物和微生物”①。因而，秸秆直接还田作为有机质进入土壤是需要的。秸秆有机质在土壤中的持留状态及这种状态与土壤中无机矿物、有机物以及生物生命体的关系也是我们必须关注的。

目前，围绕秸秆直接还田进行了一系列的研究。归纳起来，主要从三个角度展开：从培肥地力的角度，研究秸秆还田对土壤理化性状、养分有效性的影响，进而提出秸秆还田替代化肥的方案；从土壤固碳的角度，研究秸秆炭化技术，以及土壤固碳效应和炭化还田的土壤物理学效应；从改善农田生态系统角

---

① 戴维，蒙哥马利．耕作革命［M］．上海科学技术出版社，2019：24.

度，研究秸秆还田对土壤、作物的影响，观察秸秆碳在土壤中的输入与输出，考察秸秆还田对环境的影响，并提出相应的调控措施。这些研究大大丰富了秸秆还田理论和技术，开辟了土壤有机碳固定和土壤碳循环研究的新领域。

本书着眼于考察秸秆还田对农田生态系统的影响，力图回答三个问题：一是比较秸秆利用途径，确立秸秆利用优先序；二是研究秸秆直接还田技术，避免秸秆直接还田后对下茬作物的影响；三是研究秸秆直接还田的农田生态系统效应与调节。在此基础上提出秸秆还田下的耕作革命。构建以土壤有机碳为核心的土壤健康管理体系，减少土壤碳排放，提高土壤生产力。

本书是依托湖北省技术创新专项“湖北省主要农作物秸秆还田关键技术研究与集成示范（2018ABA091）”、国家重点研发计划粮食丰产增效科技创新专项“湖北单双季稻混作区周年机械化丰产增效技术集成与示范（2018YFD0301300）”、国家重点研发计划课题“湖北稻麦（油）轮作区水稻化肥农药减施增效技术集成与示范（2016YFD0200807）”、湘鄂赣农业科技创新联盟项目“湘鄂赣农业废弃物肥料化利用关键技术研究与集成示范（2017CGPY01）”；基于农业农村部潜江农业环境与耕地保育科学观测实验站和国家农业环境潜江观测实验站长期定位观测数据，结合国内外秸秆还田技术的成功案例和相关文献的分析而形成的。由于试验地点不同、试验时间长短不一样，再加上作者知识结构和知识水平的局限性，难免存在一些问题。本书的观点只是提出来供大家进行讨论，不对之处敬请大家批评指正。

著者

2022 年 5 月

目　　录

第一章 秸 秆

秸秆是成熟农作物茎叶（穗）部分的总称。通常指小麦、水稻、玉米、薯类、油菜、棉花、甘蔗和其他农作物（通常为粗粮）在收获籽实后的剩余部分。

——百度百科

第一节 秸秆的产生

所有的绿色植物（包括藻类和某些细菌）都进行光合作用。在可见光的照射下，经过光反应和暗反应，利用光合色素，将二氧化碳和水转化为有机物，并释放出氧气。光合作用是植物进行生化反应的过程，是一系列复杂的代谢反应的总和，是生物界赖以生存的基础，也是地球碳氧循环的重要媒介。光合作用过程中，既为植物制造了籽粒，同时也为植物制造了茎、叶、根等其他伴生产物。可以这样说，植物生长过程中的所有产物，都是光合作用的产物。

作物种类不同，被种植作为目标收获物的部分也不尽相同，根、茎、叶、花、果等器官都可作为目标收获物。有的作物以根为目标收获物，如甘薯、木薯、何首乌、萝卜、地瓜、饲用甜菜等；有的以茎为目标收获物，如马铃薯、莴苣、莲藕、荸荠、芋头、山药、甘露子、甘蔗等；有的以叶为目标收获物，如叶类蔬菜、薄荷等；有的以花为目标收获物，如花菜、黄花菜、金银花、各类观赏花类植物等；有的以果为目标收获物，如茄子、辣椒、黄瓜、苹果、橘子、梨、葡萄、芒果、石榴等。籽粒是另外一种形式的果实，以籽粒为目标收获物的作物更多，如水稻、旱稻、大小麦、粟、青稞、荞麦、玉米、谷子、高粱、大豆、花生等各类粮油作物。当然，还有些作物被利用（食用）的可能有多个器官，如大蒜、莲藕等。在作物成熟后，具有高利用价值的器官被利用后，剩下的部分即为广义上的秸秆。

狭义的秸秆往往指成熟农作物茎叶（穗）部分的总称。茎在作物生长发育过程中发挥着重要作用，表现为以下几个方面：一是输导作用，由根毛从土壤中吸收的水分和无机盐，通过茎的木质部自下而上输导至植物各部分，而叶的光合作用产物则通过茎的韧皮部自上而下运送至植物各部分；二是支持作用，依靠内部所具有的发达的机械组织，茎承受着枝、叶、花、果的全部重量与压力，使枝、叶、花、果能够更加合理地展布空间，发挥各自的生理作用；三是贮藏作用，茎中可以贮藏淀粉、糖类、脂肪、蛋白质以供植物体利用，如甘蔗、藕、马铃薯，还可贮存一些代谢作用中的废物，如黏液、松脂、挥发油、单宁、乳汁等，茎中贮藏的物质，可提取作为工业原料；此外，茎还具有光合作用和繁殖的功能。

根据产出环节不同，作物秸秆分为田间秸秆、加工过程秸秆等。田间秸秆指收获作物主产品之后，在大田地上部分剩余的所有作物副产物，主要包括作物的茎、叶、藤蔓等。加工秸秆是指作物初级加工过程中产生的副产物，如玉米芯、稻壳、花生壳、甘蔗渣、木薯渣等，但不包括麦麸、谷糠等其他精细加工的副产物。

按照作物种类不同，一般分为大田作物秸秆和园艺作物秸秆。大田作物秸秆一般指农田生长的作物秸秆，分为粮食作物秸秆和经济作物秸秆。粮食作物秸秆，如禾谷类作物秸秆、豆类作物秸秆和薯类作物秸秆等；经济作物秸秆，如纤维类作物秸秆、油料类作物秸秆、糖料类作物秸秆和嗜好类作物秸秆等。还可再细分到每一个具体作物的秸秆，如水稻秸秆、玉米秸秆、小麦秸秆、棉花秸秆、烟草秸秆等。园艺作物秸秆指园地里生长的作物秸秆，包括草本的蔬菜、果树和花卉作物的秸秆，但一般不包括苹果、柑橘等多年生木本作物修剪或其他操作产生的剩余物。生产实际中，由于园艺作物种植面积相对较小、作物种类多、资源评估难，因此，评价作物秸秆产量时一般作物秸秆仅指大田作物秸秆。

第二节　秸秆的历史

秸秆的历史是人与秸秆的关系史，也是人们认识秸秆和利用秸秆的历史。

秸秆是农业生产的主要产物，农作物种类及历史演变也反映了农作物秸秆的种类及历史演变。我国农作物生产历史悠久，“野稻驯化，万年之源”。1 万年前以江西省万年县仙人洞——吊桶环遗址为代表的长江中下游及其周边地区和以南地区开始采集野生稻及人工种植水稻。中国北方是粟的起源中心，黄河流域西起甘肃玉门，东至山东龙山的新石器遗址中，有炭化粟出土的近 20 处，其中最早的是距今7 000多年前的河南裴李岗遗址和河北磁山遗址，这表明了黄河流域粟的驯化栽培历史漫长。新疆孔雀河流域新石器和甘肃民乐县六坎乡西灰山遗址分别出土了距今4 000年以上的炭化小麦，说明4 000多年前我国已开始小麦栽培（曹亚萍，2008）。有农耕，就有秸秆的产生。但由于原始社会最主要的是采集农业，农作物种类主要集中在几种粮食作物，栽培相对单一，且产量低，当时人们对农作物秸秆利用有限（彭洋平，2012）。

历史的车轮滚滚向前。夏商周时期农作制度由原始撂荒制度逐渐发展到轮荒为主的耕作制度。春秋战国时期农业进入铁农具和畜耕时代。秦汉时期园艺、畜牧及桑蚕进一步发展。魏晋南北朝黄河流域农业精耕细作技术体系更加完善。隋唐时期推行均田法、轻徭薄赋、招附流亡、兴修水利、劝课农桑等一系列发展经济的措施，使这个时期农业生产发展更广阔。宋代采取恢复和发展农业的方针，鼓励垦辟荒田，奖励耕织，推动南北作物交流，促进了南方经济发展。元代农业继承两宋的成就，在此基础上南北方经济有所发展。蒙古地区的畜牧业发展比较明显，棉花成为最主要的经济作物。明代政府鼓励垦荒，兴修水利，推广先进农业技术，提高土地和劳动效率，粮食单位面积产量大幅提高。至清代，轮作、套种、多熟制成了主要的耕作制度，加之肥料施用、精耕细作使农作物产量空前增长，同时畜牧业发展迅速。

人们在农业生产实践的历史长河中，对秸秆的认识不断加深，处理和利用秸秆的途径不断拓展，但在秸秆的诸多用途中，作为燃料的用途一直是占主导地位的。

火是人类改变自然界的第一次飞跃，第一次实现了两种不同能量的转换。生活用火是日常生活的必需，燃料也就成为人们首先关心的问题之一。植物是古代最为常见的燃料形式，其中，农作物秸秆占据大半。《齐民要术·种谷第三》："其自然者，烧黍穰则害瓠"，以烧黍秸作比，可见农家以此为燃料已是日常所见（熊帝兵，2017）。

一、秸秆用作燃料

自古以来，我国农村地区主要以传统生物质能（秸秆、薪柴）作为家庭主要的燃料来源。截至 20 世纪 70 年代，秸秆仍占农村生活用能的 70%～80%。随着社会经济的高速发展，能源体制改革的不断推进，我国农村能源消费结构发生了巨大变化。1980 年秸秆的消费量约为11 200万 t 标准煤，占农村生活能源消费总量的 34%。自 1991 年以来作物秸秆消费下降，但其总量仍然占农村生活能源消费量的 30%以上。受经济、社会、环境等诸多因素影响，不同地区能源消费结构差异比较大，北方由于取暖耗能多，农村秸秆消费总量高于其他地方。以吉林省为例，调查表明，2010年左右，吉林省农村年户均能源消费4.9 t标准煤，年户均使用秸秆约8.1 t（4.3 t标准煤），用于炊事和取暖的秸秆分别为3.6 t（1.9 t标准煤）和4.5 t（2.4 t标准煤），秸秆燃料消费占全部能源消费的87%（丁永霞，2017）。

未来我国家庭能源消费逐渐趋向现代清洁的商品燃料，而传统的生物质能和煤炭的直接消耗将不断减小。据预测，到2040年，电力、天然气、燃油及液化石油气等现代燃料将成为家庭主要的能源利用类型，其中农村地区能源消费结构中，电力、煤炭、燃油所占比例分别为27%、22%和16%，薪柴和秸秆各占到农村消费总量的10%。可见，生物质能在未来一段时期内仍然是我国农村家庭消费的主要燃料来源之一（仇焕广，2015）。

秸秆晾干囤积，作为燃料，为人类定居提供条件。秸秆燃烧所产生的草木灰在人们的生产生活中也发挥了重要的作用。古人对它的利用涉及生产生活的诸多方面。

有关草木灰利用的历史可以追溯到西周时期，《诗经》中有用羊桃枝“着热灰中脱之”的相关记载，还有一种称“蓄”的植物，“可着热灰中温啖之，饥荒之岁，可篜以御饥”。明清时期，有关草木灰的利用方法有全面而系统的记载，从生产到生活，从治病到保健，几乎涉及生活生产的各个方面。如生产方面肥地、选育种、抗旱、防虫、养蚕、食品加工、漂白染色、造纸、制碱等；生活方面的用法如医疗、美容、洗涤等，可见草木灰在生活中的地位是比较重要的。

古人充分认识到草木灰可以促进作物生长发育，增加果实产量等功能是在隋唐时期。古代农业科学家贾思勰在《齐民要术》中提到“种不求多，唯须良地，故墟新粪坏墙垣乃佳。若无故墟粪者，以灰为粪，令厚一寸；灰多则燥不生也。”到明末清初，秦巴山一带人们为了追求作物产量，甚至经常有烧毁森林的情况出现。他们到山区开荒焚树，制造草木灰用以肥田，以最原始、最野蛮的刀耕火种方式，清除山中的林木，开垦农田，种植玉米。其具体做法是：“山中开垦之法，大树巅缚长缳下缒巨石就根斧锯并施。树既放倒，木干听其霉坏，砍旁干作薪，叶枝晒干后，纵火焚之成灰，故其地肥美，不须加粪，往往种一收百”。这种人为的破坏植被制造草木灰以肥田的做法是不值得称道的，但从侧面反映了人们对草木灰肥田效果的普遍认可（熊帝兵，2017）。

草木灰不仅可以疏松土质，改良土壤，又由于其主要成分为碳酸钾，且不同作物的草木灰富含不同种类的矿质元素，能为各种作物生长提供多种大中微量元素，具有显著的增产效果，所以草木灰在古人眼里是非常重要的一种农家肥（曾志伟，2021）。

在古代农业中，人们除了在整地播种环节撒施草木灰，还将草木灰用于根外施肥，元代鲁明善《农桑衣食撮要》有言：“布叶则删耘，宜带露撒灰……”，叶片展开时节，在带有露水的叶片上撒草木灰。草木灰因成本低、来源广、肥效显著，被许多的农户所青睐。

除作为农家肥使用，古人还发现用草木灰保存和处理种子，具有防止种子腐烂、抑制病虫害发生、促进种子发芽、促进作物茎秆健壮等作用。如《陈旉农书》记载：“所存者先以柴灰淹揉一宿，次日以水淘去轻秕不实者，择取坚实者，略晒干，切勿令甚燥，种乃易生”。《天工开物》中记载：“土碎草静之极，然后以地灰微湿，拌匀麻子而撒种子”。《便民图纂》曰：“棉花，谷雨前后，先将种子用水浸片时，滤出，以灰拌匀。”

古人在长期的生活中还发现草木灰可以当做“洗衣粉”，《礼记》载：“冠带垢，和灰清漱；衣裳垢，和灰清。”《后汉书》有“浣布以灰”的记载，“且攻玉以石，洗金以盐，濯锦以鱼，浣布以灰。夫物固有以贱理贵，以丑化好者矣。”这里的“灰”即草木灰，洗涤衣物所用的就是草木灰浸泡的溶液。衣物中最难被洗掉的就是油脂，因为其附着于衣物且难溶于水，草木灰溶于水后呈碱性，会将油脂分解为易溶于水的盐类和醇类。这种易于取用的洗涤剂，在古时是十分常见的。直到近代，在中国一些较偏远的农村中仍有用草木灰水来洗涤衣物的习惯，它算是中国古代使用最久的一种洗涤剂。

用草木灰洗衣物另一个好处是衣物不生虫，不仅可以“浣垢”，还可“不生虱虮”。但同时人们也发现用草木灰洗衣物会缩短衣物使用寿命，“经有垢污，若以灰水洗终日仍旧不能净。”

另外，草木灰也常作为中医药用料。草木灰入药的历史至少可以追溯到2000年以前，如现存最早的中医药学著作、约成书于战国时期的《黄帝内经》中有“生桑炭炙巾，以熨寒痹所刺之处”的记载，《抱朴子》中有以桑灰渍桃胶制保健药的记载，可见草木灰医学利用具有十分悠久的历史。从收集到的文献资料中可知草木灰的药用价值可分为增加重要活性成分、抗菌消炎、解毒、补充人体微量元素、治疗血症及治疗跌打损伤等六类（彭洋平，2012）。

二、秸秆用作农业生产资料

农作物秸秆在传统农业中应用广泛，涉及农业生产的诸多方面。秸秆是农业主要产物之一，古代劳动人民追求“物尽其用”的思想，农业种植中除收获籽实外，很大一部分秸秆用作农业生产资料，回归到农业生产之中（许成委，2010；彭洋平，2012）。

（一）用作肥料

土地是粮食生产的基础，单纯的依赖自然界天种天收，无法满足人类对粮食的需求，因而需要在从土地中获取的同时，能动地补充土地的物质流失。作物从土壤中长出，是土地的物质输出，而将农作物秸秆及燃烧后的草木灰还田便是补充土地物质流失的方法之一。“从来土沃藉农勤，丰歉皆由用力分。薙草洒灰滋地利，心期千亩稼如云。”这首劝农诗说的就是把草木灰当肥料来用，充分反映了古代劳动人民用秸秆和草木灰作农家肥补充地力的经验与成就（王永厚，1987）。我国古代农家肥，来源广，种类多，可就地取材，积制容易，而且多为有机肥，肥效长，对促进作物生长，改良土壤结构非常有利。以秸秆为原料的农家肥（除草木灰）主要有以下几类。

1. 厩肥

古代劳动人民在日常生产生活中积累了丰富的农家造肥经验，如踏粪法、窖粪法、蒸粪法、酿粪法等，其中用踏粪法制厩肥至今仍在一些地方沿用。《齐民要术》详细介绍了厩肥的形成过程，在秋收以后，把场上谷草谷糠等一切废弃物，收集起来，投进牛栏，“每日布牛之脚下三寸厚”，加上粪便再经过牛的践踏，清晨收集起来，这样日复一日，从秋后踏起，经过一冬，一头牛可以踏成三十车厩肥，每亩用五车厩肥，可施六亩地。

这种用秸秆、杂草、落叶等和家畜粪便混合堆积使其发酵而成的有机肥料富含多种营养元素和有机质，可有效增加土壤肥力，改良土壤，增加农作物产量，同时还有利于养畜积肥，促进农牧业的全面发展，从而使农业生态系统得到良性循环。

2. 堆沤肥

堆沤肥是经微生物发酵和分解而成的一种有机肥料，与厩肥相比，它取材更广泛，日常生活中扫除的垃圾、粮食的糠秕及秸秆、落叶、杂草等同人畜粪便、泥土等堆积或置于集水坑中，经微生物发酵和分解而成堆沤肥。《陈敷农书·粪田之宜》有关于此肥料的记载：“凡扫除之土，烧燃之灰，簸扬之糠秕，断稿落叶，积而焚之，沃以粪汁，积之既久，不觉其多。凡欲播种，筛去瓦石，取其细者，和匀种子，疏把撮之。待其苗长，又撒以壅之。何患收成不倍厚也哉。”堆沤肥取材方便，且沤制简单，产量大，能在很大程度上满足当时农业生产对肥料的利用。

厩肥和堆沤肥等农家肥不仅提供了作物生长所需的营养元素，改良了土壤，同时也改善了农村生活环境。温铁军先生曾生动描述了农家肥的来源，他说“过去农村连垃圾都少，别说人畜粪尿，但凡能够有些肥力的生活垃圾，连拆除的炕土、灶台、墙土，都混合上切碎的秸秆沤肥，送到地里去了。那时连收废品的都不下乡，因为农村几乎没什么废品，差不多都被老百姓循环利用了。”古人在施肥方法上也有独到认识，总结了基肥、种肥、追肥等技术措施。正是在这样的用肥体系之下，才保持了地力几千年来长久不衰，实现了土壤可持续利用。

（二）用作饲料

农作物光合作用的产物有一半以上存在于秸秆中，秸秆中含有多种反刍动物所需的营养物质。秸秆制成的饲料，含有丰富的纤维素、半纤维素、木质素等粗纤维，这种粗纤维不能为一般的畜禽利用，却能被反刍动物如牛、羊等牲畜吸收利用。自古以来，秸秆饲料或为百姓家用，或用于饲养军事作战用的马匹，在草场缺乏的农区各种植物秸秆是发展牧业养殖的主要饲料来源。不同的秸秆能满足不同家畜的养殖需要。《齐民要术》记载，养羊一千头的人家，三四月间种上大豆，到八九月一齐收割留作青干草饲料，此时收割的草料，营养价值高；《陈敷农书》对秸秆作为饲料在《牧羊》篇中也指出利用藁草加上麦麸、谷糠或豆拌作饲料喂食羊群。

三、秸秆用作生活资料

（一）保鲜食物

古人没有现今的保鲜技术，他们通常挖地窖，用低温、隔空原理进行食品保鲜，其中稻秆因吸湿、柔软的特性发挥了极大的作用，用稻秆包裹和覆盖食物，起到了密封和干燥作用，进而达到食物保鲜目的。

《齐民要术》有关于稻秆保鲜食物的记载：“苞肉法：十二月杀猪，经宿汁尽浥浥时，割作棒炙形，茅菅中苞之，无菅，茅稻秆亦得，用厚泥封，勿令裂。裂复上泥，悬屋外北阴中。至七八月如新杀肉。”意思是说在十二月份杀的猪，让肉悬挂一夜使其把血汁滴尽，然后割成条状，用茅菅包裹，若没有茅菅也可以用稻秆代替，然后在稻秆外用泥封严实，悬挂在屋外背阴的地方，这样即使到来年七八月份，其肉还像新杀的肉一样新鲜。

（二）保温制酒

除食物保鲜外，秸秆还具有保温作用，古代制酒曲中常用到秸秆的保温性能。有关秸秆保温制酒的记载史料较多，宋应星在《天工开物》中详细地记载有酒母的制作过程："造者将麦连皮，井水淘净，晒干，时宜盛暑天。磨碎，即以淘麦水和作块，用楮叶包扎，悬风处，或用稻秸罨黄，经四十九日取用。"即用带麸的麦子作酒母，特选用井水淘干净，在炎热高温的暑天晒干，再磨碎，然后用淘麦水混合磨碎的麦子作块状，用楮叶包扎，也可以用稻草代替楮叶，过四十九天酒母就可以使用了。

四、秸秆用作工业原料

（一）用作手工编织

在工业不发达时期，人们日常生活用品主要依靠手工业，而高粱、小麦、水稻等农作物秸秆是手工业的主要原料。用秸秆制作的笤帚、麦秆扇、草帘、苇帘、蓑衣、草鞋、草帽、草绳、草包等在古代甚至当今人们日常生活中用途广泛。

草鞋在我国起源很早，早在3 000多年前的商周时代就已出现了草鞋，它也许是这个世界上历史最悠久的鞋子，人类最初穿的鞋就是草鞋。据史料记载，草鞋最早的名字叫"扉"，由于用稻草等作物秸秆作原料，取材广，经济实惠，平民百姓都能自备。所以，汉代又称为"不借"。据《五总志》一书的解释是："不借，草履也，谓其所用，人人均有，不待假借，故名不借。"贵为天子的汉文帝刘恒也曾"履不借以视朝"。侠客、隐士更以穿草鞋为时髦，"竹杖芒鞋轻胜马，一蓑风雨任平生。"《三国演义》中的刘皇叔就是卖草鞋出身，连皇帝、侠客们也都穿草鞋，可见草鞋的普遍性。

草绳更为悠久，可以追溯至上万年前，在人类开始有最简单的工具的时候，便已经会用稻草等作物秸秆或细小树枝绞合、搓捻成绳，既而用草绳捆绑野兽、缚牢草屋、做腰带系牢草裙等。而后出现了"草绳记事"，即用绳子结出不同疙瘩记录事件，这便是文字诞生前，人们最初的记事方法。

人们除了利用秸秆编织草绳、草鞋外，在生活中方方面面几乎都有应用，如用稻草和麦秆编织的草帽，用秫秸（高粱秆）、稻草、蒲草编织的用于防雨的蓑衣等。在炊具方面，除了锅、碗、瓢、盆等盛水的工具外，其他的大多是用秸秆编织的，盖锅的有锅盖、蔗子，清扫案板、锅台的炊帚，蒸热饭菜的箅子，还有盛馒头的馍筐、馍盘，等等。迄今，农村仍可见用高粱等秸秆串制的锅盖或箅子、簸箕、扫帚等日常用品，亦可见用柳条或麦草编制的煎饼筐等。

（二）用作造纸

造纸术发明后，纸张成为人们最重要的书写材料，为人类文明作出了极大的贡献。宋、元之前利用植物纤维造纸的原料主要是麻、楮皮、桑皮、树皮等。到宋、元时，随着社会经济及其手工业技术的发展，造纸原料得到进一步发掘，开始大量制作竹纸和稻麦秸纸。《文房四谱》卷四《纸谱》中记载："浙人以麦茎、稻秆为之者脆薄焉。"用稻草作为造纸原料，取材比树皮、麻和竹子更方便，成本也要低得多，且制作过程也相对简单。但是稻草属于短纤维植物原料，所制作成的纸强度不是很大，同时呈黄色，就如《文房四谱》作者苏易简所说的脆薄。小麦和水稻一样，也属于短纤维植物，制作出的纸强度也不大，多用作包装纸、卫生纸及烧纸。

此外，秸秆在造纸方面的作用还表现在其燃烧后产生的草木灰对纸的漂白用途。例如传统的制作"皮纸"方法中，重要的一道工艺是用火灰拌树皮，使其软化漂白，能否把握这道工艺是决定纸质好坏的关键。

五、秸秆用作建筑材料

秸秆是古代重要的建筑材料，平民结草为舍多为常事。草房一般分为两类，一类是草棚、草庵或草舍，此类草房材料主要为秫秸、麦秸、芦苇秆和长木棍等，可就地取材、建造简单，是一种最原始状态的房子。一类是泥草房，墙体是用秸秆混合泥（主要是黏性较好的胶泥），屋顶和草棚一样是用秸秆铺排再压上碾子泥而成。

古代文人以"茅草屋"为主题，写下许多脍炙人口的诗篇，其中诗圣杜甫的《茅屋为秋风所破歌》为世人传颂。"八月秋高风怒号，卷我屋上三重茅。茅飞渡江洒江郊，高者挂罥长林梢，下者飘转沉塘坳。""安得广厦千万间，大庇天下寒士俱欢颜，风雨不动安如山。呜呼！何时眼前突兀见此屋，吾庐独破受冻死亦足！"这里的茅屋就是用芦苇、稻草等苫盖屋顶的简陋房子。此诗表面上写的是作者自己的数间茅屋，表现的却是忧国忧民的情感。

古代贫民之家建房子离不开稻草等作物秸秆，除居住外，泥草房也常作为牲畜的圈舍。现在我们在乡间的原野上时常也能见到茅草屋，不过其性质已悄然发生变化，当今的茅草屋主要是用来观赏，茅草屋通常作为田园的背景，有一种古朴的宁静之美，它悠然、超脱、挟带着荡气回肠的侠骨柔情，是许多度假村和生态旅游地的首选。

除了建房子，秸秆可作为河工材料使用。水患在历代都是比较大的灾害，治河关系国泰民安，河工用料事关大局，秸秆产量大，柔软，有一定的弹性，所修成的整个埽体（治河时用来护堤堵口的器材）具有弹性，比用石料和梢料修成的拦截工程更能缓和水流的冲击，可降低水流速度，防止水土流失。又因其本身轻软，施工方便，拆除也容易，且适应河床变形，防渗性能好。

用稻草或麦秆等编织而成的草包仍是我国 20 世纪抗洪救灾的重要物资，将草包装上泥土，既可抵挡洪水，又能筑堤修路。每年冬季乡镇上供销社总会大量收购，并因此吸引众多农村家庭编织草包、获取收入。乡民们俗称的“打草包”，是许多人儿时家庭一项重要的经济来源。

第三节 秸秆的困惑

一、秸秆“相对过剩”

长期以来，我国农村地区主要依靠秸秆、薪柴等生物质来提供家庭生活基本能源。农村随处可见被打包收集的稻草垛、麦秸垛等（图 1-1），这些农作物秸秆或用于生活燃料、喂养牛羊等牲畜、堆沤肥还田等，或作为编制床垫、座垫、草席、扫帚、簸箕、锅盖等日常生活用品的主要原材料。对于农村巨大的秸秆消耗量来说，秸秆供不应求的现象时有发生。

图 1-1 农村秸秆垛（陈云峰摄，2022 年 1 月，武穴）

进入 20 世纪 90 年代，我国秸秆表现出“相对过剩”，一方面，20 世纪 90 年代初我国秸秆的燃用需求量基本达到饱和；另一方面，自 20 世纪 90 年代以来，伴随作物育种、植物保护、作物栽培、农业机械等农业科技的快速发展及应用，我国农作物连年丰收，秸秆总产量相应呈现上升趋势，且随着工业化进程的加快，中国城市化水平快速提高，越来越多的农村人口向城镇转移，电力和液化气等商品能源也开始进入农村，秸秆、薪柴等传统生物质能源逐渐被煤、液化石油气、电力等相对清洁、高效的能源替代。此外，农村生产生活方式发生改变，传统农业逐渐向现代化农业转变，各种农业机械迅速应用，取代了牛耕等传统方式，用作喂养牛羊等牲畜的秸秆和大量以秸秆为原料的农家肥逐步被商品饲料和化肥所替代，秸秆作为燃料、饲料、肥料和手工原料的传统用途被弱化（毕于运，2010）。秸秆产量的迅速增加和秸秆在农村的用途弱化，直接导致秸秆成为农民无法处理的“包袱”。

二、秸秆焚烧

秸秆在农户生活中因燃料、饲料等的结构变化，逐渐变成价值低的“废品”，为了及时把堆满秸秆的田地倒腾出来再次耕种，于是就用了焚烧这一最原始、最简单的处置方法。特别是粮食主产区，秸秆焚烧现象屡禁不止。有关秸秆焚烧的报道始于1986年10月18日《中国环境报》，在《大量焚烧庄稼秸秆石家庄被烟雾笼罩》一文中指出，河北石家庄整个城区每到傍晚被烟雾持续笼罩，持续时间达7小时之久，其原因在于郊县农民大量焚烧潮湿的农作物秸秆，以及天气原因，使飘入市区的浓烟经久不散，造成环境污染（覃诚，2019）。

秸秆焚烧产生的可吸入颗粒（PM2.5），对人体呼吸系统、心血管系统、神经系统和免疫系统均有不同程度的危害。美国癌症协会对5万名成人从1981年到1998年进行长期跟踪研究，结果发现，空气中PM2.5每增加10 $\mu g/m^3$，心血管和肺癌死亡危险分别上升6%和8%。

露天焚烧秸秆引发火灾的事件每年均有报道。例如2007年5月下旬，湖北襄阳市发生多起农民焚烧麦秆，波及周围大面积尚未收割的麦田被烧，甚至酿成人员严重烧伤的惨剧，仅一周时间，该市解放军医院就收治了10多位因焚烧麦茬被烧伤的农民（荆楚网-湖北日报，2007年5月26日）。2011年6月，江苏南通、盐城等地因焚烧小麦、油菜秸秆造成4人死亡，20多人烧伤（新华报业网-扬子晚报，2011年6月14日）。2019年4月17日，沈阳市郊东部的棋盘山附近突发山火。为扑救火灾，除沈阳出动的消防、公安、武警等救援力量，还调集了鞍山、辽阳、本溪等周边城市的大批救援人员参与灭火战斗，共安全疏散群众1万6千多人。据查，火灾原因系村民张某在耕地焚烧秸秆引发，明火被风刮至旁边枯草丛中，从而引发了火情，造成重大火灾。国有林受灾面积546.5 hm^2，集体林受灾面积281.5 hm^2，直接经济损失共计2 460.5万元，肇事者张某被人民法院以失火罪判处有期徒刑6年（人民网-辽宁频道，2019年4月17日；沈阳晚报，2019年12月16日）。2020年5月6日，山西省朔州市右玉县右卫镇王四窑村村民赵某、胡某在院内燃烧玉米秸秆引发火灾，造成4人死亡（北京青年报，2020年5月7日）。

秸秆焚烧还对航空及公路交通产生严重影响（图1-2）。1996—1998年，四川成都双流机场连续3年在5月中下旬，由于周边焚烧秸秆产生大量烟尘导致机场关闭，多趟航班延误或备降，数千旅客滞留。类似双流机场因焚烧秸秆造成航班延误或备降的事件屡见不鲜，北京首都机场、天津滨海机场、武汉天河机场、西安咸阳机场、南京禄口机场、广州白云机场等几乎全国各地机场均受到过秸秆焚烧烟尘的困扰。据初步估算，因烟尘造成一趟航班延误或备降，平均损失约10万元。焚烧秸秆给我国航空业造成了巨大的经济损失和安全隐患。在滚滚浓烟之中，交通事故发生概率大幅度增加，高速公路因焚烧秸秆而封闭的事情在全国各地时有发生。据交警部门统计，在秸秆集中焚烧时日，交通事故发生量较正常时日增加50%左右，伤亡人数增加40%左右。2010年5月26日，受当地部分农民群众收割油菜、小麦后焚烧秸秆形成雾霾影响，在沪渝高速公路荆州段，相继发生15起交通事故，致使高速公路交通一度中断，并造成2人死亡，6人不同程度受伤（新华网，2010年5月27日）。2012年6月9日安徽蒙城发生特大交通事故，事故造成11死59伤，事故原因可能是村民烧秸秆导致浓烟所至（合肥在线-江淮晨报，2012年6月11日）。2015年6月11河南境内兰南高速开封二郎庙段，东西半幅各发生4辆车追尾事故，造成2死6伤的道路交通事故，事故的原因就是因为沿途农民焚烧秸秆，造成高速公路烟雾弥漫所致（郑州晚报，2015年6月13日）。

图1-2　汽车穿过烟雾弥漫中的公路（陈云峰摄，2015年7月，武汉市汉南区）

此外，焚烧秸秆危害农田生态系统，造成农田质量下降（图1-3）。焚烧秸秆使秸秆中含有的氮、硫等元素大部分转化为挥发性物质或颗粒进入空气，且秸秆焚烧后不仅秸秆有机质全部损失，还会烧掉土壤表层原有的有机质，降低了土壤肥力，致使耕地贫瘠化；秸秆焚烧所释放出的大量热能，还会造成土壤温度迅速升高，土壤水分蒸发损失65%~80%，耕地土壤墒情遭到破坏；土壤有益微生物大量失活，致使农田板结不耐旱，影响作物对土壤养分的充分吸收，直接影响农田作物的产量和品质；焚烧秸秆将土壤表层的部分土壤动物直接致死，农田生物群落被破坏，减少了生物多样性；秸秆焚烧可消灭部分病虫草害，但毛毛虫、黑粉病等病虫害的发生更严重（毕于运，2010；孙玉滨，2018）。

图 1-3 焚烧秸秆后的农田土壤（陈云峰摄，2013 年 10 月，襄阳）

三、秸秆禁烧

（一）30 年禁烧之路

20 世纪 80 年代末，我国开始出现大面积秸秆焚烧，并引起人们的关注，此时关注的焦点是秸秆焚烧对耕地质量的影响。此后，人们的关注点开始转移至秸秆焚烧对空气污染的影响。1991 年，在陕西省政协会上，民盟小组提出“关于制止在农村焚烧秸秆及促进秸秆合理利用”的提案，这是我国载入史册的关于秸秆禁烧的第一份省级以上政协提案。河北省于 1992 年成立农作物秸秆综合利用领导小组，以期解决秸秆焚烧问题。随后，越来越多的省市区从行政管理层面关注秸秆露天焚烧的问题（毕于运，2019；覃诚，2019）。

随着秸秆露天焚烧问题的日益严重，国家各部委开始关注并重视露天秸秆焚烧问题。1997 年 5—6 月，农业部先后印发了《关于严禁焚烧秸秆切实做好夏收农作物秸秆还田工作的通知》和《关于严禁焚烧秸秆做好秸秆综合利用工作的紧急通知》，标志着从国家层面的秸秆禁烧工作正式拉开序幕。自此以后，由国务院办公厅、国家各部委单独或联合发布了众多有关秸秆禁烧管理的行政规范性文件，使我国秸秆禁烧管理和秸秆综合利用工作不断深入。

1998年，首次由农业部、财政部、交通部、国家环保总局和国家民航总局等部门联合发布了《关于严禁焚烧秸秆保护生态环境的通知》（农环能〔1998〕1号），明确指出“秸秆禁烧和综合利用是国家利益为主的公益性事业”，要求各级政府和有关部门须采取“禁”和“疏”相结合的措施，通过明确责任分工、建立报告制度、制定和完善必要的规章，多方配合，齐抓共管，坚决遏制秸秆焚烧现象。

1999年4月12日，国家环保总局、农业部、财政部、铁道部、交通部、国家民航总局等六部委联合印发了《秸秆禁烧和综合利用管理办法》（环发〔1999〕98号），被认为是最有影响力的有关秸秆禁烧管理行政规范性文件。《秸秆禁烧和综合利用管理办法》要求环保部门负责秸秆禁烧的监督管理，农业部门负责指导秸秆综合利用。从当时的政策规定来看，还没有全面禁止焚烧秸秆，只是划定具体区域（一般是主城区的城郊）不能焚烧，农村基本还是按照传统方式处理秸秆。当时文件要求推进秸秆综合利用，如开展机械化秸秆还田、秸秆饲料开发、秸秆气化和秸秆工业原料开发等工作，但在当时的条件下推进缓慢。此后，在2003年、2005年和2007年，国家相关部委又分别下发了《关于加强秸秆禁烧和综合利用工作的通知》《关于进一步做好秸秆禁烧和综合利用工作的通知》和《关于进一步加强秸秆禁烧工作的紧急通知》，环保部门也逐步成为该项工作的主导单位，并在夏、秋收获季节开展了相关监管工作。

至2008年，国家层面的行政规范性文件开始有规划地强调秸秆综合利用，而不仅仅发放通知或紧急通知来要求地方政府部门实施监管。具代表性的有国务院办公厅发布《关于加快推进农作物秸秆综合利用的意见》（国办发〔2008〕105号），一方面强调了秸秆的综合利用的政策扶持、科技支持，另一方面也强调环保部门牵头做好秸秆禁烧工作；2009年国家发展改革委、农业部印发《关于编制秸秆综合利用规划的指导意见》（发改环资〔2009〕378号），要求各地方做好秸秆综合利用的规划指导和监督检查工作。国家发展改革委、农业部、财政部于2011年联合发布了《关于印发“十二五”农作物秸秆综合利用实施方案的通知》（发改环资〔2011〕2615号），这是第一份关于秸秆综合利用规划实施方案。

2013年和2015年，国家发改委联合农业部、环保部、财政部等部门先后发布了《关于加强农作物秸秆综合利用和禁烧工作的通知》（发改环资〔2013〕930号）和《关于进一步加快推进农作物秸秆综合利用和禁烧工作的通知》(发改环资〔2015〕2651号)，要求加大对秸秆收集和综合利用的扶持力度，抓好秸秆禁烧工作，采取“疏堵结合”“以用促禁”的方式，加快构建政府主导、企业主体、农民参与的秸秆综合利用工作格局；实行秸秆综合利用和禁烧工作目标责任制，把任务分解落实到部门、乡镇和村组，明确分工，责任到人，构建政府主导、部门联动、农民参与的工作格局。

2016年，国家发展改革委办公厅、农业部办公厅联合发布《关于印发编制“十三五”秸秆综合利用实施方案的指导意见的通知》(发改办环资〔2016〕2504号)，提出力争到2020年在全国建立较完善的秸秆还田、收集、储存、运输社会化服务体系，基本形成布局合理、多元利用、可持续运行的综合利用格局，综合利用率达到85%以上，要求各地结合实际情况，组织做好秸秆综合利用实施方案编制工作，按进度要求及时上报。

在省级政府层面，2000年4月8日陕西省人民政府办公厅发布的《关于加强秸秆禁烧和综合利用工作的通告》是最早禁止农作物秸秆露天焚烧和促进综合利用的地方规范性文件。2015年2月1日湖北省人民代表大会出台全国首个秸秆禁烧决定，印发《关于农作物秸秆露天焚烧和综合利用的决定》(湖北省第十二届人民代表大会第三次会议公告第2号)，要求自2015年5月1日起，全省行政区域内禁止露天焚烧秸秆，到2020年，全省秸秆综合利用率力争达到95%以上；县级以上人民政府建立健全秸秆露天禁烧和综合利用考核评价机制；对露天焚烧秸秆的，由环保主管部门依法予以处罚。

(二) 秸秆禁烧管理国家法律规定

在我国现行法律体系中，与秸秆禁烧相关的法律主要有《中华人民共和国大气污染防治法》《中华人民共和国固体废物污染环境防治法》《中华人民共和国消防法》《中华人民共和国道路交通安全法》《中华人民共和国刑法》。

2000年第一次修订的《中华人民共和国大气污染防治法》首次将秸秆禁烧纳入国家法律规定，明确要求“禁止在人口集中地区、机场周围、交通干线附近以及当地人民政府划定的区域露天焚烧秸秆”，提出对于违反规定的“由所在地县级以上地方人民政府环境保护行政主管部门责令停止违法行为；情节严重的，可以处二百元以下罚款”。在2015年第二次修订的《中华人民共和国大气污染防治法》中明确要求“省、自治区、直辖市人民政府应当划定区域，禁止露天焚烧秸秆”，对违反规定的“由县级以上地方人民政府确定的监督管理部门责令改正，并可以处五百元以上二千元以下的罚款，构成犯罪的，依法追究刑事责任”，同时提出了进行“重点区域大气污染联合防治”的要求，为我国秸秆禁烧建立区域联防联控机制，实施区域统筹统防，提供了法律保障。

2004 年第一次修订的《中华人民共和国固体废物污染环境防治法》明确“禁止在人口集中地区、机场周围、交通干线附近以及当地人民政府划定的区域露天焚烧秸秆”，此规定与 2000 年第一次修订的《中华人民共和国大气污染防治法》一致，并在 2013 年、2015 年和 2016 年连续 3 次的修订中保留了此条规定。但历次修订的《中华人民共和国固体废物污染环境防治法》均没有明确秸秆禁烧执法的职能部门及违反秸秆禁烧的处罚规定。

《中华人民共和国消防法》规定：对在加油站、液化气站附近焚烧秸秆的，以“违反规定使用明火”处警告或者 500 元以下惩罚，情节严重的，处 5 日以下拘留；对焚烧秸秆导致火灾事故的，可以处 10 日以上 15 日以下拘留，并且视情节的严重程度处 500 元以下罚款或警告处分。

《中华人民共和国道路交通安全法》规定：在道路两侧焚烧秸秆，影响道路交通安全活动的，责令停止违法行为，对于不听劝阻的，提请公安机关处理。

《中华人民共和国刑法》规定：以暴力、胁迫等危险方式妨碍相关执法人员依法执行秸秆禁烧的行为，公安机关要依法论处，坚决打击，绝不姑息。从刑法角度对秸秆焚烧中的社会行为进行规制，有助于基层工作人员更有力地执行上级的政策。

（三）秸秆禁烧工作措施

随着秸秆禁烧工作的深入，各地各级政府不断加大工作力度，强化工作措施，严格落实秸秆禁烧责任制，盯紧重点区域、关键时段和薄弱环节，全力抓好秸秆禁烧和综合利用工作。

各地各级政府将秸秆禁烧作为推进节能减排、发展循环经济、促进农村生态文明建设的工作内容，纳入政府目标管理责任制。建立政府负总责、部门抓落实，形成省市县乡村五级部门联动、齐抓共管的工作局面。把秸秆禁烧任务分解落实到各相关部门、乡镇和村组，层层签订责任状；完善分片包干负责制度，切实做到县市干部包到乡镇、乡镇干部包到村、村组干部包到户，向农户发放宣传资料，签订《秸秆禁烧承诺书》，使农户知晓禁烧政策，并作出禁烧承诺。

为加强秸秆禁烧管控力度，各地依靠科学手段开展昼夜监控。在空中，借助卫星遥感数据，对秸秆露天焚烧情况进行全覆盖、全天候监测；在低空区域，借助无人机、高清摄像头、云城管等科技力量，对焚烧行为进行无盲区监管；在地面上，主要通过省级督查和地方执法力量组成巡逻组，昼夜巡查，让秸秆露天焚烧行为无所遁形。另外，投资建设秸秆禁烧视频和红外报警系统，依托禁烧系统，对区域秸秆焚烧情况实现24小时连续、精准在线监控，系统发现着火点（或疑似着火点），即通过监控画面弹屏和鸣笛进行报警（厉青，2009）。

为禁止秸秆焚烧、解决大气污染等问题，各级政府实施了一系列工作措施，试图杜绝农户的秸秆焚烧行为。横幅标语是对秸秆禁烧政策宣传的直接途径。夏收和秋收季节，秸秆禁烧标语在农村公路两侧、田间地头、农户房前屋后等地随处可见，是政府部门常用的防范和抑制农户秸秆焚烧行为的措施。常见的标语有："秸秆只要利用好，增加收入又环保""焚烧秸秆污染大气，秸秆还田肥沃土地""秸秆还了田，土地能增产""开发利用好，秸秆变成宝""搞好秸秆禁烧，建设生态村居""焚烧秸秆危害大，综合利用人人夸"等，这些标语以宣传秸秆综合利用的益处为主，还有一些标语起劝告、警示作用，如"焚烧秸秆危害大，一旦失控更可怕""飞机已经上天，地里不准冒烟""死看硬守，严防焚烧""上午烧麦茬，下午就拘留""对焚烧秸秆和污染环境的，依法给予拘留和罚款"等等（郭利京，2016）。

从各地秸秆禁烧的执行情况来看，对违规进行秸秆焚烧的责任人，主要采取罚款和拘留两种处罚。目前我国秸秆禁烧执法在法理上的主要依据是《大气污染防治法》规定的禁止焚烧秸秆条款，以及规定的露天焚烧秸秆可以处500元以上2 000元以下的罚款。而对于在民用机场净空保护区域内焚烧秸秆的，最高可处以20 000~100 000元的罚款。

各省在其涉及秸秆违规焚烧的地方性法规中，也大多采取500元以上2 000元以下的罚款。除此之外，各级政府在秸秆禁烧执法过程还可依据《治安管理处罚法》第五十条规定，对于拒不执行人民政府在紧急状态情况下依法发布的决定、命令的，或阻碍国家机关工作人员依法执行公务的，"处警告或者200元以下罚款；情节严重的，处5日以上10日以下拘留，可以并处500元以下罚款"。

除对违规进行秸秆焚烧的直接责任人采取罚款和拘留处罚外，各地纷纷出台秸秆禁烧考核办法，对秸秆禁烧监管不力的领导干部进行问责。2014年4月，河北邯郸市通报秸秆禁烧情况，问责81名乡村干部（邯郸晚报，2014年11月14日）；2015年湖北省共计730余名干部因"秸秆禁烧令"工作落实不力被问责（湖北日报，2016年5月25日）；2015年夏收期间，荆州市加强秸秆禁烧的现场督查和问责力度，先后有182名干部因秸秆禁烧不力受到问责处理（湖北日报，2015年6月2日）；2015年6月，因秸秆禁烧工作不力，江苏滨海县副县长等13名干部被处分（澎湃新闻，2015年6月24日）；2016年11月初，哈尔滨市出现重污染天气后，市农委启动应急预案，进一步加大秸秆禁烧督查工作力度，责成相关区县对秸秆禁烧工作不力责任人进行处罚，共有29名乡镇领导及村屯干部受到处罚（人民网，2016年11月9日）；2020年4月，黑龙江省多地纪委监委对秸秆禁烧工作中出现的违规违纪、失职渎职问题开展调查问责，共问责党政干部50名（中国新闻网，2020年4月18日）；2020年6月初，山东菏泽出现3起焚烧秸秆问题，11名干部被追责问责（潇湘晨报，2020年6月13日）；2021年11月10日，湖北仙桃市纪委查处了西流河镇秸秆禁烧防控不力问题，10余名干部被问责（中国网·中国湖北，2021年11月11日）。

此外，对造成重大大气污染事故，导致公私财产遭受重大损失或者导致人身伤亡严重后果的，根据《中华人民共和国大气污染防治法》第一百二十七条规定，即“违反本法规定，构成犯罪的，依法追究刑事责任”。2019年4月17日，沈阳市郊东部的棋盘山附近突发山火，使公私财产遭受重大损失，火灾由张某焚烧玉米秸秆引起。依照《中华人民共和国刑法》，肇事者张某被人民法院以失火罪判处有期徒刑6年。

（四）秸秆综合利用相关政策

为解决秸秆焚烧的问题，国家发改委、财政部、农业部、环保部于2015年联合发布《关于进一步加快推进农作物秸秆综合利用和禁烧工作的通知》（发改环资〔2015〕2651号），要求各地进一步加强秸秆综合利用与禁烧工作，力争到2020年全国秸秆综合利用率达到85%。2016年7月，农业部办公厅、财政部办公厅联合发布《关于开展农作物秸秆综合利用试点促进耕地质量提升工作的通知》（农办财〔2016〕39号），财政部通过整合和调整增加预算安排10亿元资金，会同农业部围绕加快构建环京津冀生态一体化屏障的重点区域，选择河北、山西等10个省份，开展农作物秸秆禁烧和综合利用试点行动。2017年，农业部发布《关于实施农业绿色发展五大行动的通知》（农办发〔2017〕6号），启动实施与秸秆综合利用相关的畜禽粪污资源化利用、果菜茶有机肥替代化肥、东北地区秸秆处理等农业绿色发展五大行动，旨在加快推进农业供给侧结构性改革，增强农业可持续发展能力，提高农业发展的质量效益和竞争力。2019年农业农村部办公厅发布《关于全面做好秸秆综合利用工作的通知》（农办科〔2019〕20号），要求各地激发秸秆还田、离田、加工利用等环节市场主体活力，建立健全政府、企业与农民三方共赢的利益链接机制，推动形成布局合理、多元利用的产业化发展格局，不断提高秸秆综合利用水平。

在2017年国务院政府工作报告中提出“坚决打好蓝天保护战，加快秸秆资源化利用”，既凸显了政府对秸秆综合利用的重视程度，又对秸秆综合利用指明了方向——秸秆是一种重要的资源。

农业部2017年1号文件《关于推进农业供给侧结构性改革的实施意见》指出，全面推进农业废弃物资源化利用。以县为单位，推进农作物秸秆等农业废弃物资源化利用无害化处理试点，探索建立可持续运营管理机制。鼓励各地加大农作物秸秆综合利用支持力度，健全秸秆还田、集运、多元化利用补贴机制。秸秆补贴政策汇总见表1-1。

表1-1　秸秆补贴政策汇总

补贴类型	补贴对象	补贴额度
秸秆农机购置补贴	购机（具）对象	不超过购机（具）总额的60%，机械作业面积要保证在4 000亩以上（限一台）
秸秆综合利用能源化补贴	秸秆压块燃料加工站	按要求给予70%的补助（总额不超过69.3万元）
	更换生物质炉具农户	试点县给予每个县350户农户更换生物质炉具70%的补助，超出户数补贴可用省级试点资金予以补助
	成型燃料生产企业	对年产量在2 000 t以上的秸秆压块燃料企业，根据秸秆实际消耗量给予产成品每吨不超过150元的补助
秸秆焚烧还田补贴	秸秆造肥	对全秸秆造肥经营主体予以每吨不超过200元补助；对半秸秆造肥经营主体予以每吨不超过100元补助
	秸秆造肥设备	每台（套）不超过购机总价款60%的补助
秸秆综合收储站点建设补助	秸秆收储运专业化装备	单机（具）补助额度不超过所购机（具）总额的60%
	规范化存储场地建设	收储秸秆2 000 t以上的，验收合格的，每处秸秆收储点视收储量给予不超过20万元的补助
其他方面	基料化	每吨秸秆补助不超过100元
	饲料化	每吨秸秆补贴不超过50元
	原料化	每吨秸秆不超过50元
	秸秆禁烧	总额不超过项目资金总额的4%

四、秸秆禁烧成效

国家生态环境部卫星环境应用中心利用美国国家航空航天局Modis Web Fire Papper网站发布的Earth Observation System-MODIS 1 km数据，对全国各省（自治区、直辖市）秸秆焚烧火点进行监测，并在卫星中心网站公布。卫星遥感监测结果表明，近 10 年来，全国年均秸秆焚烧遥感火点数下降明显（覃诚，2019）。

2004—2005 年到 2016—2017 年，全国年均秸秆焚烧遥感火点数量由 14 509个降至 9 297 个，减少 35.92%。其中江西、重庆、北京等 13 个省（市）年均秸秆焚烧遥感火点数量下降幅度超过 90%；山东、湖北等 6 个省（市）降幅达到 80%~90%；天津降幅达到 70%~80%；河北、山西和宁夏降幅为 30%~70%，上述省份共计 23 个，占全国省份的 2/3 以上。

第四节　秸秆何去何从

秸秆禁烧走过 30 年历程。在这期间，一方面，采取各种措施堵住秸秆焚烧；另一方面，人们不得不思考如何疏通秸秆处理与利用渠道，及时为秸秆找到出路。

回答和实践秸秆处理与利用问题，必须展开一系列的研究与探索。

秸秆是什么？把秸秆看作农业废弃物还是农产品？这关系着秸秆在农业中的地位，也决定着人们对秸秆的态度，以及秸秆价值开发的力度。

秸秆有什么用？秸秆的自然资源属性决定了秸秆的使用价值。只有充分认识秸秆的自然资源属性，才能确定秸秆的利用方向和途径。

秸秆利用优先序？在秸秆利用的实践中，秸秆可以肥料化、饲料化、基料化、原料化，还可以燃料化。在这些利用途径中，根据不同秸秆类型，以及不同地区经济社会发展水平和科技进步，应当有所选择。合理地确定秸秆利用优先序，有利于明确利用方向，抓住利用重点，突出政策指引，形成社会合力，促进秸秆有效利用（陈云峰，2020）。

确立秸秆直接还田作为秸秆利用的优先序，是现阶段农民的自主选择。那么，秸秆如何直接还到田里？还田后带来了农田生态系统的哪些变化？将如何适应和协调这些变化？这些都是需要认真对待的。尤其需要从改善农田生态系统角度，研究秸秆还田对土壤、作物及环境的影响，提出相应的调控措施，促进农业可持续发展。

参考文献

毕于运，2010.秸秆资源评价与利用研究[D].北京：中国农业科学院.

毕于运，高春雨，王红彦，等，2019.农作物秸秆综合利用和禁烧管理国家法规综述与立法建议[J].中国农业资源与区划,40(8):1-10.
曹亚萍,2008.小麦的起源、进化与中国小麦遗传资源小麦研究[J].29(3):1-10
陈云峰,夏贤格,杨利,等,2020.秸秆还田是秸秆资源化利用的现实途径[J].中国土壤与肥料,6:299-307.
仇焕广,严健标,李登旺,等,2015.我国农村生活能源消费现状、发展趋势及决定因素分析——基于四省两期调研的实证研究[J].中国软科学,11:28-38.
丁永霞,2017.中国家庭能源消费的时空变化特征分析[D].兰州:兰州大学.
郭利京,赵瑾,李莉,等,2016.秸秆禁烧宣传策略对农户行为的影响机制研究——基于解释水平理论的视角[J].山西农业大学学报(社会科学版),15(9):651-658
厉青,张丽娟,吴传庆,等,2009.基于卫星遥感的秸秆焚烧监测及对空气质量影响分析[J].生态与农村环境学报,25(1):32-37.
彭洋平,2012.中国古代农作物秸秆利用方式探析[D].郑州:郑州大学.
孙玉滨,2018.秸秆问题的产生与解决[J].农村牧区机械化,6:26-28.
覃诚,2019.中国秸秆禁烧管理与美国秸秆计划焚烧管理比较研究[D].北京:中国农业科学院.
覃诚,毕于运,高春雨,等,2019.中国农作物秸秆禁烧管理与效果[J].中国农业大学学报,24(7):181-189
王永厚,1987.我国农家肥的历史及其成就[J].耕作与栽培,1:37-40
熊帝兵 2017.从《齐民要术》中看农作物秸秆的资源化利用[J].农业考古,3:46-51.
许成委,2010.中国古代农村生活废弃物再利用研究[D].杨凌:西北农林科技大学.
曾志伟,周龙,杨德荣,2021.我国古代农业中矿质营养元素应用的智慧[J].磷肥与复肥,36(1):50-52

第二章　秸秆资源

资源，指一国或一定地区内拥有的物力、财力、人力等各种物质的总称。

——百度百科

第一节　秸秆是一种资源

一、秸秆也是农产品

一直以来，秸秆是作为一种农业副产物、甚至农业废弃物被人们认识、了解的。

作物从种子开始，经历发芽，在合适的温度、光照、水分、空气、肥料等作用下成长，经过营养生长、生殖生长，期间会有一系列养分转运、合成，直至成熟。成熟后的作物，因作物种类不同，其被种植作为目标收获物的部分也不尽相同。粮食作物的目标收获物大多是籽粒。作物的目标收获物，一般被称作农产品，供人们食用、转化、销售、利用，剩下的部分（广义上的秸秆）往往被作为农业废弃物或者垃圾。其实世上本没有垃圾，"垃圾只是放错地方的资源"。垃圾之所以是垃圾而不是资源，是因为人们没有找到处理和利用并使之变废为宝的办法。随着人类科技的不断进步，秸秆处理与利用途径不断拓展，同籽粒一样，秸秆也逐步成为一种重要的农产品。

（一）秸秆与籽粒同源，都是光合作用的产物

植物通过光合作用，利用无机物来生产有机物，并且贮存能量，完成营养生长和生殖生长过程。植物的营养生长，建成了植物的根、茎、叶等营养器官。这就是通常意义上植物收获后的秸秆部分。当植物营养生长到一定时期就转变到生殖生长，开始开花、结果，形成种子。这就是通常意义上植物收获的籽粒。无论是秸秆还是籽粒，都是植物光合作用在不同生长时期的产物，并且在植物生长过程中，秸秆积累的同化物和籽粒积累的同化物，是可以通过一定

渠道相互转移的。可以这样说，秸秆和籽粒都来自植物的光合作用，为人类及其他生物提供了物质来源和能量来源。

（二）秸秆是动物、微生物重要的食物来源

农业具有多功能性，但最基本的功能是为人类生存提供食物。植物生长过程中，既形成了籽粒，同时也形成了根、茎、叶等其他伴生产物。籽粒作为最主要目标收获物，被人类作为粮食利用，而秸秆也是某些动物、微生物的粮食，是动物、微生物食物链的重要环节。

牛属于反刍动物，除了青草可以作为其粮食饲用外，稻草也是其重要的粮食资源，尤其在被圈养或冬季没有青草或青草枯黄的季节。玉米秸秆通过青贮、微贮、膨化、氨化、酶制剂、微生物处理等技术处理，可以将秸秆转化为饲料用于喂饲牛、马、羊、鸡、鸭等牲畜。还有籽粒苋、饲用高粱等都是各类牲畜的优质粮食。

微生物在自然界广泛存在，主要可分为细菌、病毒、真菌、放线菌、立克次氏体、支原体、衣原体、螺旋体等几大类，作为生命体，微生物的生存、繁衍等都需要食物（于翠，2018）。农作物秸秆是微生物的主要食物来源之一。微生物参与秸秆腐解矿化过程，同时，从中吸取养分构建自己的躯体，获取生存的能量。

古语“兵马未动，粮草先行”，简要地指出草料是战马的粮食补给。据测算，1 t 普通秸秆的营养价值相当于 0.25 t 粮食的营养，我国目前有约 10 亿 t 秸秆，若全部用作饲料，相当于 2.5 亿 t 粮食。

二、秸秆是一半的农业

农作物生长过程中，吸收养分、水分，同时利用温、光、热资源，进行光合作用，光合作用所产生的物质和能量，一部分富集在籽粒（或其他可被利用的器官）中，另一部分则蕴藏在秸秆里。

（一）秸秆消耗了一半的农业资源

农作物生长过程中，除了占用耕地（土壤）资源之外，还需要消耗温度、光照、水分、肥料、空气，等等。从农业投入品方面看，秸秆的生长与形成需要种子、肥料、水分等的参与；从自然资源方面看，秸秆生长需要吸收光照、空气（二氧化碳）以及温度等。除此之外，作物生长还需要消耗机械动力或者人工成本，有时还会需要覆盖地膜、搭建架棚、喷洒农药，等等。据测算，一般农业每投入 1 元，其中 0.5 元生长的是籽粒，另外 0.5 元生长的是秸秆。

（二）秸秆是农业的另一半成果

1. 秸秆是籽粒的伴生物

农作物生长，会产生果实和秸秆。传统农业认为，只有籽粒和果实才是农作物成果，往往只注重粮食的收获，而将秸秆作为废弃物。种子经过生长形成果实，秸秆起到了过渡、支撑和桥梁作用。秸秆伴随作物的营养生长和生殖生长，为籽粒的最终形成实现着自身的功能，同时，积累物质和能量。秸秆是籽粒的伴生产物、过程产物，属于农业的另一半成果。

2. 农作物秸秆具有二次利用价值

农作物收获后，秸秆可以用作生产能源、饲料、肥料、原料和基料等，具有再利用价值。通过先进的加工技术，对农作物秸秆实现生物质综合加工，甚至可以实现高值化利用。从固碳减排的角度和农业的生产功能看，农业发挥了部分森林资源的功能和作用，如果把农作物比作“第二森林”，秸秆则是“第二木材”，丰富的秸秆资源，对调节气候、净化空气、维持生态平衡等，都发挥着重要作用。

（三）秸秆中蕴藏了一半的能量

农作物秸秆是重要的生物质资源。农作物是一部强大的太阳能转换器。农作物在生长过程中，通过光合作用，大约将一半太阳能转换成人类生存所需要的食物能量（籽粒），而将另一半太阳能转换成秸秆能量，维持人类生产和生活的需要。因此，农作物秸秆是可以储存和移动的可再生生物质资源。从热值量角度看，秸秆的燃烧值约为标准煤的 50%，我国目前农作物秸秆理论值为 10 亿 t，若全部用作燃料，可折合约 5 亿 t 标准煤。

三、秸秆的资源属性

秸秆形成过程中，会从土壤中吸取矿质养分，吸收大气中的二氧化碳、水分，进行光合作用。秸秆资源组分，按其特性可以分为无机组分和有机组分。无机组分中，包含氮、磷、钾、钙、镁等灰分元素；有机组分中，包含木质素、纤维素、半纤维素、可溶性糖、粗蛋白质、粗脂肪，还有单宁、树脂等。

由于农作物的多样性，致使秸秆种类的多元化，因此在秸秆资源利用上，大多数农作物秸秆都具有多适宜性。秸秆资源的利用途径，主要依据其自然属性进行开发利用。

（一）秸秆的肥料资源属性

秸秆作为一种生物质资源，其中富含氮、磷、钾大量元素，有机质，以及钙、镁等中微量元素等，可以通过秸秆还田、生产生物有机肥料，作为培肥地力的重要来源。各种作物因为营养特性、生长环境、土壤条件等不同，其养分含量差异也很大（表 2-1）。一般地，秸秆中含有大量的碳，一般占 40%，再就是氮、磷、钾。一般作物秸秆氮含量为 0.5%~2.4%，水稻、小麦、玉米三大作物秸秆的含量一般为 0.5%~0.8%；作物秸秆磷含量为 0.05%~3.9%，水稻、小麦、玉米三大作物秸秆的含量一般为 0.12%~0.31%；作物秸秆钾含量为 0.15%~3.1%，水稻、小麦、玉米三大作物秸秆的含量一般为 1.16%~2.26%（牛文娟，2015）。以 2015 年为例，全国利用秸秆为 7.21 亿 t，如果将秸秆全部还田，带入农田平均养分量可高达 N 54.4 kg/hm^2、P_2O_5 15.5 kg/hm^2 和 K_2O 88.1 kg/hm^2，相当于 2015 年化肥用量的 38.4%（N）、18.9%（P_2O_5）和 85.5%（K_2O）（宋大利等，2018）。

表 2-1　不同农作物秸秆主要无机养分含量（%）（宋大利等，2018；徐大兵等，2019）

秸秆类型	C	N	C/N	P_2O_5	K_2O
水稻秸秆	49.4	0.82	60.2	0.20	2.02
小麦秸秆	46	0.58	79.3	0.13	1.21
玉米秸秆	58.4	0.87	67.1	0.21	1.05
薯类藤蔓	24	1.97	12.2	0.43	1.93
大豆秸秆	44	1.03	42.7	0.30	0.87
棉花秸秆	42	0.85	49.4	0.22	1.63
油料秸秆	41	1.03	39.8	0.32	1.36
蔬菜尾菜	31	3.81	8.1	0.47	3.29

湖北省农业科学院植保土肥研究所刘波博士（2020），研究了湖北省秸秆的养分资源，认为湖北省秸秆养分资源总量为 3 842 万 t，秸秆养分量 110.19 万 t，其中 N、P_2O_5、K_2O 的养分量分别为 36.13 万 t、8.35 万 t 和 65.71 万 t。以秸秆还田率 50%计算，可提供约 55 万 t 化学养分。即使考虑到秸秆的腐解周期、养分释放、矿化效率等因素对秸秆养分有效性的影响，以湖北省 2010—2015 年化肥施用量为基数，提出的 20%化肥减量目标（表 2-2），具有科学依据。

表 2-2　湖北省近年播种面积与化肥施用量变化（刘波，2020）

年份	播种面积（万 hm^2）	化肥施用量（万 t）	相比预测值的减施量（%）
2010 年	799.8	350.77	—
2014 年	779.5	348.27	—
2015 年	798.6	333.87	—
2016 年	790.9	327.96	11.6
2017 年	795.6	317.93	8.8

周卫院士认为，我国丰富的有机肥资源未能充分利用，每年产生 10 亿多吨农作物秸秆，但有效还田率不足 50%，秸秆还田碳氮比过高，微生物与作物争氮，导致减产，在“主要粮食作物养分资源高效利用关键技术”成果（2020 年度国家科学技术进步奖二等奖）中，提出了旱地和水田有机肥对化肥氮素的适宜替代率分别为 30%和 20%；指出水田秸秆粉碎翻埋及旱地灭茬还田，应结合氮素调控，以提高秸秆养分资源利用效率。

（二）秸秆的饲料资源属性

农作物秸秆能作为饲料，主要是因为蛋白质、脂肪和纤维含量较高（表 2-3）。2015 年全国利用的 7.21 亿 t 秸秆如果全部用作饲料，按 1 t 普通秸秆的营养价值为粮食价值的 25%估算（尹成杰，2016），相当于 1.80 亿 t 粮食。

表 2-3　主要饲料用作物秸秆养分特征（干基，%）（魏金涛等，2018）

秸秆种类	粗蛋白质	粗脂肪	粗纤维	钙	磷
玉米秸秆	8.00	2.35	32.71	0.59	0.12
小麦秸秆	5.18	1.76	40.24	0.38	0.09
大麦秸秆	5.41	2.12	39.53	0.21	0.14
水稻秸秆	5.65	1.65	30.12	0.81	0.71
大豆秸秆	5.53	2.35	45.53	1.18	0.16
苜蓿秸秆	8.71	1.53	43.88	0.66	0.22
燕麦秸秆	4.40	1.60	40.50	0.18	0.01
高粱秸秆	6.00	1.95	28.50	0.36	0.22
豌豆秸秆	8.90	2.26	39.50	1.48	0.17
大豆秸秆	11.30	2.40	28.80	1.31	0.22
油菜秸秆	4.74	2.48	42.40	1.08	0.13

（续表）

秸秆种类	粗蛋白质	粗脂肪	粗纤维	钙	磷
甘薯藤	9.20	2.70	32.40	1.76	0.13
花生藤	12~14.3	2.47	24.6~32.4	2.69	0.04

（三）秸秆的能源资源属性

秸秆用作能源，主要是利用其热值（150 00 kJ/kg 左右）。传统上，秸秆能源化利用效率及转化效率均较低，因此，近年来开发的一些新型的利用方式如锅炉燃烧、压缩成型燃烧、沼气、热解气化等大大提高了秸秆能源化利用效率（表 2-4）

表 2-4　不同秸秆能源化利用方式热值及效率（张培栋等，2007）

利用方式	热值（kJ/kg）	利用效率（%）	转化效率（%）
炉灶燃烧	15 349	15	8.31
锅炉燃烧	15 349	60	14.28
压缩成型燃烧	15 349	40	58.28
沼气发酵供热	20 934	55~60	23.29
热解气化供热	4 818	55	60.37

（四）秸秆的基料和原料资源属性

秸秆基料化和原料化利用技术主要是利用秸秆中的大量半纤维素、纤维素和木质素（表 2-5）。食用菌菌丝在秸秆基质中分泌大量胞外酶，可以将粗纤维转化为人类可食用的优质蛋白，同时菌丝体自身也获得营养和能量（任鹏飞等，2010）。

表 2-5　几种主要作物的有机组分含量（%）（牛文娟等，2015）

秸秆种类	纤维素	半纤维素	木质素
水稻秸秆	41.30	18.65	18.51
小麦秸秆	38.26	21.94	21.73
玉米秸秆	37.24	17.38	23.13
油菜秸秆	41.63	14.84	19.95
棉花秸秆	38.37	14.40	27.68

纤维素是由葡萄糖组成的大分子多糖，不溶于水及一般有机溶剂，它是植物细胞壁的主要成分，通常与半纤维素、果胶和木质素结合在一起，是一种重要的膳食纤维。纤维素占植物界碳含量的50%以上。利用不同作物秸秆纤维素的性质特点，可以用于制造不同的膜材料、纤维素气凝胶、类水凝胶等。

半纤维素是植物组织中聚合度较低的非纤维素聚糖类，也是构成植物细胞壁的主要组分。一般由两种或两种以上的糖基组成，大多数带有短支链的线状结构，含有半纤维素羟基、乙酰基及羧基等官能团，可用作吸附材料，或通过交联或进一步改性形成具有不同功能的半纤维素基水凝胶，还可拓展在生物、医药、废水处理和3D打印等领域的应用。

木质素是构成植物细胞壁的成分之一，具有使细胞相连的作用，其高硬度是承托整株植物重量的保证。利用木质素的特点，可以用于制作吸附材料、生物材料，还可用作生物质燃烧材料、建筑材料等。

第二节　秸秆资源的估算

一、秸秆资源的估算方法

秸秆资源的估算方法主要分为两种：一是根据秸秆测产结果推算秸秆产量，二是根据农作物经济产量估算秸秆产量。秸秆测产往往是小面积的、试验性的，主要在作物育种、试验种植、大田实验等研究性工作中，其目的不是为了估算农作物的秸秆产量，而是为了计算作物的生物量、经济系数、谷草比等，以便于分析作物的生物学特性及其产出性能。在平时的生产实际活动中，人们往往会更关注作物的经济产量，除了一些专业的研究之外，秸秆产量一般不会被测算和统计。因此，目前比较通用的方法是通过农作物经济产量来估算秸秆产量。经济系数法、草谷比法是目前采用比较广泛的方法。

（一）经济系数法

田间秸秆产量=经济产量/收获指数-经济产量

=经济产量×（1/收获指数-1）。

收获指数=作物经济产量/地上部分生物产量

（二）草谷比法

通过作物经济产量、草谷比（Residue/Grain ratio，R/G）来计算获得作物秸秆产量的方法，称为草谷比法。有些地方也有称为谷草比的，当然二者互为倒数关系。经济产量是指人们传统上认为有经济价值的主产品产量，生物产量是指作物地上部分植物体的总重量，包括作物的经济产量和田间秸秆产量。

以草谷比计算作物田间秸秆的公式如下。

田间秸秆产量=经济产量×草谷比。

比较上述两种方法，其原理是一样的，以收获指数计算作物田间秸秆产量和以草谷比计算的结果也相同。因此这两个概念是对作物经济产量和田间秸秆产量之间关系不同的表示方式。其关系式如下。

草谷比=1/收获指数-1。

由于以草谷比计算田间秸秆产量给人以直接且易于理解的关系，近年来草谷比法已成为我国秸秆资源量评估的主要方法。

但是有些作物因为其特殊性，用草谷比法计算秸秆资源量时又会拓展出新的表现形式。一是块根块茎及需要拔根收获的作物。如花生、薯类作物，收获时会拔出一定量的根，这部分根也应属于田间秸秆，应将以草谷比计算得到的地上部田间秸秆加上拔出根重量即为该作物田间秸秆总量。二是玉米、水稻、花生、棉花、甘蔗等需深（再）加工的作物。玉米经济产量为籽粒产量，因此以草谷比估算的玉米田间秸秆应扣除玉米芯量，玉米芯属于加工副产物；水稻壳、花生壳、棉籽壳、甘蔗渣等为加工副产物。三是棉花，其产量有籽棉和皮棉两种产量统计方法。平时统计数据中一般是皮棉产量，从文献中查阅的收获指数应换算为皮棉，以草谷比计算田间秸秆时要减去棉籽，棉籽不属于田间秸秆。

二、主要农作物草谷比

农作物草谷比是准确估算秸秆资源量的关键参数。秸秆资源量取决于农作物产量，而作物产量又受品种（组合）、种植方式、栽培技术等影响，此外还与施肥、气候等因素相关，从而影响草谷比，也导致不同文献之间测算结果差异变幅较大。刘晓永和李书田（2017）通过收集、整理和分析相关文献资料、书籍或研究报告，分地区计算出的我国主要农作物草谷比（表 2-6），具有较强的代表性。

表 2-6　我国不同地区各种作物的草谷比（刘晓永和李书田，2017）

作物种类	区域					
	东北	华北	华中	西北	西南	东南
水稻	0.91	0.97	1.08	1.03	0.95	0.93
小麦	1.56	1.34	1.39	1.10	1.49	1.36

（续表）

作物种类	区域					
	东北	华北	华中	西北	西南	东南
大麦	1.31	1.32	1.24	1.32	1.32	1.27
青稞	1.27	1.27	1.27	1.27	1.27	1.27
荞麦	1.20	1.20	1.20	1.20	1.20	1.20
莜麦	1.99	1.99	1.99	1.99	1.99	1.99
玉米	1.11	1.23	1.29	1.29	1.28	1.27
谷子	1.42	1.45	1.66	1.35	1.72	1.66
高粱	1.33	1.85	1.62	1.75	1.63	1.62
其他谷类	1.03	1.49	1.19	1.21	1.45	1.24
大豆	1.29	1.53	1.41	1.63	1.69	1.53
甘薯	0.75	0.72	0.77	0.82	0.78	0.86
油菜	2.75	2.20	2.64	2.34	2.55	2.75
花生	1.24	1.41	1.18	1.33	1.20	1.60
芝麻	2.16	2.80	2.33	2.22	2.28	2.11
向日葵	2.74	2.16	2.10	1.92	2.10	2.10
胡麻籽	2.31	2.25	2.31	2.03	2.27	2.31
其他油料	1.94	2.00	2.02	2.01	1.80	1.75
籽棉	2.52	2.82	2.19	2.37	2.55	2.51
麻类	1.47	1.79	1.86	1.91	1.55	1.64
甜菜	0.41	0.21	0.25	0.19	0.25	0.25
甘蔗	0.23	0.16	0.25	0.23	0.22	0.20
烟叶	1.05	1.06	1.05	1.04	1.19	1.11
瓜类	0.11	0.11	0.11	0.11	0.11	0.11
蔬菜	0.10	0.10	0.11	0.10	0.10	0.10
菠萝	0.38	0.38	0.38	0.38	0.38	0.38
香蕉	0.28	0.28	0.28	0.28	0.28	0.28

三、秸秆资源估算的一些问题

（一）秸秆的概念不十分明确

以前人们对作物秸秆概念和分类没有统一的认识，国家也没有相应的划分与界定，研究也没有统一的规范，导致在秸秆资源评估结果中出现较大差异。多数的表述中，以大田作物的“田间秸秆”作为秸秆资源，没有将稻壳、玉米芯、甜菜渣等作物加工副产物包括在内，也没有将花生和薯类等作物在收获时拔出的一定量的根计算在内。

（二）草谷比取值差异大

在作物种类相同和计算方法一致时，估算秸秆产量的准确性则唯一取决于草谷比是否准确。不同的学者及研究中，相同草谷比取值差异非常大。如三大粮食作物的水稻，取值范围为0.62~1.1，一半以上的研究报道将草谷比取值为0.62~0.68，但少部分取值在0.9~1.1；玉米的草谷比为1.2~2；小麦草谷比取值为0.73~1.4等。其他作物草谷比取值差异更大，如棉花的草谷比取值大多为3，但也有取值为5.5~9的。

（三）科技进步会改变草谷比值

科学技术的发展带动育种技术进步，使得作物产量越来越高。作物增产的同时，既带来了籽粒的增加，也使得秸秆的增加，但二者的增幅是不一致的。育种技术发展，既关注养分转化的数量（增加籽粒产量），也关注转化效率（养分更多地聚集在生殖生长阶段，转化为经济产量）。

在产量基本一定的情况下，草谷比会影响秸秆资源数量。而影响作物草谷比的因素有很多。首要的因素是品种，随着作物新品种的选育更新，肥料利用率提高、作物光合效率增强，总体上会出现下降趋势。以玉米为例，20世纪90年代玉米虽然也是三大作物之一，但由于被划归杂粮，育种和栽培都未受重视，其草谷比较高，一般高达2或者以上。但是，近年来在我国主要作物中，玉米品种改良和生产水平提高，目前玉米生产的草谷比取值已明显降低。因此，对各种作物秸秆量的评估，都应取当前生产中主栽品种的草谷比。虽然作物草谷比是随时间因品种改良而变化的，但在一定时期内是相对稳定的，应以近年期限为宜。另外，栽培环境、土壤、气候以及耕作制度和栽培条件的不同，也会引起不同地区同一作物草谷比不同。

（四）科学认识农作物产量的统计指标

首先，应明确作物产量是干重还是鲜重，作物产量统计指标，粮食作物一般为风干重，薯类作物一般是折粮重量，因此其产量也相当于风干重；花生产量为带壳的花生果风干重，甘蔗、甜菜、蔬菜和香蕉等作物产量则是鲜重。风干重产量可直接计算秸秆量，鲜重产量则应扣减含水率换算为风干重。其次，要明确作物产量是指作物的哪一部分，如棉花产量有皮棉和籽棉之分，我国统计棉花产量多数是指皮棉产量，对于籽棉产量要乘以衣分换算为皮棉产量。而且，要注意以草谷比和皮棉相乘获得的值不是棉花田间秸秆量，因为其中含有棉籽，减除棉籽产量后的量才是棉花田间秸秆量。又如，因为玉米产量统计中不包括玉米芯，玉米以草谷比计算得到的应是田间秸秆和加工副产物之和等。

第三节　秸秆资源种类和数量

一、秸秆资源种类

我国是农业大国，种植的作物因地区、气候、土壤等因素差异很大，秸秆种类也呈现多元化。根据农作物用途和植物系统分类，一般可将作物秸秆分为粮食作物秸秆和经济作物秸秆两大类。粮食作物秸秆一般又分为谷类作物秸秆、豆科作物秸秆、薯类作物秸秆等。谷类作物主要包括水稻、小麦、玉米、高粱、谷子、大麦等；豆科作物主要包括大豆、豌豆、绿豆、蚕豆、胡豆、红豆等；薯类作物主要包括甘薯、马铃薯等。经济作物秸秆一般又分为纤维作物秸秆、油料作物秸秆、糖料作物秸秆、果蔬作物秸秆、绿肥及饲料等其他作物秸秆等。纤维作物主要包括棉花、苎麻、红麻、黄麻等；油料作物主要包括油菜、花生、芝麻、向日葵等；糖料作物主要包括甘蔗、甜菜等；果蔬作物主要包括叶菜类、根茎菜类、果菜类等；绿肥及饲料作物主要包括紫云英、苜蓿等；其他作物如烟草、茶叶、薄荷等。

从全国范围来看，农业生产中产生的主要秸秆为水稻、小麦、玉米、大豆、马铃薯、花生、油菜、棉花等作物的秸秆。其中水稻、小麦和玉米为最主要的三大作物秸秆，占秸秆总量的70%左右（表2-7）。

表2-7　我国主要农作物秸秆资源量及占比（刘晓永和李书田，2017）

秸秆种类	占比（%）	总量（亿t）
稻草秸秆	28.2	2.96
小麦秸秆	18.8	1.97
玉米秸秆	21.8	2.29

（续表）

秸秆种类	占比（%）	总量（亿 t）
其他谷物秸秆	5.5	0.58
棉花秸秆	3.6	0.38
油料秸秆	4.4	0.46
豆类秸秆	3.5	0.37
薯类秸秆	2.9	0.30
其他秸秆	11.3	1.19

二、秸秆资源数量

在秸秆资源数量的估算上，比较一致的观点认为是我国（除台湾）20 世纪 80 年代至 20 世纪末，秸秆资源总量为 5 亿~7 亿 t；从本世纪开始，我国秸秆资源数量逐渐增加，目前为 10 亿 t 左右（表 2-8）。

表 2-8　我国秸秆资源数量变化情况

时间	秸秆资源量（亿 t）	研究者	备注
1980—1989 年	4.85	刘晓永和李书田	未包含瓜类、香蕉和菠萝
1990—1999 年	6.55	刘晓永和李书田	未包含瓜类、香蕉和菠萝
1998 年	7.95	钟华平等	未包含蔬菜
1999 年	6.40	韩鲁佳等	
2000 年	5.54	高祥照等	
2000—2004 年	5.9~6.9	曹国良、汪海波等	未包括加工副产物
2004—2005 年	7.2~8.0	汪海波、李继福、张培栋等	未包括加工副产物
2005 年	8.4	毕于运等	药材、蔬菜、其他作物以及作物加工副产物计入
2006 年	7.62	高利伟等	未包括加工副产物
2000—2009 年	7.36	刘晓永和李书田	
2009 年	8.20	农业部新闻办公室等	调查采取实测草谷比的方式进行测算
2010—2015 年	9.01	刘晓永和李书田	未包括加工副产物
2015 年	7.19	宋大利等	包含了蔬菜，作物加工副产物计入

（续表）

时间	秸秆资源量（亿 t）	研究者	备注
2016 年	10.4	石祖梁等	包含了蔬菜，作物加工副产物计入

按年代顺序，我国 1991—1999 年作物秸秆资源量评估的值多数为 5 亿~6 亿 t，受统计资料的影响，当时并没有将作物加工副产物纳入秸秆资源的评估范围，因此，这些秸秆资源量应为狭义上的秸秆资源，即“田间秸秆”资源。虽然也有学者估算至 20 世纪末，田间秸秆量已达 8 亿 t，但被认可的较少。

农业部 2009 年 1 月首次启动了全国性的秸秆资源调查与评价工作，结果表明，2009 年全国农作物秸秆理论资源量为 8.20 亿 t（风干，含水量为 15%），其中稻草为 2.05 亿 t、麦秸为 1.50 亿 t、玉米秆为 2.65 亿 t、棉秆为 2 584 万 t、油料作物秸秆（主要为油菜和花生）为 3 737 万 t、豆类秸秆为 2 726 万 t、薯类秸秆为 2 243 万 t。从区域分布上看，依次为华北区、长江中下游区、东北区、西南区、蒙新区、华南区、黄土高原区和青藏区，理论资源量分别为 2.33 亿 t、1.93 亿 t、1.41 亿 t、8 994 万 t、5 873 万 t、5 490 万 t、4 404 万 t、468 万 t。2009 年，我国秸秆可收集资源量为 6.87 亿 t，占理论资源量的 83.8%，其中秸秆作为肥料使用量约为 1.02 亿 t（不含根茬还田，根茬还田量约 1.33 亿 t）、作为饲料使用量约为 2.11 亿 t、作为燃料使用量（含秸秆新型能源化利用）约为 1.29 亿 t、作为种植食用菌基料量约为 1 500 万 t、作为造纸等工业原料量约为 1 600 万 t、废弃及焚烧约为 2.15 亿 t。

《“十二五”农作物秸秆综合利用实施方案》显示，2010 年全国秸秆理论资源量为 8.4 亿 t，秸秆品种以水稻、小麦、玉米等为主。其中稻草为 2.11 亿 t、麦秸为 1.54 亿 t、玉米秆为 2.73 亿 t、棉秆为 2 600 万 t、油料作物秸秆（主要为油菜和花生）为 3 700 万 t、豆类秸秆为 2 800 万 t、薯类秸秆为 2 300 万 t。我国的粮食生产带有明显的区域性特点，辽宁、吉林、黑龙江、内蒙古、河北、河南、湖北、湖南、山东、江苏、安徽、江西、四川等 13 个粮食主产省（区）秸秆理论资源量约 6.15 亿 t，占全国秸秆理论资源量的 73%。2010 年，秸秆可收集资源量约为 7 亿 t，秸秆综合利用率达到 70.6%，利用量约 5 亿 t。其中作为饲料使用量约 2.18 亿 t，占 31.9%；作为肥料使用量约 1.07 亿 t（不含根茬还田，根茬还田量约 1.58 亿 t），占 15.6%；作为种植食用菌基料量约 0.18 亿 t，占 2.6%；作为人造板、造纸等工业原料量约

0.18 亿 t，占 2.6%；作为燃料使用量（含农户传统炊事取暖、秸秆新型能源化利用）约 1.22 亿 t，占 17.8%，秸秆综合利用取得明显成效。

2016 年，国家发展改革委、农业部共同组织各省有关部门和专家，对全国“十二五”秸秆综合利用情况进行了终期评估，结果显示，2015 年全国主要农作物秸秆理论资源量为 10.4 亿 t，可收集资源量为 9.0 亿 t，利用量为 7.21 亿 t，秸秆综合利用率为 80.1%。从“肥料化、饲料化、基料化、燃料化、原料化”利用途径看，秸秆肥料化利用量为 3.9 亿 t，占可收集资源量的 43.3%；秸秆饲料化利用量 1.7 亿 t，占可收集资源量的 18.9%；秸秆基料化利用量 0.4 亿 t，占可收集资源量的 4.4%；秸秆燃料化利用量 1.0 亿 t，占可收集资源量的 11.1%；秸秆原料化利用量 0.2 亿 t，占可收集资源量的 2.2%。

“十三五”秸秆综合利用情况尚未出台，2020 年全国性的数据还没有最终统计。第二次污染源普查数据显示，2017 年全国秸秆产生量为 8.05 亿 t，秸秆可收集资源量 6.74 亿 t，秸秆利用量 5.85 亿 t，综合利用率 86.7%。农业农村部农业生态与资源保护总站统计 2017 年中国秸秆理论资源总量已达 10.2 亿 t，全国秸秆可收集资源量为 8.4 亿 t，已利用量约达到 7 亿 t，秸秆综合利用率超过 83%，其中，秸秆肥料化、饲料化、燃料化、基料化、原料化等利用率，分别为 47.3%、19.4%、12.7%、1.9%和 2.3%，已经形成了肥料化、饲料化等农用为主的综合利用格局。此外，部分省份秸秆综合利用情况已经统计出来（石祖梁，2018）。《河北省“十四五”秸秆综合利用实施方案》显示（河北省农业农村厅，2021），2019 年河北省主要农作物秸秆产生量 5 195.03 万 t，可收集量 4 428.77 万 t，综合利用量 4 311.85 万 t，秸秆综合利用率达到 97.36%。秸秆肥料化、饲料化、燃料化、基料化、原料化利用中，秸秆直接还田 3 091.11 万 t，占比 72.80%；其他肥料化利用 89.29 万 t，占比 2.10%；饲料化利用 775.10 万 t，占比 18.25%；能源化利用 244.23 万 t，占比 5.75%；基料化利用 8.19 万 t，占比 0.19%；原料化利用 38.31 万 t，占比 0.90%。从上可以看出，从 2009 年到现在，我国秸秆综合利用率逐步提高，秸秆多元化利用格局已经形成。

三、秸秆资源数量的影响因素

影响作物秸秆资源数量的因素有很多，主要包括作物类型、品种、复种指数、种植面积、产量水平等，对于同一种作物，在产量相对一定的情况下，秸秆资源数量与草谷比最为关联。

（一）作物类型

不同的作物，因为其草谷比的不同，在相同的经济产量指数情况下，所产生的秸秆资源量也会不同，草谷比越高的作物，所产生的秸秆量当然也越大。

已有的资料表明，草谷比由高到低，一般表现为棉麻类作物（苎麻、棉花、红黄麻、线麻）最高，油料作物（向日葵、芝麻、油菜、花生）、豆类作物（大豆、杂豆）次之，杂粮（谷子、高粱）、薯类（马铃薯、甘薯）再次之，烟草、粮食作物（玉米、小麦、水稻）、蔬菜等最小的顺序。同理，单位面积秸秆资源的总量也表现为这一规律。

（二）品种

科学育种技术中一个重要目的就是提高作物光合效率，降低草谷比。因为草谷比方面的影响，秸秆资源数量一般常规品种高于杂交品种，生育期长的品种高于生育期短的品种。

（三）复种指数

我国幅员辽阔，东西跨度长，南北差异大。南方因为日照时数长、年均气温与年积温高等特点，作物生长周期短、生长量大，作物复种指数高，单位面积产量指数高，秸秆资源数量一般表现为南高北低的特点。

（四）种植面积

种植面积直接影响到作物的总产量，因此也就与作物秸秆总量相关联。玉米、小麦、水稻等是我国主要的粮食作物，因为其种植面积大，总产量高，自然表现为秸秆量占比也大。

（五）产量水平

产量水平直接影响秸秆数量，产量水平越高，自然秸秆量也就越大。

第四节　秸秆资源分布

一、秸秆资源的地区分布

我国地域宽广，因不同地区农业气候、种植制度和社会经济条件不同，作物种类变化多样，因此，各地区的作物秸秆种类分布不同。

我国农业分区的方式很多，常见的一般分为六个区域，即①东北地区，包括黑龙江、吉林和辽宁；②华北地区，包括北京、天津、河北、河南、山东、山西；③长江中下游地区，包括上海、江苏、浙江、安徽、湖北、湖南、江西；④西北地区，包括内蒙古、陕西、宁夏、甘肃、青海、新疆；⑤西南地区，包括重庆、四川、贵州、云南、西藏；⑥东南地区：福建、广东、广西、海南。由于香港、澳门、台湾等区域的数据较少，一般很少统计在内。不同地区农业气候、种植制度和社会经济条件不同，作物种类变化多样，因此，各地区的作物秸秆种类分布不同（表 2-9）。

表 2-9　我国各地区不同秸秆资源占比（%）（刘晓永和李书田，2017）

作物	东北	华北	长江中下游	西北	西南	东南	全国
谷类	85.23	73.76	72.97	59.92	62.85	45.97	69.86
豆类	6.16	1.14	2.14	3.38	4.63	1.49	2.84
薯类	0.91	1.23	1.22	3.44	6.63	4.26	2.36
油料	2.58	6.70	10.66	7.67	10.49	4.49	7.53
棉麻	0.05	4.50	3.30	17.19	0.20	0.05	4.40
果蔬	4.38	12.41	9.21	7.21	8.89	16.41	9.67
其他	0.69	0.26	0.50	1.19	6.31	27.33	3.34

秸秆的分布区域，与作物的种植是互相关联的。我国作物秸秆主要分布于华北地区、长江中下游地区和东北地区，其中黑龙江、河北、河南、山东、江苏、湖南、湖北和四川等 8 省是我国农作物秸秆分布的主要地区。

从种类上看，稻秸是秸秆资源中占比最大的，约占总秸秆量的 28%，其主要分布在长江中下游和东北地区；其次是玉米秸秆，约占总秸秆量的 22%，主要分布于东北和华北地区的各省份，以及华东和华中的部分省份；小麦秸秆产量为农作物秸秆量的第 3 位，约占 18%，主要分布于华北地区（如山东、河南等）、华东地区（如江苏、安徽等）。

从区域分布上看，华北地区和长江中下游地区的秸秆资源最为丰富，占全国总量的一半以上；其次为东北地区、西南地区、西北地区；东南地区的秸秆资源量最低（图 2-1）。

二、秸秆资源的熟制分布

华北地区一年两熟或者两年三熟，种植以玉米、小麦为主，棉花、小杂粮为辅，产生的秸秆主要为玉米秸、麦草等为主。

西北地区一年一熟、或者两年三熟，种植以玉米、小麦、棉花为主，产生的秸秆主要为玉米秸、麦草、棉花秆等为主。

长江中下游地区一年两熟或者三熟，主要种植以水稻、小麦、油菜等，产生的秸秆主要为稻草、麦草、油菜秆等为主。

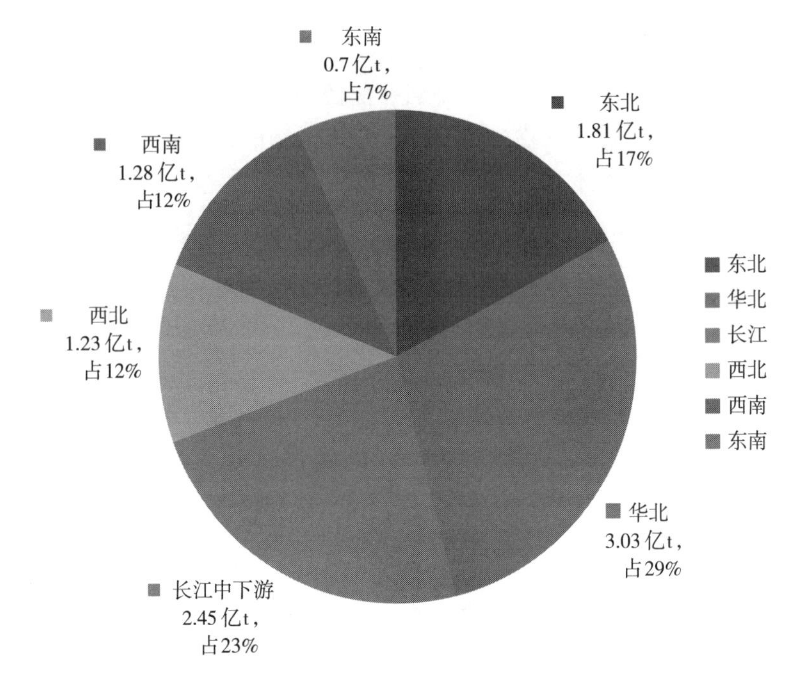

图 2-1　我国不同地区秸秆资源总量与占比（刘晓永 2017）

据周先竹和刘建胜等分析汇总，我国秸秆主要分布在河南、黑龙江、山东、江苏、四川、安徽、河北、湖南、吉林、湖北、江西、内蒙古、辽宁等省份，这也是我国主要的 13 个粮食产区（表 2-10）。

表 2-10　我国主要秸秆资源的分布地区（周先竹 2014）

秸秆类型	主要分布区域
水稻秸秆	湖南、四川、江苏、江西、湖北、广西、广东、安徽、辽宁、吉林、黑龙江
玉米秸秆	吉林、山东、河北、辽宁、内蒙古、黑龙江、河南、四川
小麦秸秆	河南、山东、河北、安徽、江苏、四川、陕西、新疆
大豆秸秆	黑龙江、吉林、安徽、四川、江苏、内蒙古、云南、山东
薯类秸秆	四川、山东、重庆、贵州、广东、内蒙古、云南、湖北
花生秸秆	山东、河南、河北、广东、安徽、湖北、四川、辽宁
油菜秸秆	湖北、四川、安徽、江苏、湖南、河南、贵州、浙江
棉花秸秆	新疆、山东、河北、河南、湖北、江苏、安徽、湖南

综上所述，秸秆作为一种重要的农产品，支撑起了农业的另一半，其广泛

的资源属性，使其具有众多的作用和用途。秸秆数量主要通过秸秆测产结果或农作物经济产量来进行估算；秸秆分布于我国华北地区、长江中下游地区等作物播种面积大、复种指数高的区域；其富含氮、磷、钾等无机养分，以及木质素、纤维素、半纤维素等富碳有机组分。随着科技的进步和人们认识的改变，我们有必要重新确立秸秆的重要地位，正确认识和利用秸秆资源。

参考文献

毕于运，高春雨，王亚静，等，2009.中国秸秆资源数量估算[J].农业工程学报，25(12)：211-217.

曹国良，张小曳，王亚强，等，2007.中国区域农田秸秆露天焚烧排放量的估算[J].科学通报，52(15)：1826-1831.

陈云峰，夏贤格，胡诚，等，2018.有机肥和秸秆还田对黄泥田土壤微食物网的影响[J].农业工程学报，34(增)：19-26.

高利伟，马林，张卫峰，等，2009.中国作物秸秆养分资源数量估算及其利用状况[J].农业工程学报，25(7)：173-179.

高祥照，马文奇，马常宝，等，2002.中国作物秸秆资源利用现状分析[J].华中农业大学学报，21(3)：242-247.

韩鲁佳，闫巧娟，刘向阳，等，2002.中国农作物秸秆资源及其利用现状[J].农业工程学报，18(3)：87-91.

胡洪涛，胡时友，周荣华，等，2020.油菜秸秆还田对土壤真菌群落结构和功能影响的研究[J].环境科学与技术，43(S1)：6-10.

刘波，杨利，范先鹏，等，2020.基于秸秆还田视角的化肥减施潜力研究——以湖北省为例[J].农业科学，10(7)：509-520.

刘建胜，2005.我国秸秆资源分布及利用现状的分布[D].北京：中国农业大学.

刘晓永，李书田，2017.中国秸秆养分资源及还田的时空分布特征[J].农业工程学报，33(21)：1-19.

牛文娟，2015.主要农作物秸秆组成成分和能源利用潜力[D].北京：中国农业大学.

农业部新闻办公室，2010.全国农作物秸秆资源调查与评价报告[R/OL].www.ehome.gov.cn.

任鹏飞，刘岩，任海霞，等，2010.秸秆栽培食用菌基质研究进展[J].中国食用菌,29(6):11-14.
石祖梁,贾涛,王亚静,等,2017.我国农作物秸秆综合利用现状及焚烧碳排放估算[J].中国农业资源与区划,38(9):32-37.
宋大利,侯胜鹏,王秀斌,等,2018.中国秸秆养分资源数量及替代化肥潜力[J].植物营养与肥料学报,24(1):1-21.
汪海波,秦元萍,余康,2008.我国农作物秸秆资源的分布、利用与开发策略[J].国土与自然资源研究(2):92-93.
魏金涛,郭方正,杨雪海,等,2018.苎麻替代不同比例苜蓿对波尔山羊生长性能、血清生化指标及养分表观消化率的影响[J].动物营养学报,30(10):4202-4209.
徐大兵,赵书军,陈云峰,等,2019.湖北省蔬菜废弃物资源量估算与分布特征[J].中国蔬菜(4):66-72.
尹成杰,2018.捡回另一半农业的再思考[J].农村工作通讯(3):44-48.
于翠,夏贤格,董朝霞,等,2018.秸秆还田配施化肥与秸秆腐熟剂对玉米土壤微生物的影响[J].湖北农业科学,57(增2):53-57,62.
张培栋,杨艳丽,李光全,等,2007.中国农作物秸秆能源化潜力估算[J].可再生能源,25(6):80-83.
钟华平,岳燕珍,樊江文,2003.中国作物秸秆资源及其利用[J].资源科学,25(4):62-67.
周先竹,鲁剑巍,王忠良,2014.秸秆资源综合利用与还田技术[M].北京:中国农业出版社.
“主要粮食作物养分资源高效利用关键技术”成果获 2020 年度国家科学技术进步奖二等奖.农环视界公众号.2021 年 12 月 5 日.

第三章　秸秆利用途径

途径是指方法、路子，就是一件事物与另一件事物发生联系，如果一件事物能使另一件事物发生改变，那么这两件事物便有联系。

——百度百科

第一节　秸秆综合利用技术体系

秸秆是一种重要的生物质，其资源禀赋决定了秸秆可以多样化利用。秸秆收储运系统、“五化”（肥料化、饲料化、基料化、燃料化、原料化）利用技术及相关的标准构成了秸秆综合利用技术系统。

一、秸秆收储运系统

秸秆收储运是秸秆综合利用重要的一环，是秸秆规模化和产业化利用的关键因素。目前，我国秸秆收储运已经取得一定的进展，形成了3种主要的收储运模式，即以秸秆经纪人为主体的分散型秸秆收储运模式、以专业收储运公司为依托的集中型秸秆收储运模式及规模企业自营型收储运模式（张士胜等，2019）。这3种模式各有优缺点，分散型秸秆收储运模式机动灵活，但系统管理性较差，有时经纪人为了追求利润最大化，会随机哄抬收购价格。集中型秸秆收储运模式能有效解决秸秆供应随意性风险，能够保证秸秆的长期稳定供应，但投资大，成本高。企业自营型收储运模式适用于半径50 km左右，秸秆产量非常集中的地区，企业能够获得连续的秸秆供应和稳定的秸秆收购价格，但企业人力、物力、财力投入较大。随着农业机械的发展，集中型收储运模式将成为今后很长一段时期的主要模式。

二、秸秆“五化”利用技术

秸秆肥料化利用技术。秸秆的肥料化利用是秸秆最古老的利用方式之一。

早在汉代《氾胜之书》中就提到利用秸秆等植物腐殖质肥田（熊帝兵，2017）。在传统农业年代，秸秆肥料化主要指秸秆直接还田（含覆盖还田）和堆沤还田。随着农业机械和农业生物技术的发展，这些传统技术得到进一步深化。直接还田从手工操作方式发展到机械收割粉碎混埋还田、翻埋还田。此外，针对两季作物茬口紧，需加速解决秸秆腐解的实际问题，在直接还田基础上施用秸秆腐熟剂，形成秸秆腐熟还田模式。2006 年农业部启动了有机质提升项目，大力推广秸秆腐熟还田。堆沤还田是秸秆肥料化利用的另外一种主要还田方式。从简单的田间地头堆沤发展到现在的工厂化堆肥。秸秆有机肥主要利用秸秆高碳氮比特征，将高碳氮比的秸秆与一些低碳氮比的物料如猪粪、牛粪、城镇污泥、农产品加工有机废弃物等混合，进行工厂化堆肥，最后生产出复合国家标准的商品有机肥。在中国北方温室，一般将秸秆堆肥技术、秸秆腐熟剂技术结合起来，形成秸秆生物反应堆技术。在秸秆生物反应堆中，秸秆在好氧条件下，经腐熟剂作用，被分解为二氧化碳、有机质、矿物质等，产生一定的热量，从而提高大棚土壤肥力、温度及棚内二氧化碳浓度，促进作物生长。

秸秆饲料化利用技术。与秸秆肥料化利用一样，我国秸秆饲料化利用历史悠久，以秸秆养畜、过腹还田为纽带的农牧结合，早已成为我国农业的优良传统。1992 年，鉴于我国人多地少、粮食形势严峻的国情，中央提出走节粮型畜牧业的道路，决定实施秸秆养畜示范项目。1996 年，在秸秆养牛取得成功的基础上，进一步将秸秆养畜的范围扩大到养羊和其他草食家畜上。时至今日，秸秆养畜示范项目已实施了 20 多年，秸秆饲料化利用已成为秸秆综合利用的主要方式之一（高腾云等，2019）。秸秆饲料化利用的传统技术主要包括直接利用、青贮和氨化。经过几十年的发展，在利用生物工程技术研发秸秆处理微生物菌种、秸秆饲料化调制的设施及工程技术、秸秆加工方法都取得较大进展。现在秸秆饲料化利用的主要技术除青（黄）贮、碱化/氨化外，压块技术、揉搓丝化技术、微贮技术均得到广泛应用（王飞和李想，2015）。

秸秆燃料化利用技术。秸秆能源化技术可以归纳为“四化一电”，即秸秆固化、秸秆气化、秸秆炭化、秸秆液化和秸秆发电。其中，秸秆气化又可分为厌氧消化（沼气）和热解气化，秸秆液化又可分为水解液化（纤维素乙醇）和热解液化，故而又可简称为“六化一电”。“四化一电”技术中，秸秆液化技术中的秸秆水解纤维素乙醇处于试生产阶段，热解生物质油尚处于试验研究阶段，其利用秸秆量可以忽略不计（毕于运等，2019）。

秸秆基料化利用技术。主要指利用秸秆生产食用菌或利用秸秆作为栽培基质。秸秆生产食用菌主要是利用秸秆中的大量半纤维素、纤维素和木质素。食用菌菌丝在秸秆基质中分泌大量胞外酶，可以将粗纤维转化为人类可食用的优质蛋白，同时菌丝体自身也获得营养和能量（任鹏飞等，2010）。目前利用秸秆生产的主要食用菌有双孢蘑菇、草菇、鸡腿菇、大球盖菇、香菇、平菇、金针菇、茶树菇等。秸秆作为栽培基质除利用纤维素类物质外，也利用了其物理性质，即疏松、容重较轻、保水保温性较好。

秸秆原料化利用技术。秸秆原料化利用途径较多，中国古代广泛应用秸秆做各种原料，如利用秸秆的韧性，将秸秆做编织的原料或盖草房的原料，将秸秆与泥巴混合后做建筑和治河的原料；利用秸秆的柔软，将秸秆作铺卧垫草；利用草木灰的碱性，将草木灰水作洗涤剂（彭洋平，2012）。中国四大发明之一的造纸，其主要原料即为麦秆和稻草。现代秸秆原料化利用，主要是利用秸秆的纤维，制作人造板材、清洁制浆造纸、发泡缓冲材料、餐饮具、包装容器、木糖醇等（徐晓娟等，2017；苑鹤等，2018）。

秸秆利用技术多种多样，但每种利用途径都有优缺点（表 3-1）。在一个特定的地方，应根据种植业、养殖业特点和秸秆资源的数量、品种，结合秸秆利用现状，选择适宜的利用方式。

表 3-1　秸秆各利用途径优缺点（肖体琼等，2015；郭莹，2016）

秸秆利用途径	优点	缺点
肥料化		
焚烧还田	操作方便，且具有一定的肥田效果	污染严重
直接还田	改善土壤理化性质，增加有机质含量，提高肥力，操作方便	有机质损失较多，增肥效果缓慢，秸秆中残留的病虫可能蔓延
饲料化		
秸秆饲草	直接采食，方便，成本低	营养成分不宜吸收，适口性差，不易贮存，易生霉菌
颗粒饲料	易于贮存，方便 TMR 饲喂	营养成分不易消化吸收，治粒成本高
菌剂饲料（青贮、黄贮、微贮等）	气味芬芳，营养价值提高，消化率提高，适口性好，有害菌少	成本高
揉丝饲料	性状与牧草类似，适口性好，消化率高	不易贮存，需要一定成本
能源化		
秸秆气化	经济方便，干净卫生	热值低，焦油含量高，投资偏高
秸秆固化	单位热值高，取用方便	压缩成本高，市场容量小

（续表）

秸秆利用途径	优点	缺点
秸秆液化	制造生物乙醇，替代汽油	污染大，能耗高，成本高，副产物多
秸秆沼气	清洁能源，低碳	冬季运行效果差，沼气品质低，沼渣沼液难处理，维护成本高
秸秆发电	能大量处理秸秆	前期投入高，发电效率低，秸秆收储运费用高，离不开政策扶持
基料化		
食用菌	杀灭秸秆中残留的病虫害，效益高，菌糠也可制肥还田	相对成本高，增加了劳动强度
原料化	附加值高，产品应用范围广	前期投入高

三、秸秆综合利用技术标准体系

秸秆资源化利用技术标准体系是秸秆综合利用技术推广的保障基础。据赵立欣统计（未发表资料），截至2020年，我国共发布秸秆利用国家标准和行业标准134项，其中，国家标准30项、农业行业标准47项、其他行业标准57项，基本覆盖了秸秆综合利用的各个环节和利用途径（表3-2）。

表3-2　秸秆综合利用技术标准体系

标准编号	标准名称	标准编号	标准名称
通用标准		燃料化利用：沼气、气化	
NY/T 1701—2009	农作物秸秆资源调查与评价技术规范	GB/T 30366—2013	生物质术语
NB/T 34030—2015	农作物秸秆物理特性技术通则	GB/T 30393—2013	制取沼气秸秆预处理复合菌剂
NY/T 3020—2016	农作物秸秆综合利用技术导则	NY/T 2373—2013	秸秆沼气工程质量验收规范
收储运标准		NY/T 2372—2013	秸秆沼气工程运行管理规范
JB/T 12447—2015	生物质处理设备　秸秆解包机	NY/T 2142—2012	秸秆沼气工程工艺设计规范
JB/T 12446—2015	生物质处理设备　秸秆烘干机	NY/T 2141—2012	秸秆沼气工程施工操作规程
JB/T 12442—2015	大型秸秆方捆打（压）捆机	NY/T 1017—2006	秸秆气化装置和系统测试方法

（续表）

标准编号	标准名称	标准编号	标准名称
LS/T 3604—1992	锤片粉碎机	NY/T 443—2001	秸秆气化供气系统技术条件及验收规范
LS/T 3605—1992	锤片粉碎机　锤片	NY/T 1417—2007	秸秆气化炉质量评价技术规范
LS/T 3606—1992	锤片粉碎机　筛片	NB/T 34011—2012	生物质气化集中供气污水处理装置技术规范
GB 7681—2008	铡草机安全技术要求	NB/T 34004—2011	生物质气化集中供气净化装置性能测试方法
JB/T 9707—2013	铡草机	NY/T 1561—2007	秸秆燃气灶
JB/T 11439—2013	铡草机　可靠性考核方法	JB/T 11792.5—2014	中大功率燃气发动机技术条件　第5部分：秸秆气发动机
JB/T 7288—2006	铡草机　型式与基本参数	JB/T 12336—2015	中小功率生物质气发动机技术条件和试验方法
JB/T 5171—2006	铡草机　刀片	燃料化利用：固体生物质	
肥料化利用标准		GB/T 21923—2008	固体生物质燃料检验通则
NY/T 2722—2015	秸秆腐熟菌剂腐解效果评价技术规程	GB/T 30725—2014	固体生物质燃料灰成分测定方法
GB/T 24675.6—2009	保护性耕作机械　秸秆粉碎还田机	GB/T 30726—2014	固体生物质燃料灰熔融性的测定方法
NY/T 500—2015	秸秆粉碎还田机　作业质量	GB/T 30727—2014	固体生物质燃料发热量测定方法
NY/T 1004—2006	秸秆还田机质量评价技术规范	GB/T 30728—2014	固体生物质燃料中氮的测定方法
NY/T 504—2002	秸秆还田机修理技术条件	GB/T 30729—2014	固体生物质燃料中氯的测定方法
JB/T 10813—2007	秸秆粉碎还田机　锤爪	GB/T 28734—2012	固体生物质燃料中碳氢测定方法
NY 525—2012	有机肥料	GB/T 28733—2012	固体生物质燃料全水分测定方法
NY 884—2012	生物有机肥	GB/T 28732—2012	固体生物质燃料全硫测定方法
饲料化利用标准		GB/T 28731—2012	固体生物质燃料工业分析方法

（续表）

标准编号	标准名称	标准编号	标准名称
GB/T 25882—2010	青贮玉米品质分级	GB/T 28730—2012	固体生物质燃料样品制备方法
NY/T 2088—2011	玉米青贮收获机作业质量	燃料化利用：成型燃料	
NY/T 2771—2015	农村秸秆青贮氨化设施建设标准	NY/T 12—1985	生物质燃料发热量测试方法
JB/T 7136—2007	秸秆化学处理机	NY/T 1915—2010	生物质固体成型燃料术语
NY/T 509—2015	秸秆揉丝机　质量评价技术规范	NY/T 1882—2010	生物质固体成型燃料成型设备技术条件
GB/T 26552—2011	畜牧机械粗饲料压块机	NY/T 2705—2015	生物质燃料成型机　质量评价技术规范
GB/T 16765—1997	颗粒饲料通用技术条件	NB/T 34018—2014	环模式块状生物质燃料成型设备技术条件
GB/T 25699—2010	带式横流颗粒饲料干燥机	NB/T 34019—2014	平模式块状生物质燃料成型设备技术条件
NY/T 1930—2010	秸秆颗粒饲料压制机质量评价技术规范	NB/T 34020—2014	活塞冲压式棒状生物质燃料成型设备技术条件
GB/T 6971—2007	饲料粉碎机　试验方法	NY/T 1883—2010	生物质固体成型燃料成型设备试验方法
JB/T 11683—2013	锤片式工业饲料粉碎机	NY/T 1878—2010	生物质固体成型燃料技术条件
JB/T 11693—2013	工业饲料粉碎机　能效限值和能效等级	NB/T 34024—2015	生物质成型燃料质量分级
JB/T 6270—2013	齿爪式饲料粉碎机	LY/T 1973—2011	生物质棒状成型炭
JB/T 9822. 1—2008	锤片式饲料粉碎机　第 1 部分：技术条件	NY/T 1879—2010	生物质固体成型燃料采样方法
JB/T 9822. 2—2008	锤片式饲料粉碎机　第 2 部分：锤片	NY/T 1880—2010	生物质固体成型燃料样品制备方法
NY/T 1554—2007	饲料粉碎机质量评价技术规范	NY/T 1881. 1—2010	生物质固体成型燃料试验方法　第 1 部分：通则
NY/T 1230—2006	饲料粉碎机　筛片和锤片质量评价技术规范	NY/T 1881. 2—2010	生物质固体成型燃料试验方法　第 2 部分：全水分
NY 644—2002	饲料粉碎机安全技术要求	NY/T 1881. 3—2010	生物质固体成型燃料试验方法　第 3 部分：一般分析样品水分

（续表）

标准编号	标准名称	标准编号	标准名称
NY 5099—2002	无公害食品食用菌栽培基质安全技术要求	NY/T 1881.4—2010	生物质固体成型燃料试验方法　第4部分：挥发分
NY/T 2064—2011	秸秆栽培食用菌霉菌污染综合防控技术规范	NY/T 1881.5—2010	生物质固体成型燃料试验方法　第5部分：灰分
NY/T 2375—2013	食用菌生产技术规范	NY/T 1881.6—2010	生物质固体成型燃料试验方法　第6部分：堆积密度
NY 5358—2007	无公害食品食用菌产地环境条件	NY/T 1881.7—2010	生物质固体成型燃料试验方法　第7部分：密度
GB/T 21125—2007	食用菌品种选育技术规范	NY/T 1881.8—2010	生物质固体成型燃料试验方法　第8部分：机械耐久性
NY/T 1731—2009	食用菌菌种良好作业规范	NB/T 34025—2015	生物质固体燃料结渣性试验方法
NY/T 1742—2009	食用菌菌种通用技术要求	原料化利用	
NY/T 2118—2012	蔬菜育苗基质	GB/T 27796—2011	建筑用秸秆植物板材
LY/T 1970—2011	绿化用有机基质	GB/T 23471—2009	浸渍纸层压秸秆复合地板
YC/T 310—2009	烟草漂浮育苗基质	GB/T 23472—2009	浸渍胶膜纸饰面秸秆板
燃料化利用：发电		GB/T 21723—2008	麦（稻）秸秆刨花板
GB 50762—2012	秸秆发电厂设计规范	JC/T 2222—2014	木塑复合材料术语
JB/T 11396—2013	生物质电厂烟气脱硝技术装备	GB/T 29500—2013	建筑榛柤用木塑复合板
JB/T 11886—2014	生物质燃烧发电锅炉烟气袋式除尘器	GB/T 24508—2009	木塑地板
JB/T 11835—2014	生物质共烧设备技术规范	GB/T 24137—2009	木塑装饰板
NB/T 42031—2014	生物质能锅炉炉前螺旋给料装置技术条件	LY/T 2556—2015	平压生物质基塑性复合板材
NB/T 34012—2013	生物质锅炉用水冷振动炉排技术条件	HJ 2540—2015	环境标志产品技术要求 木塑制品
NB/T 42030—2014	生物质循环流化床锅炉技术条件	JC/T 2221—2014	建筑用木塑门

四、秸秆综合利用存在的问题

从我国秸秆“五化”利用率及“五化”技术发展情况看，我国秸秆综合利用科技水平明显提高、综合效益快速提升，但秸秆综合利用还面临着一些亟待解决的问题。

（一）收储运体系不健全

尽管我国秸秆收储运体系建设取得一定成绩，但从当前来说，秸秆收储运仍然是秸秆综合利用的瓶颈，甚至可以说是“卡脖子”问题。“有秆难收、有收难储、有储难运”的现象仍普遍存在。造成这种现象的原因是多方面的。①秸秆本身的特性决定了秸秆收储运比较困难，如秸秆密度低、质地疏松，增加收集成本；秸秆分散性强，增加物流成本；秸秆季节性强、原料收集时间短，增加库存成本（谢光辉，2016）。②秸秆收储运机械化整体水平落后，主要体现在产品性能、可靠性及稳定性方面不足，一些设备核心部件如打捆机的打结器仍需依靠进口，没有专用的秸秆运输机，阻碍了秸秆综合利用进程（张士胜等，2019）。③秸秆收储运市场化程度弱，秸秆收储运成本高。目前我国秸秆收储运专业化服务体系尚未建立，服务市场也未形成，农民积极性不高，收储没有统一标准，从而导致收储运成本很高（张艳丽等，2009）。以秸秆发电为例，分散性秸秆收储运模式综合成本为 290 元/t，集中性收储运模式综合成本为 310 元/t（以棉秆为例）。综合来说，秸秆收储运成本往往占到秸秆利用类企业生产总成本的 35%～50%（谢光辉，2016）。

针对秸秆收储运系统面临的问题，许多专家提出了一些对策和建议（张艳丽等，2009；唐大平，2016；谢光辉，2016；张士胜等，2019）。归纳起来，主要包括政策、技术和市场三个方面。在政策上，主要是要制定秸秆收储运的补贴政策和培育秸秆收储运主体；在技术上，主要是加大机械设备研发投入力度，开展秸秆收储运标准体系构建和标准制定；在市场上，主要是用工业化的思维方式去解决农业问题，合理布局以秸秆为原料的规模化生产企业，培育专业收储运公司，实现秸秆收储运的专业化和市场化。《“十四五”重点流域农业面源污染综合治理建设规划》（农技财发〔2021〕33 号）明确要求，“根据秸秆离田利用及农地分布情况，建设不同规模的秸秆中转收储场（站），配备地磅、粉碎机、打捆机等设备”。规划的出台将进一步推动秸秆收储运系统的建设。

（二）产业化程度不高

秸秆产业化是以农作物秸秆为原料，以生物质饲料、生物肥料、生物质能源、生物质板材等为产品的产业形成过程。在这个产业中，涉及收集、储存、运输、加工、销售等五个环节。由于我国土地细碎化及分散经营、农业机械实施困难，秸秆产业化普遍存在关键技术薄弱、装备水平低、成熟商业模式欠缺、产品附加值低等问题，直接导致秸秆综合利用企业投入高、产出低、规模小，市场化进程步履艰难。此外，在支撑体系方面也不完善，如资源评价、技术标准、产品检测、认证体系及人才培养等。

目前，秸秆产业化在北方进行了一系列的探索，较典型的是内蒙古兴安盟秸秆综合利用产业化示范点。兴安盟确立了“一点五纵五横”发展路线，以秸秆产业科技孵化体系为基本点，以饲料化、肥料化、基料化、燃料化、材料化五化为利用方向，以收集、储存、运输、加工、销售为主要环节，实施秸秆利用“四个一”工程与六个地区项目布局，成立一个运营平台公司，设立一个省级秸秆产业工程技术研究院，打造一个国家级核心产业园区，建立一个完整高效的秸秆收贮运服务体系。目前，兴安盟秸秆资源产业化利用已初步达到了市场化推广的程度，但后续的运营、管理等还需要进行市场化的检验。

（三）扶持政策不完善

目前，国家秸秆还田补贴主要集中在少数省市，如黑龙江、安徽、浙江等，补贴范围过窄。部分省市补贴不持续，如湖北省 2006—2012 年实施有机质提升项目，对秸秆还田进行补贴，项目完成后，则又恢复到“有政策无资金”的状况。由于全国粮食生产区秸秆年年产生，小范围的补贴、不持续的补贴，将很难提高农民秸秆还田的积极性。从前几年有机质提升项目看，秸秆还田补贴的对象主要是农机合作社和一些生产秸秆腐熟剂的厂家，而对农户却没有补贴，因此，农民秸秆还田积极性并不高，对政策满意度较低。从企业的角度讲，秸秆收储用地、企业用电、终端产品应用政策也不配套，缺乏可操作性，执行效果大打折扣。建议在今后的补贴政策中，应通盘考虑秸秆禁烧、大气污染治理、农机补贴、秸秆收储用地、企业用电、终端产品应用等方面，转变补贴方式，进行系统性补贴。

第二节　农业利用是秸秆多元利用的首要选择

秸秆“五化”利用中，根据利用后服务的行业，可以将肥料化利用、饲料化利用和基料化利用归属到农业利用，将能源化利用和原料化利用归属为工业利用。根据秸秆利用时是否离田，秸秆利用可以分为还田利用和离田利用。还田利用主要指秸秆最终以养分形式进入土壤中的利用，离田利用主要指饲料化利用、能源化利用、基料化利用、原料化利用和肥料化利用中的堆肥还田（毕于运等，2019）。根据秸秆转化后的产品价值的高低，可以将秸秆的利用分为高值利用和高效利用。高值利用包括两部分，一部分属于能源化利用，即采用气化、液化技术将秸秆制成沼气、生物质燃气、生物乙醇等产品；另一部分属于原料化利用，即将秸秆作为原料生产微生物油脂、葡萄糖、木糖、阿拉伯糖等产品（张美云等，2010；陈雪芳等，2018）。高效利用没有一个明确的概念，主要强调秸秆的减量化和无害化等，而高值利用更强调秸秆的效益化。尽管农田利用、工业利用、还田利用、离田利用、高值利用这些概念之间有些重复，但从不同的角度反映了人们对秸秆多元利用的认识。本节将比较当前这些途径的优缺点，从而明确秸秆利用的方向。

一、农业利用与工业利用

近 20 年来，尽管秸秆工业利用技术蓬勃发展，但从秸秆利用途径的相对比例上来讲，工业利用仍处于较低的比例（表 3–3）。与农业利用相比，工业利用前期投入成本高、技术复杂、产品市场容量小且容易带来二次污染。此外，我国秸秆工业化利用总体来说成熟商业模式欠缺，关键技术薄弱、装备水平低、产品附加值低，总体经济效益预期即使在相对比较弱质低效的农业产业化体系中，也不具备明显的比较优势，离开国家政策性扶持和补贴都较难实现持续和快速发展。

表 3–3　秸秆农业利用和工业利用相对比例（%）

利用途径	2000 年[a]	2009 年[b]	2015 年[c]
农业化利用	59.2	47.6	66.0
肥料化	36.6	14.8	43.2
饲料化	22.6	30.7	18.8
基料化	—	2.1	4.0
工业化利用	28.1	21.1	14.1
能源化	23.7	18.7	11.4
原料化	4.4	2.4	2.7
焚烧或其他	12.7	31.3	19.9

a. 2000 年全国土壤肥料专业统计结果，没有调查基料化利用情况（高祥照等，2002）。

b. 2009 年全国秸秆资源调查与评价工作结果，肥料化利用中不含根茬还田结果，根茬还田量约 1.33 亿 t（农业部，2010）。

c. 全国“十二五”秸秆综合利用情况调查结果（农业部新闻办公室，2016）。

二、还田利用与离田利用

秸秆还田利用与离田利用最大的差别在于离田利用需要对秸秆进行收储运，而收储运成本高，是离田利用的“卡脖子”问题，从而造成离田利用一系列的困难。据姚宗路统计（未发表数据），秸秆离田成本为2 760~4 125元/hm^2，而还田成本低得多，如东北玉米单作区还田成本为1 500~1 950元/hm^2，长江中下游稻麦轮作系统还田成本为840元/hm^2，华南双季稻区秸秆还田成本为7 500元/hm^2。

在技术上，我国秸秆打包离田机械作业问题较多（毕于运等，2019）。一是秸秆打包离田过程中，楼草机（或割草楼草一体机）、打捆机、抓草机和运输车的四次碾压，对我国耕层“浅、实、少”的农田有一定的破坏性。二是打捆的秸秆含土率较高，一般在10%~15%。较高含土率秸秆适用于发电、堆肥、压块燃料等用途，但不适用于秸秆饲用含土率不高于5%的要求，且造成肥土损失。

在农业制度上，当前农户经营模式也限制了秸秆离田利用。当前我国经营模式仍然是农户分散经营为主，以农业龙头企业、农业合作组织、家庭农场为经营主体的规模化经营，发展迅速，但从经营面积上来看占比还不高。全国90%以上农业园区为单一种植业或单一养殖业，种养结合脱节现象严重。由于秸秆饲料化利用是秸秆离田利用最主要的部分，当前种养脱节现象严重限制了秸秆离田利用。

此外，一些其他因素也限制了秸秆离田利用。如当前我国施肥制度主要还是以化肥为主，有机肥施量较少，限制了秸秆堆肥还田利用；秸秆新型产业化利用能力严重不足，即新型能源化利用、原料化利用和工厂化堆肥利用能力严重不足，严重限制了秸秆离田利用的效益；秸秆废弃现象在部分地区依然严重，形成一方面倾注大量资金施行秸秆打包离田，另一方面又将大量的秸秆弃之荒野，严重降低秸秆离田资金的利用效率。

三、高效利用与高值利用

秸秆高值化利用主要兴起于最近20~30年，要求高投资，因此，往往与当地经济水平有很大关系。从表3-4中可以看出，江苏、浙江等经济发达省份，秸秆高值化利用比较受重视，而经济水平中等的一些秸秆大省，如辽宁、吉林、黑龙江、山东、河南、湖北等，高值化利用往往是一些补充手段，更加强调秸秆的高效化利用。因此，秸秆高值化利用只能说是今后发展的一个方向，并不是主流，在当前的形势下秸秆的高效利用应优先于高值利用。

表 3–4　典型区域秸秆综合利用重点途径

区域	重点途径	相关文件
江苏	全面提高秸秆机械化还田水平；大力推进秸秆能源化利用；加快推进秸秆工业化利用；积极拓展秸秆饲料化、基料化等其他利用途径	苏政发〔2014〕126 号
上海	机械化还田、食用菌培养料生产和有机肥生产	沪农委〔2019〕174 号
浙江	大力实施秸秆机械粉碎还田，推进肥料化利用；加快秸秆发电项目建设，推进能源化利用；实施中小规模秸秆综合利用项目，推进燃料化、饲料化、基料化等多途径利用	浙政办发〔2014〕140 号
京津冀及周边地区	2014—1015 年新增秸秆肥料化利用 240 万 t、饲料化利用 270 万 t、原料化利用 300 万 t、秸秆能源化利用1 000 万 t	发改环资〔2014〕2231 号
山东	以秸秆还田和肥料化、饲料化利用为主导，以燃料化、基料化利用为补充，以原料化利用为辅助，大力推进秸秆还田和秸秆养畜，在商品有机肥加工、秸秆养殖食用菌、生物质能源和新型材料等领域积极推进秸秆综合利用，构建秸秆综合利用长效机制	山东省加快推进秸秆综合利用实施方案（2016—2020年）
黑龙江	2020 年全省秸秆综合利用率达到 90% 以上，秸秆还田率达到 65% 以上	黑政办规〔2020〕18 号
吉林	加大秸秆还田等秸秆肥料化利用力度、推进秸秆饲料化、鼓励秸秆基料化利用、开展秸秆能源化利用试点等措施	吉政办发〔2016〕25 号
辽宁	推进秸秆机械化直接还田、秸秆反应堆、饲料化技术和基料化技术，2018 年计划分别利用秸秆 350 万 t、300 万 t、1 400 万 t和 30 万 t 以上；支持秸秆燃料化利用，2018 年计划利用秸秆 200 万 t 以上；支持秸秆发电及工业原料化利用，2018 年计划利用秸秆 200 万 t 以上	辽政办发〔2016〕8 号
湖北	突出抓好机械化还田、腐熟还田、商品化有机肥还田和过腹还田，不断提高秸秆在能源（燃料）化、饲料化、基料化等方面的利用率，逐步构建以秸秆肥料化利用为主，其他利用形式为补充的多途径利用格局	鄂农发〔2015〕9 号
安徽	2020 年产业化利用量占秸秆综合利用总量的比例达到 42%，能源化和原料化利用量占秸秆综合利用总量的比例达到 35%	皖政办〔2018〕36 号
河南	突出秸秆机械还田，深入推进多层次、多途径、多角度秸秆综合利用	豫政办〔2016〕79

我国农田生态系统多种多样、种植制度多种多样，各地养殖情况、经济水

平也不一样，因此，秸秆综合利用也要因地制宜，多元利用。2021 年 10 月出台的《“十四五”重点流域农业面源污染综合治理建设规划》（农技财发〔2021〕33 号）明确要求“持续推进秸秆肥料化、饲料化、燃料化、基料化、肥料化利用。扩大秸秆清洁能源利用规模，支持利用秸秆等生物质能供气供热供暖。不断拓宽秸秆原料化利用途径，鼓励生产环保板材、碳基产品、聚乳酸等，推动秸秆资源转化为高附加值绿色产品。”表明每种利用途径都有合理性，各个途径都应支持。但对一个国家或具体地方而言，不可能所有的途径和技术都齐头并进，应根据当地秸秆资源情况、产业发展情况，因地制宜地制定一个时期的秸秆综合利用规划。

通过比较农业利用与工业利用、还田利用与离田利用、高效利用与高值利用，当前我国秸秆综合利用还是应该以农业利用为主。因此，在国家层面发布的多个文件中，如《关于加快推进农作物秸秆综合利用的意见》（国办发〔2008〕105 号）、《京津冀及周边地区秸秆综合利用和禁烧工作方案（2014—2015 年）》（发改环资〔2011〕2615 号）、《关于开展农作物秸秆综合利用试点，促进耕地质量提升工作的通知》（农办财〔2016〕39 号）、《关于实施农业绿色发展五大行动的通知》（农办发〔2017〕6 号）、《关于全面做好秸秆综合利用工作的通知》（农办科〔2019〕20 号）、《“十四五”重点流域农业面源污染综合治理建设规划》（农技财发〔2021〕33 号）均将“多元利用，农用优先”作为我国农作物秸秆综合利用的重要指导原则。

第三节　直接还田是秸秆农业利用的主要途径

“多元利用，农用优先”的秸秆综合利用原则，并没有明确在农业利用中的重点。由于秸秆利用原则的制定，将从国家层面上影响资金的布局和技术开发的导向，意义重大。因此，有必要进一步明确秸秆利用的优先序。

一、秸秆直接还田是秸秆农业利用的最主要部分

根据秸秆养分进入土壤的途径，秸秆肥料化利用可以分为直接还田和间接还田。直接还田包括机械粉碎还田和覆盖还田等，间接还田包括过腹还田、堆肥还田及近年来广泛兴起的炭化还田等。2015 年，全国秸秆理论资源量 10.4 亿 t，其中残留还田量 1.4 亿 t，剩余的可收集的 9 亿 t 秸秆中，农业利用 5.94 亿 t，其中直接还田量 3.75 亿 t（毕于运等，2019）。可见，算上残留还田，直接还田的秸秆量约占秸秆理论资源量一半。间接还田中，堆肥还田所用

秸秆为 0.14 亿 t，占可收集量不到 1.6%。过腹还田是秸秆饲料化的产物之一，秸秆饲料化途径中 50.0% 的氮、72.0% 的磷和 76.5% 的钾最终以畜禽粪便、堆肥等形式进入土壤中（高祥照等，2002）。过腹还田是秸秆间接还田中占比最高的途径，但相对直接还田来说，比例仍然较小。

最近几年，秸秆炭化还田作为一种新型的还田技术逐步推广开来。2019 年，全国农技推广中心在河北、内蒙古、吉林、黑龙江、安徽、河南、宁夏、新疆等 8 个省（区）推广“农作物秸秆炭化还田改土培肥”，主要农作物包括玉米、水稻、小麦、大豆、棉花、甜菜、果树、蔬菜等，实验的土地面积达到了 26.6 万 hm^2 以上。2020 年，“秸秆炭基肥利用增效技术”入选农业农村部十大引领性技术。秸秆炭化还田技术以农林废弃物为原料，利用简易炭化技术制备生物炭，再以生物炭为基质生产炭基肥或炭基土壤改良剂返还给农田，从而使农田生产力得以提高（孟军等，2011）。与秸秆直接还田相比，短期内，炭化还田提高作物产量的效果更好，对土壤物理与化学性质的提升效果也更好（表 3-5）。这主要是因为炭化还田作用于土壤的机理与直接还田不一样而致。秸秆直接还田主要通过秸秆腐解，释放秸秆携带的营养元素，同时产生小分子有机物质与土壤矿物反应促进土壤本身养分释放，从而提高土壤养分含量，进而促进作物产量。炭化还田则主要是利用生物炭巨大的比表面积、丰富的孔隙结构以及大量带负电荷的含氧官能团，吸附土壤营养元素、提高土壤持水性，从而减少养分流失，提高作物产量（张璐等，2018）。

表 3-5　秸秆直接还田与炭化还田对作物产量和土壤质量的影响

	秸秆直接还田与炭化还田对比结果	参考文献
作物产量	水稻↓，小麦↓，玉米↓	兰宇等，2015；韩继明等，2016；张璐等，2018
物理性质	容重↑，孔隙度↑	陈温福等，2013；李培培等，2019
化学性质	pH↓，有机碳↓，全氮→，铵态氮→，硝态氮→，有效磷→，有效钾↓，阳离子交换量↓	刘志伟等，2017；张璐等，2018；龙泽华等，2019；杨彩迪和卢升高，2020
生物学性质	土壤微生物碳源代谢活性↑，细菌多样性→	王晶等，2020

注：“↑”表示直接还田结果比炭化还田结果高，“↓”表示直接还田结果比炭化还田结果低，“→”表示没有一致性的结论。

炭化还田不仅提高作物产量、改善土壤理化性质的效果更好，固碳减排效果也强于直接还田（兰宇等，2015；韩继明等，2016；刘志伟等，2017）。炭化还田固碳原理与秸秆直接还田不一样，主要是将秸秆中的碳变成高度稳定的含碳物质，从而将碳封存在土壤中。徐敏等（2018）估算我国秸秆炭化还田净固碳潜力约 4.42×10^8 t/y，而秸秆还田固碳潜力仅为 0.24×10^8 t/y（韩冰等，2008）。炭化还田途径下，将有 20%的碳固定在土壤中（李飞越等，2013）。此外，与直接还田相比，炭化还田通过增加土壤透气性、吸附有机质、降低酶活性等途径降低了温室气体排放量，从而降低了综合温室效应（兰宇等，2015；韩继明等，2016；刘志伟等，2017；徐敏等，2018）。

由于与直接还田相比，炭化还田能更好地提升土壤质量及作物产量，更好地固碳减排。因此，陈温福院士率先提出“通过生物炭技术实现农林废弃物炭化还田改土”的理念，建议加大秸秆炭化还田力度（陈温福等，2013）。但任何技术都有两面性，由于生物炭研究历史较短，秸秆炭化还田的负面作用还很少报道。国际上对生物炭的争议，主要是担心在生物炭产业市场化过程中，可能出现为了制炭从而毁坏森林、破坏生态。在当下生物炭及炭化还田技术如火如荼的背景下，还需要一些冷静的思考。①从可持续发展理念上来说，秸秆炭化还田改变了自然界碳循环的速度，其对生态系统的长期影响难以评估。秸秆直接还田是一种自然界正常的物质循环，而炭化还田则将秸秆中不稳定的碳转变成可溶性极低、熔沸点极高、高度稳定的生物炭。这种改变自然界生物质循环速度的技术在短期对土壤、对环境有较好的正向作用，但长期效应如何，目前并没有验证。②炭化还田改变了秸秆作为土壤生物食物的特征，其对土壤生物多样性的影响目前难以评估。秸秆直接还田时，作为土壤生物的食物来源之一，驱动了地下生命系统的发展。炭化还田对土壤生物的影响主要是通过改变土壤环境从而间接影响土壤生物，且有时对土壤生物有一些负面影响，如生物炭用量高于 0.7%时，蚯蚓则有一定的驱避性（孟军，未发表文献）。③炭化还田技术本身有待完善。当前秸秆制炭效率还处于一个较低的水平，且副产物（可燃气、木醋液等）利用技术有待提高。此外，无论是集中制炭还是分散制炭，与秸秆直接还田比起来，炭化还田仍然是一种复杂的、高成本的还田技术。若全国大范围推广炭化还田，不仅成本高，其后续对农业生态系统的影响也难以控制。考虑到炭化还田主要是以炭基肥和调理剂的形式将生物炭还入土壤中，以克服土壤障碍和中低产田改造为主要目的（陈温福等，2013），这就决定了炭化还田的面积与秸秆直接还田面积相差甚远。因此，尽管炭化还田比秸秆直接还田有更好的产量效应和环境效应，但在当前的形势下，炭化还田只能作为秸秆直接还田的一种补充，应适当控制推广面积。

二、秸秆直接还田顺应农业发展需求和农民需要

(一) 秸秆直接还田是与农业产业结构最匹配的利用途径

肥料化、饲料化和基料化三大秸秆农业利用途径中，秸秆均来自农业同时也归于农业，是一个闭环。表 3-6 显示，我国秸秆还田率逐步提升，饲料化利用率呈现下降的趋势，基料化利用率虽然较低，但稳步上升。这表明，秸秆还田实际上已经是农业化利用最主要的利用方式。相对于饲料化和基料化来说，秸秆直接还田不需要进行收储运，产业链条最短。由于粮食生产始终是农业第一要务，因此，秸秆直接还田的面积不会随着农业结构的调整而有较大的波动。随着国家“藏粮于地、藏粮于技”战略的实施，秸秆直接还田的规模将进一步扩大。畜牧业虽然体量大，但只有牛羊消耗大量玉米秸秆和水稻秸秆，且这些秸秆是辅料而不是主料，加之牛羊养殖规模随市场波动较大，因此秸秆饲料化利用规模有限且不稳定。根据《全国草食畜牧业发展规划（2016—2020 年）》，到 2020 年秸秆饲料化利用量为 2.4 亿 t，饲料化利用率约为 24%（田慎重等，2018）。秸秆种植食用菌与饲料化利用类似，秸秆只是食用菌种植的原料之一，而不是主料，因此规模也有限。

表 3-6　秸秆农业利用历史变化（%）（陈云峰等，2021）

国家/年代	秸秆还田	饲料	基料
中国			
20 世纪 80 年代	<20	—	—
20 世纪 90 年代	15.2	30.9	—
2000	36.6	22.6	—
2006	30.0	18.0	2.3
2006—2007	24.3	29.9	—
2009	28.6	25.7	1.9
2011	37.9	13.8	—
2015	43.2	18.8	4.0
2016	53.9	23.4	5.0
国外发达国家（日本、美国、英国）	68~75	—	—

（二）秸秆直接还田自然适应性最优

尽管秸秆均可进行农业利用，但每种秸秆的自然适应性是不一样的。各类秸秆均适合还田，但不同秸秆做饲料的适应性差异极大，如油菜秸秆不适宜直接饲喂，但加工后适宜饲喂；水稻、小麦秸秆较适宜直接饲喂，加工饲喂效果更好；玉米茎秆较叶梢适宜直接饲喂，但其余部分青贮后效果更好（左旭等，2015）。基料化利用中，大部分秸秆均可种植食用菌，但不同的菌种适合的秸秆不一样，因此，秸秆基料化利用的适应性也低于秸秆还田（表 3-7）。

表 3-7　中国主要农作物秸秆自然适应性评价（陈云峰等，2021）

秸秆种类	秸秆饲料化		秸秆还田	秸秆基料化
	直接饲喂	加工饲喂		
玉米	茎秆较适宜、叶梢适宜	适宜	适宜	适宜
水稻	较适宜	适宜	适宜	适宜
小麦	较适宜	适宜	适宜	适宜
油菜	不适宜	较适宜	适宜	适宜

（三）秸秆直接还田顺应农民需求

秸秆直接还田不仅仅顺应了农业发展的需要，也顺应了农民的需求。张国等（2017）调查了农民对秸秆直接还田的态度，除西北地区反对秸秆还田（46%）的比例略高于支持秸秆还田（43%）外，华北区、东北区和南方区支持秸秆还田的农户是持反对态度农户的 4 倍以上。总体来说，支持秸秆还田的占 55%，不支持的占 23%，持无所谓态度的占 22%。支持的理由，主要在于秸秆还田能增加土壤养分和替代部分化肥，提高农田土壤质量和作物产量，同时保护环境和减少秸秆外运等成本。反对的理由，主要在于秸秆直接还田会增加机械操作成本，有时会加重作物病虫害。农户持无所谓态度，一般是因为对秸秆还田认识不深入，当地丘陵较多，气候不合适，没有合适的还田技术和机械等。吴思敏和徐菲艳（2020）调查了河南农民对秸秆资源化利用的态度，发觉超半数的农户认为直接还田的方式最适合。可见，随着时代的发展、科技的进步以及政府的引导，传统的直接燃用方式被淘汰，农民已经认可了直接还田是秸秆资源化利用的最主要途径。

三、秸秆直接还田具有较好的比较效益

秸秆直接还田的效益来源于减少化肥施用量、提高作物产量，秸秆饲料化

的效益表现在降低饲料投入，提高牲畜肉、奶产量，秸秆种植食用菌的效益来源于节约原料投入。高雪松（2011）分析了四川省水稻秸秆、小麦秸秆替代饲料养殖牲畜的效益及秸秆替代木屑种植食用菌效益，发现饲料化利用时水稻秸秆每吨节本增效256元，而小麦秸秆每吨节本增效99元；基料化利用时秸秆每吨节本增效1 540元。吴玉红等（2020）分析了稻麦周年秸秆直接还田经济效益，发现秸秆直接还田与离田利用相比，稻麦两季每公顷节本增效3 405~3 855元。可见，秸秆基料化效益最高，饲料化和秸秆还田效益类似。但由于基料化利用规模较小，总体上经济效益不如饲料化和还田利用。

在环境效益方面，秸秆直接还田对环境的影响主要在于温室气体，秸秆直接还田一方面提高了CO_2、CH_4排放量，但另一方面秸秆还田又有较好的固碳效果，其综合温室效应并没有一致的结论（马小婷等，2017）。饲料化方面，秸秆加工饲喂反刍动物改善了秸秆在动物消化道发酵效果，从而减少CH_4排放（董红敏等，2008），但秸秆饲料化会带来粪污形成二次污染，其综合环境效益目前还未见报道。基料化对环境的影响主要为菌渣，菌渣利用不当会造成一定的污染，但利用得当可以进一步作为有机肥。因此，三种农业利用方式对环境均没有较大的影响。

四、秸秆直接还田是可持续的资源化利用方式

综合比较秸秆直接还田、饲料化和基料化利用，不难发现秸秆直接还田是秸秆利用最优途径。但由于秸秆直接还田在生产实际中还存在一些问题，导致一部分人否定秸秆还田，甚至怀疑长期秸秆还田不可持续。最常见的问题就是秸秆腐解问题，如果腐解不及时，将导致作物出苗差、黄化。本质上这些问题的出现是因为对秸秆在土壤中的转化、分配、周转规律认识的不足。

秸秆的主要成分是纤维素类碳水化合物。秸秆进入土壤中后，通过微生物的作用，一部分进入微生物身体作为微生物的一部分，一部分通过微生物呼吸作用以CO_2的形式释放出去，还有一部分分解物进入有机碳库。根据有机碳存在的方式及稳定性，有机碳库可划分为活性有机碳、缓效性有机碳和稳定性有机碳。秸秆碳中大部分（42%~79%）转化为CO_2，1.9%~13.9%的秸秆碳转化成活性有机碳（包括微生物生物量碳、水溶性有机碳），10%秸秆碳转化成缓效性有机碳（颗粒有机碳），颗粒有机碳中在不同粒级团聚体中进一步分配，转化成更稳定的有机碳，从而实现土壤固碳效应（杨艳华等，2019）。

土壤有机碳是一个动态存在的过程。外来有机物如秸秆等通过增加土壤碳

库的输入实现固碳。但这种固碳方式不是无限增加的。早期有机碳的增长比较快，随着时间的延长，有机碳的积累速率越来越慢，最终有机碳的积累速率为0，达到一个平衡（贺美等，2017）。在这种情况下，补充的有机碳量等于分解的有机碳量。在特定的地点和气候条件下，有机碳的积累取决于土壤有机碳的本底值和管理方式。在秸秆还田的情况下，若管理方式中的其他措施不变，如耕作、化肥施用量和施用方式不变，则固碳效果取决于土壤有机碳本底值和固碳速率。

当前情况下，世界土壤有机碳含量均不足。2015 年，联合国粮农组织发布《世界土壤资源状况》报告指出，人类活动耗减了土壤碳库导致全球土壤有机碳损失在加剧（表 3-8）。我国土壤有机质（有机质=有机碳×1. 724）含量可分为 6 个等次，分别为 >40 g/kg，30~40 g/kg，20~30 g/kg，10~20 g/kg，6~10 g/kg，<6 g/kg。2005—2014 年的全国测土配方数据显示，有机质含量 >40 g/kg 样本占总样本比例为 7. 80%，30~40 g/kg 的比例为 14. 55%，20~30 g/kg 的比例为 27. 37%，10~20 g/kg 的比例为 42. 01%，6~10 g/kg 的比例为 6. 95%，<6 g/kg 的比例为 1. 39%（杨帆等，2017）。从全国层面看，我国农田耕层有机质含量仍集中在 10~30 g/kg，平均为 24. 65 g/kg，处于较低的水平，平均有机质含量只有欧洲土壤 1/3 到 1/2（徐明岗等，2016）。我国农业土壤的总有机碳库约为 15 Pg，其中耕作土壤表层有机碳库约为 5. 1 Pg。水田土壤有机碳密度平均为 46. 9 t/hm^2，旱地土壤为 35. 9 t/hm^2，全部农业土壤则为 38. 4 t/hm^2，远低于欧盟的 53. 0 t/hm^2（潘根兴，2008）。相对较低的土壤有机碳含量是我国土壤固碳的先决条件。

表 3-8　世界主要土壤有机碳损失（FAO 和 ITPS，2015）

土壤	面积（10^6hm^2）	当前有机碳库（Pg）	有机碳损失（Pg）
淋溶土	1 330	91	15~18
火山灰土	110	30	5~7
干旱土	1 560	54	0. 2~0. 3
新成土	2 170	232	0. 8~1. 3
有机土	160	312	—
始成土	950	324	8~13
黑沃土	920	120	7~11
氧化物土	1 010	99	22~27
淋淀土	350	67	1~3

（续表）

土壤	面积（$10^6 hm^2$）	当前有机碳库（Pg）	有机碳损失（Pg）
极育土	1 170	98	6~7
膨转土	320	18	1~2
冰冻土	1 120	238	0
其他	1 870	17	0.2~3
总和	13 050	1 700	66~90

一些模型如 Roth C、DNDC 等可以用来模拟不同农业管理方式下土壤固碳速率。Wang 等（2013）应用 Roth C 模型计算了秸秆还田条件下郑州潮土表土层（0~20 cm）土壤固碳速率，1990—2008 年平均为 0.47 mg C/(hm^2 · y)，相应的有机肥与化肥配施条件下固碳速率则平均为 0.55 mg C/(hm^2 · y)；吉林公主岭黑土秸秆还田条件下固碳速率平均为 0.08 mg C/(hm^2 · y)，有机肥配施化肥条件下固碳速率则为 0.67 mg C/(hm^2 · y)。这表明相对于有机肥与化肥配施，秸秆还田的固碳速率比较低。Wang 等（2013）进一步采用 Roth C 模型预测了后 30 年秸秆还田的固碳速率，发觉后 30 年内秸秆还田条件下郑州潮土和吉林黑土地的平均固碳速率为 0.33 mg C/(hm^2 · y) 和 0.10 mg C/(hm^2 · y)，这表明经过 48 年的秸秆还田后，秸秆仍能进一步还入土壤中。类似地，贺美等（2017）应用 DNDC 模型预测秸秆还田条件下东北黑土地的固碳速率，发觉 60 年内有机碳平均每年递增 0.31%，但显著低于有机肥配施化肥条件下的固碳速率。这些结果表明，起码在几十到一百年内，秸秆还田是可持续的。此外，秸秆还田进入土壤中的碳为一种新碳，新碳周转是比较快的，水田和旱地秸秆碳周转平均为 27 年和 23 年（朱鸿杰等，2014），玉米秸秆碳平均周转时间为 9.5 年（王金州，2015）。

综合我国土壤有机质本底情况，秸秆碳进入土壤中的分配和周转规律、模型推演秸秆还田固碳情况，在几十年至上百年的时间里，秸秆还田是可持续的。由于秸秆碳在土壤中本身就处在一种较快的循环过程中，我们应尽可能地让秸秆的碳在土壤中保留的时间更长一些，从而充分发挥秸秆碳在养分循环和土壤环境中的作用。

综上所述，当前我国秸秆综合利用的技术体系已经建立，对于秸秆利用的途径有一个基本的共识，但在某些观点上也有一些争论。在比较各利用途径技术、经济效益，结合农业发展的趋势，秸秆直接还田应是当前和今后秸秆利用的主要途径。秸秆的最好归宿是直接进入土壤，提倡秸秆“多元利用、农用优先、还田为主”的原则是必要的，也是充分的。从土壤可持续利用的角度来看，秸秆直接还田既有当前增加土壤有机质的现实意义，也有长远保育土壤的历史意义。

参考文献

毕于运,王亚静,高春雨,等,2019.我国农作物秸秆离田多元化利用现状与策略[J].中国农业资源与区划,9:1-11.

陈温福,张伟明,孟军,2013.农用生物炭研究进展与前景[J].中国农业科学,46(16):3324-3333.

陈雪芳,郭海军,熊莲,等,2018.秸秆高值化综合利用研究现状[J].新能源进展,6(5):422-431.

陈云峰,夏贤格,杨利,等,2020.秸秆还田是秸秆资源化利用的现实途径[J].中国土壤与肥料,6:299-307.

董红敏,李玉娥,陶秀萍,等,2008.中国农业源温室气体排放与减排技术对策[J].农业工程学报,24(10):269-273.

高腾云,傅彤,孙宇,等,2019.作物秸秆饲料化利用若干问题讨论[J].中国牛业科学,45(1):45-47.

高祥照,马文奇,马常宝,等,2002.中国作物秸秆资源利用现状分析[J].华中农业大学学报(自然科学版),21(3):242-247.

高雪松,2011.秸秆循环利用模式、物流能流分析及功能评价[D].雅安:四川农业大学.

郭莹,2016.不同秸秆利用方式的比较分析[J].中国园艺文摘,32(2):220-222.

韩冰,王效科,逯非,等,2008.中国农田土壤生态系统固碳现状和潜力[J].生态学报,28(2):612-619.

韩继明,潘根兴,刘志伟,等,2016.减氮条件下秸秆炭化与直接还田对旱地作物产量及综合温室效应的影响[J].南京农业大学学报,39(6):986-995.

贺美,王迎春,王立刚,等,2017.应用DNDC模型分析东北黑土有机碳演变规律及其与作物产量之间的协同关系[J].植物营养与肥料学报,23(1):9-19.

兰宇,孟军,杨旭,等,2015.秸秆不同还田方式对棕壤 N_2O 排放和土壤理化性质的影响[J].生态学杂志,34(3):790-796.
李飞跃,梁媛,汪建飞,等,2013.生物炭固碳减排作用的研究进展[J].核农学报,27(5):681-686.
李培培,仝昊天,韩燕来,等,2019.秸秆直接还田与炭化还田对潮土硝化微生物的影响[J].土壤学报,56(6):1471-1481.
刘志伟,朱孟涛,郭文杰,等,2017.秸秆直接还田与炭化还田下土壤有机碳稳定性和温室气体排放潜力的对比研究[J].土壤通报,48(6):1371-1378.
龙泽华,王晶,侯振安,2019.秸秆炭化还田和施氮量对棉田土壤有机氮组分的影响[J].石河子大学学报(自然科学版),37(2):154-161.
马小婷,隋玉柱,朱振林,等,2017.秸秆还田对农田土壤碳库和温室气体排放的影响研究进展[J].江苏农业科学,45(6):14-20.
孟军,张伟明,王绍斌,等,2011.农林废弃物炭化还田技术的发展与前景[J].沈阳农业大学学报,42(4):387-392.
农业部,2010.全国农作物秸秆资源调查与评价报告[R].
农业农村部新闻办公室,2016.我国主要农作物秸秆综合利用率超80%[J].江苏农村经济(7):9.
潘根兴,2008.中国土壤有机碳库及其演变与应对气候变化[J].气候变化研究进展,4(5):282-289.
彭洋平,2012.中国古代作物秸秆利用方式探析[D].郑州:郑州大学.
任鹏飞,刘岩,任海霞,等,2010.秸秆栽培食用菌基质研究进展[J].中国食用菌,29(6):11-14.
唐大平,2016.建成规模化秸秆收储运体系,补齐龙江秸秆综合利用的短板.见:邓继海,王永生.中国秸秆产业化[M].北京:中国农业出版社,253-265.
田慎重,郭洪海,姚利,等,2018.中国种养业废弃物肥料化利用发展分析[J].农业工程学报,34(S):123-131.
王飞,李想,2015.秸秆综合利用技术手册[M].北京:中国农业出版社.
王金洲,2015.秸秆还田的土壤有机碳周转特征[D].北京:中国农业大学.
王晶,马丽娟,龙泽华,等,2020.秸秆炭化还田对滴灌棉田土壤微生物代谢功能及细菌群落组成的影响[J].环境科学,41(1):420-429.
吴思敏,徐菲艳,2020.农业绿色发展战略下农作物秸秆离田处理的途径探索[J].江西农业,14:103-105.

吴玉红，郝兴顺，田霄鸿，等，2020.秸秆还田与化肥配施对汉中盆地稻麦轮作农田土壤固碳及经济效益的影响[J].作物学报，46(2)：259-268.
肖体琼，何春霞，陈永生，等，2015.秸秆 5F 生态高值化利用技术途径研究[J].北方园艺(23)：210-212.
谢光辉，2016.小麦秸秆收储运模型的建立及成本分析研究.见：邓继海，王永生.中国秸秆产业化[M].北京：中国农业出版社，119-126
熊帝兵，2017.从《齐民要术》中看农作物秸秆的资源化利用[J].农业考古，3：46-51.
徐明岗，卢昌艾，张文菊，等，2016.我国耕地质量状况与提升对策[J].中国农业资源与区划，37(7)：8-14.
徐晓娟，卢立新，王立军，等，2017.农作物秸秆废弃物材料化利用现状及发展[J].包装工程，38(1)：156-162.
杨彩迪，卢升高，2020.秸秆直接还田和炭化还田对红壤酸度、养分和交换性能的动态影响[J].环境科学，41(9)：4246-4251.
杨帆，徐洋，崔勇，等，2017.近 30 年中国农田耕层土壤有机质含量变化[J].54(5)：1047-1056.
杨艳华，苏瑶，何振超，等，2019.还田秸秆碳在土壤中的转化分配及对土壤有机碳库影响的研究进展[J].应用生态学报，30(2)：312-320.
苑鹤，李威，蔡丹，等，2018.秸秆原料化利用技术简介[J].河北农业，8：33-34.
张国，逯非，赵红，等，2017.我国农作物秸秆资源化利用现状及农户对秸秆还田的认知态度[J].农业环境科学学报，36(5)：981-988.
张璐，董达，平帆，等，2018.逐年全量秸秆炭化还田对水稻产量和土壤养分的影响[J].农业环境科学学报，37(10)：2319-2326.
张美云，张云，徐永建，等，2010.秸秆高值化利用技术的发展现状与趋势[J].中国造纸，29(11)：73-76.
张士胜，霍家佳，洪登华，等，2019.我国农作物秸秆收储运体系现状、问题及对策[J].安徽农业科学，47(19)：260-261，264.
张艳丽，王飞，赵立欣，等，2009.我国秸秆收储运系统的运营模式、存在问题及发展对策[J].可再生能源，27(1)：1-5.
朱鸿杰，闫晓明，何成芳，等，2014.秸秆还田条件下农田系统碳循环研究进展[J].生态环境学报，23(2)：344-351.
左旭，王红彦，王亚静，等，2015.中国玉米秸秆资源量估算及其自然适宜性评价[J].中国农业资源与区划,36(6):5-10.

FAO and ITPS,2015.Status of the World's soil resources.Rome:Food and Agriculture Organization of the United Nations and Inter-governmental Technical Panel on Soils[R].

WANG J,LU C,XU M,et al.,2013.Soil organic carbon sequestration under different fertilizer regimes in north and northeast China:Roth C simulation[J]. Soil Use and Management,29(2):182-190.

第四章　秸秆直接还田技术

技术是解决问题的方法，是指人们利用现有事物形成新事物，或是改变现有事物功能、性能的方法。

——百度百科

我国幅员辽阔，气候多样，水热资源分布不均，适合多种农作物的生长，南北方形成了多种多样的种植模式。根据这些种植模式，相应地形成了不同的秸秆还田技术。南方农区主要是：双季稻周年秸秆还田技术、“稻-麦”周年秸秆还田技术、“稻-油”周年秸秆还田技术、“稻-渔”秸秆还田技术、“三熟制”周年秸秆还田技术；北方农区主要是：“麦-玉”周年秸秆还田技术、单作玉米秸秆还田技术、单作大豆秸秆还田技术、单作水稻秸秆还田技术。

第一节　南方秸秆直接还田技术

我国南方地处热带、亚热带湿润季风区，雨量充沛，积温充足，适合多种农作物的生长，各地因地制宜，形成了不同的种植模式。根据南方地区的气候特点及种植模式，南方农业生产区一般分为：长江中下游农区、西南农区及华南农区等。长江中下游农区主要包括湖北、湖南、江西、江苏、安徽、浙江、上海等省市。主要种植作物有水稻、小麦、玉米、棉花、油菜。种植制度多为一年二熟制，如稻-麦、稻-油、麦-玉、麦-棉。部分地区有一年三熟，如稻-稻-油（菜），还田秸秆主要是稻草、小麦秸秆、玉米秸秆和油菜秸秆。西南农区主要包括重庆市及四川、云南、贵州三省，本区气候温暖湿润，种植制度多为一年两熟制，如稻-稻、稻-麦、稻-油（菜）、麦-玉，少部分地区有一年三熟制，如麦-玉-苕（肥）。还田作物秸秆主要是小麦秸秆、稻草、玉米秸秆和油菜秸秆，在旱坡地上多采用覆盖还田，水田多采用翻压还田。华南农区主要包括海南、广东、广西、福建等省区。本区雨量充足，温度较高，水热条件好，全年适宜农作物生长，种植制度为一年三熟或一年两熟（如稻-稻-麦、稻-稻-绿、稻-稻-菜）（全国农技推广中心，2001）。根据南方地区主要的种植模式，形成了相应的秸秆还田技术模式，现分述如下。

一、双季稻周年秸秆还田技术

（一）早稻秸秆还田技术

早稻成熟收获后，水稻用带有秸秆切碎装置和抛撒装置的联合收获机收割，作业时收割机排草口挡板打开，秸秆均匀切碎抛撒，全量还田。秸秆留茬高度控制在 15 cm 以内，秸秆切碎长度 7~10 cm。同时，按 30 kg/hm^{2}施用量把秸秆腐熟菌剂均匀地撒在秸秆上，之后田间灌水 3~4 cm、保持 5 d。为利于腐熟及后续旋耕作业效果，灌水应尽量提前。机械翻耕作业时，确保深翻田地超过 25 cm，稻茬及秸秆全部混合于土壤中。进行机械旋耕时，控制田间水层 3~4 cm。如水层太浅或无水层，易出现刀滚拖板淤泥及机具作业负荷过大等现象；水层过深时，产生秸秆与土壤分离，易造成秸秆漂浮，秸秆埋伏率降低，对水稻移栽带来不利影响（肖翔等，2020）。

（二）晚稻秸秆还田技术

晚稻成熟后，选用带有秸秆切碎装置和抛撒装置的联合收割机，机械作业时，秸秆留茬高度控制在 15 cm 以内，秸秆切碎长度 10~15 cm，均匀抛撒于田里。同时，秋冬季秸秆可以覆盖在土壤表面，第二年再旋耕入土。秋冬季也可以用大中型轮式拖拉机配套秸秆还田机或反转灭茬机，耕翻 20 cm，将秸秆压入土中，便于秸秆冬季腐烂，为第二年春季种植作准备。冬季没有翻耕的田块，粉碎的秸秆可以覆盖一个冬季，翌年采用旋耕机旱旋耕埋茬，作业深度一般为 12 cm 以上，达到将秸秆旋入泥中、均匀搅拌的效果。农机操作人员应经过培训，严格按照技术规范作业，选择合理的作业路线，不漏耕、不漏翻，确保作业质量。使用大型收割及秸秆粉碎机可以保证稻草做到全量还田（周学军和马可祥，2008）。

（三）秸秆还田后的注意事项

早稻秸秆还田后，茬口时间比较紧张，秸秆需要切碎短一些，并配合使用秸秆腐熟菌剂。

晚稻移栽后，前期采用浅水灌溉（3~5 cm），确保返青活棵；中期需加深灌水，以利秧苗分蘖，中后期需勤灌勤排，保持湿润，高温时灌深水护苗，防止秧苗枯萎。之后应及时排水搁田，浅水勤灌，干湿交替，通气增氧，排毒促根，促进分蘖。分蘖盛期够苗时应以轻晒或多露田的形式晒田，降低无效分蘖数、促进根系生长，利于秆粗穗大（肖翔等，2020）。

二、“稻-麦”周年秸秆还田技术

稻-麦轮作是世界上存在时间最长的农业种植模式之一，主要分布于南亚与东亚。南亚主要分布在印度、巴基斯坦、孟加拉国、尼泊尔与不丹。东亚主要分布于我国的江苏、浙江、湖北、贵州、云南、四川、安徽等省。稻-麦轮作种植模式，水稻、小麦产量高且产量稳定，是我国重要的商品粮基地，对于保障我国的粮食安全具有重要的作用。

（一）小麦秸秆还田技术

小麦秸秆直接粉碎还田是当前广泛采用的秸秆还田方法。小麦成熟后，采用带有粉碎及抛撒装置的联合收割机收割小麦。作业流程为联合收割机等多种机型收割断秆→翻耕还田→灌水浸泡→旋耕→施肥、耙地平整→插秧（或直播）。作业时联合收割机排草口挡板打开，秸秆切碎均匀抛撒，秸秆平铺田面，切忌成堆。秸秆的粉碎长度≤15 cm，粉碎长度合格率≥90%，秸秆抛撒均匀率≥90%，留桩高度≤15 cm，秸秆翻埋深度≥15 cm，翻埋深度覆盖率≥90%。秸秆还田应结合秸秆腐熟剂使用，秸秆粉碎后，将腐熟剂喷（或撒）在秸秆上，施用量为30 kg/hm^2。随着农技装备技术水平的不断进步，现代化的小麦收获机在收获作业的过程中既能保证对小麦秸秆的粉碎处理，还能通过旋耕作业的方式对小麦秸秆进行翻埋处理。对于一些不适于秸秆直接粉碎的作业环境，或是小麦收割机不具备粉碎能力的情况，可通过小麦秸秆粉碎机对秸秆进行粉碎作业。很多新型的秸秆粉碎还田机械采用了复式作业的方法，能够在一次作业中实现对秸秆的粉碎、均匀抛洒以及土壤的翻耕与镇压，显著提升秸秆还田效率和质量。

（二）水稻秸秆还田技术

水稻成熟后，选用型号为久保田588、788、888型或洋马600型联合收割机。该类型收割机不仅带有秸秆切碎装置，而且还预留了秸秆扩散器的安装位置。必须在切碎器下方预留位置安装秸秆扩散器，使切碎的秸秆能够在收割机全割幅扩散撒匀，无起堆起垄现象，这是保证还田技术得以顺利实施的关键（韩树林和李亚伟，2014）。

采用大中型拖拉机配套秸秆还田机具，可以实现秸秆还田耕整地机械化作业、碎土、埋草、覆盖一次完成。在还田机械选择上，可根据实际情况选用多种机械组合，动力机械采用大型拖拉机为宜，还田机械选择与拖拉机配套的反转灭茬旋耕机或双轴灭茬旋耕机。秸秆的粉碎长度≤15 cm，粉碎长度合格率≥90%，秸秆抛撒均匀率≥90%，留桩高度≤15 cm，秸秆翻埋深度≥15 cm，翻埋深度覆盖率≥90%。按 30 kg/hm^{2}施用量把秸秆腐熟菌剂均匀地撒在秸秆上。操作技术：第 1 遍采用反转灭茬旋耕机或双轴灭茬旋耕机进行秸秆还田作业，必须保证耕深≥15 cm。第 2 遍浅旋耕使用与拖拉机配套的普通旋耕机，旋耕深度稳定在 10~15 cm，作业时必须放下旋耕机后侧的挡土板，以保证耕作面平整，提高稻草覆盖率。若耕地是黏重土壤，稻草还田后如土壤墒情黏重，应晒垡 1~2 d，再进行第 2 遍浅旋耕播种，切忌滥耕滥种，这是奠定小麦高产的关键。拖拉机必须保持适宜的行走速度，以保证旋耕深度和灭茬、碎土质量。一般碎土大小控制在 3 cm 以下，稻草覆盖率在 90%以上，作业后田面平整（佘晓华等，2013）。

（三）秸秆还田后的注意事项

（1）小麦秸秆还田

小麦秸秆还田后要尽早翻耕。移栽种植水稻于 6 月初旱耕埋秆，随即泡水沤池促腐烂，待 6 月中旬左右拖泥带水复耕、整地、移栽，待施好活棵分蘖肥一星期后收汤脱水。直播、抛秧稻由于接茬衔接紧，中间没有泡田沤地时间，故均进行两次带水耕翻（旋耕）、刨地整平。直播稻播种采用晒谷，抛秧稻在立苗前 3 d 一般不灌水（若阴雨天还可延长），促进秸秆有氧分解。灌水建立水层后遇晴天高温，浮物四起，可多次进行脱水。水分管理，前期强调轻搁、多次搁，并挖好围沟、低塘引水出沟。

（2）水稻秸秆还田

经秸秆还田机械深旋和普通旋耕机浅旋后，由于田面比较平整，可直接进行小麦机械条播、开沟和盖种作业。机械播种使用 24 行播种机，播种要均匀，无漏播、重播等现象。开沟推荐采用双圆盘开沟机，一次完成开沟和碎土飞溅盖种。及时镇压，解决麦苗根与泥结合差、耕作层空松、入籽过深等因素。稻草还田对沟系要求更高，积水对根系的伤害远高于不还田田块，因此必须高标准健全配套内外三沟。开沟时，畦宽控制在 2 m 左右，畦沟深 20 cm 左右，腰沟深 25 cm 左右，大田每隔 50 m 开一条腰沟并与毛沟相通，毛沟底距腰沟底大于 30 cm，做到明水能排、暗渍能滤。用单开沟机开好两头横沟、腰沟、出水沟，确保田间不积水，以防秸秆分解腐烂产生无氧分解而影响麦苗的正常生长。在施足基肥的基础上，进入三叶期早施追肥促进分蘖发生，在冬至前补施蘖肥。清沟理沟，确保不积水。进入春季多雨，要多次理沟清沟达到排水畅，做到雨停田干。推广应用高产群体质量栽培，减少用种量，坚持均播、匀播，控制基本苗，增施穗肥等。后期抓好白粉病、赤霉病的有效防治，减少产量损失（程良燕，2019；常志州等，2014）。

三、“稻-油”周年秸秆还田技术

（一）油菜秸秆还田技术

油菜秸秆一般采用粉碎翻压还田，水稻移栽前翻入土中。具体做法如下。①秸秆均匀撒铺。人工收获的油菜脱粒后，使用的秸秆粉碎机把油菜秸秆粉碎成小段，均匀撒铺在田间；用收割机收割的油菜秸秆，直接把秸秆粉碎均匀抛撒在田间。油菜收割后，茎秆高度不超过 40 cm。秸秆机械粉碎的长度不超过 10 cm。②施用秸秆腐熟菌剂。耕地前按 30 kg/hm^2用量施用秸秆腐熟剂和 5 kg 尿素或 15 kg 碳铵调节碳氮比，撒施在铺好的秸秆上。③翻耕灭茬。施用腐熟剂及肥料后立即用灭茬旋耕机进行灭茬，旋耕灭茬机将秸秆均匀翻埋于土中，旋耕深度 15 cm，然后灌水 7~10 cm，机插秧灌水 1~3 cm。

（二）水稻秸秆还田技术

水稻成熟时机械收获作业，采用带秸秆粉碎及抛撒装置的联合收割机进行收割，留茬 15~20 cm，割幅宽 1.5~4.5 m，秸秆粉碎长度≤15 cm，均匀抛撒于地表，撒幅宽 1.5~4.5 m，耕翻平整，耕深 18~20 cm，埋草率 90%以上。同时，按 30 kg/hm^2施用量把秸秆腐熟菌剂均匀地撒在秸秆上。

（三）秸秆还田后的注意事项

1. 油菜秸秆还田

（1）保持充足的水分及适量施速效氮肥。田间土壤含水量应保持在田间持水量的 60%~70%。因油菜秸秆中含纤维素高达 30%~40%，秸秆还田后土壤中碳素物质会陡增。由于微生物的生长是以碳素为能源、以氮素为营养，微生物分解有机物适宜的碳氮比为 25：1，而油菜秸秆本身的碳氮比为 75：1，这样秸秆腐解时由于碳多氮少比例严重失衡，微生物就必须从土壤中吸取氮素以补不足，也就造成了与作物共同争氮的现象，因而油菜秸秆还田时增施适量速效氮肥显得尤为重要，它可以加速油菜秸秆快速腐烂分解并保证后茬作物苗期生长旺盛。

（2）把握油菜秸秆直接还田的数量、质量和田间管理。油菜秸秆直接还田的数量可根据土壤肥力水平来定，土壤肥力水平较低加上施肥量不足的情况下，秸秆还田数量不宜多，一般 200~260 kg/亩为宜；在肥力水平较高并且施肥充足的条件下，还田数量可达 400~500 kg/亩（姜铭北等，2020）。

（3）油菜秸秆还田对下茬水稻生长的影响。油菜秸秆还田会导致水稻生长前期（移栽后 0~36 d）根系活力下降、氮代谢酶活性降低，从而使水稻根系生长缓慢、返青延迟，但在中后期（水稻移栽后 56~75 d），随着根系活力及氮代谢酶活性的增强，秸秆还田会促进水稻根系生长（王红妮等，2019）。油菜秸秆还田对水稻产量的影响是多因素综合作用的结果，还田量需适宜，全量秸秆还田更有利于水稻产量的提高。与油菜秸秆全量覆盖还田相比，全量翻埋还田的水稻产量略有增加。油菜秸秆覆盖和翻埋两种还田方式，都对水稻移栽前期根系的生长产生不利影响；其中翻埋还田对移栽前期根系的生长更不利；覆盖还田不利于水稻移栽后期根系总长度和总鲜重的增加，但一定程度上利于中下层土壤中根系的生长；秸秆翻埋处理对水稻移栽后期各个土层根系的生长均起促进作用，尤其是秸秆全量翻埋和秸秆超量翻埋处理。秸秆还田后各产量构成因素和产量均显著提高，但还田量不是越大越好，最适还田量为全量还田（赵长坤等，2021）。

2. 水稻秸秆还田

水稻收获选用大型收割机，秸秆要求切成≤15 cm 长度。然后使用拖拉机全耕层旋耕，使秸秆草、泥均匀混合。增施基肥，增加氮、磷、钾用量，尤其是氮肥。用单开沟机开好两头横沟、腰沟、出水沟，确保田间不积水，以防秸秆分解腐烂产生无氧分解而影响油菜苗的正常生长。可以移栽油菜苗，也可以直接撒播油菜籽。水稻秸秆全量还田条件下，油菜可以适当减少化肥用量，氮肥施用时期适当前移。基肥施用比例为 60%~70%，施用时间为播种或移栽前一天。追肥施用比例为 30%~40%，施用时间蕾薹前期。水稻秸秆还田后，一般选择下雨天气前一天播种或移栽。适当提高直播油菜播种量：机械播种每亩推荐 250~300 g，人工播种每亩推荐 300~500 g。加强田间管理，开深沟排水，抑制病菌生长。发生严重病虫害的秸秆不宜还田，应及时移除（薛斌等，2017）。

四、“稻–渔”秸秆还田技术

（一）水稻秸秆还田技术

该模式基于江汉平原滨湖小龙虾–水稻复合种养制度，在中稻或一季晚稻收割季节，用联合收割机高留桩收割（不需要粉碎），将稻草整草抛撒于田面，晒 3~5 d 至枯黄，复水养虾 8 个月左右，稻草冬泡腐解、肥水养虾。翌年 5 月底、6 月初排水整地，插播中稻或一季晚稻。虾稻田稻草冬泡还田模式作业流程为：水稻机械收割（留桩高度 40~50 cm）→稻草日晒至枯黄（3 d

后）→复水养虾（田面水层 20~50 cm）→排水整地→直播或机插水稻。

（二）秸秆还田后的注意事项

水稻收割后，秸秆晒 3~5 d 之后再覆水，防止出现“红水”。水稻收割之后田面泡水，所有肥料（包括畜禽粪便、沼肥、有机肥、生物有机肥、过磷酸钙以及石灰等）均可全田撒施。

该模式水稻收割高留桩，收割机无需加装粉碎装置，节约成本，收割效率高，降低收割损失，方便易行。冬泡促进稻草腐解，腐解产物既能为小龙虾提供营养，又能增加土壤有机质，改善土壤理化性状，实现“一草两用”，提高单位面积生产效益和水稻产量。冬泡还能减少稻田二化螟、稻纵卷叶螟等害虫越冬虫口数，降低中稻虫害发生和危害程度，减少农药用量。小龙虾在田间活动既能加速稻草腐解，又能促进田面水层、表层土壤与深层土壤的空气与物质的迁移和交换，提高土壤供肥能力，降低水稻对化学肥料的依赖性。

实施虾稻共作模式的水田，其养分管理是根据水稻品种营养特性、目标产量、土壤肥力状况，以及虾稻共作年限、秸秆还田量、投入品等因素，确定使用的肥料类型、肥料用量和使用方法。上一年水稻收割后秸秆全量还田，并泡水以利腐解和浮游生物生长；有机与无机相结合，大量元素与中微量元素相结合；结合目标产量等因素科学配比、合理运筹，平衡施肥；肥料减量施用。随着虾稻共作模式年限延续，适当下调肥料用量。

根据肥料减量施用原则，随共作年限增加而适当下调肥料用量，虾稻共作 1~5 年，每年施氮量相对上一年度下降 10%左右；虾稻共作 5 年以上的稻田，水稻施氮、磷、钾量占常规稻田氮的 60%左右，年际间相对稳定。氮、磷、钾（$N:P_2O_5:K_2O$）三要素施用比例以 1：（0. 3~0. 5）：（0. 4~0. 6）为宜，并配合施用硅肥和锌肥（夏贤格等，2020）。

五、“三熟制”周年秸秆还田技术

（一）早稻秸秆还田技术

在华南地区一年三熟的种植制度下，早稻成熟后用带有秸秆粉碎及抛撒装置的联合收割机收割，秸秆切碎，均匀抛撒于田间，全量还田。常规的技术环节主要包括：作物收获→秸秆粉碎抛洒→施用腐熟菌剂→施用底肥→旋（翻）耕埋草→作物栽种→田间管理等。秸秆留茬高度控制在 15 cm 以内，秸秆切碎长度≤10 cm。然后按 30 kg/hm^2 用量施用秸秆腐熟菌剂，腐熟菌剂均匀地撒在秸秆上，田间灌水 3~4 cm，保持 7 d。为提高腐熟及后续旋耕作业效果，灌水应尽量提前。机械翻耕作业时，确保深翻田地超过 20 cm，稻茬及秸秆均埋入土中。进行机械旋耕时，控制田间水层 3~4 cm，旋耕深度 15 cm。

（二）晚稻秸秆还田技术

晚稻收获之前将绿肥种子播撒在田间，然后晚稻成熟后用带有秸秆切碎和抛撒装置的联合收割机，收割留茬≤20 cm，秸秆切碎≤10 cm，均匀抛撒于田间。然后按 30 kg/hm^{2}用量施用秸秆腐熟菌剂，腐熟菌剂均匀地撒在秸秆上，加速晚稻秸秆的腐烂。

（三）绿肥管理与翻压还田技术

绿肥种子播前处理：采用 10%盐水或黄泥水选种，细沙擦种，擦掉种子壳上的蜡质，以利于种子吸水发芽。播种时期：一般在 10 月中旬至 11 月中旬晚稻成熟期间播种。最好安排在水稻收割前 7~10 d，将种子均匀撒播于稻田中，水稻收割时已可见紫云英幼苗冒出地表。播种量：紫云英的播种量为 22.5~30 kg/hm^2。播种前应保持田面湿润或有薄水层，有助于紫云英出芽、扎根。施肥：紫云英虽本身具有较强的固氮能力，但其生长也需要各种营养元素的供给才能进行正常的新陈代谢，因此需适量施肥，以达到小肥换大肥、无机肥换有机肥的目的。基施磷肥：在晚稻收割后 10~15 d 之内撒施，用量以施用过磷酸钙或钙镁磷肥 150~225 kg/hm^{2}为佳，特别缺磷的土壤则可增加至 300 kg/hm^2。配施钾肥：由于钾对磷的吸收有较为突出的效果，施用钾肥，磷、钾的利用率都有明显提高，而且固氮指数和固氮量也高于单施磷、单施钾肥效益之和。因此有条件的地区还应在施用磷肥时，配施 45~75 kg/hm^{2}的氯化钾。劳力充足时也可将磷、钾肥与紫云英种子拌匀在播种时施用，效果更好。

晚稻收割后需立即开好环田沟和“井”字沟。开沟的主要好处是既可排水，又可灌“跑马水”，创造有利于紫云英生长的湿润环境。开沟方法：环田开一圈围沟后，每隔 10~15 m 开一条纵横深沟；沟宽 30 cm 左右，沟深破犁底层。在生长期间，雨水多时要及时清沟排水，在干旱时要及时灌“跑马水”。做到排灌通畅，土壤保持润而不淹。

翻压时期：紫云英以盛花期翻沤比较适宜，鲜草产量高、养分含量也高。一般在 3 月下旬至 4 月初，安排在早稻插秧前 15~20 d 翻压。翻压量：紫云英在腐解过程中会产生硫化氢等有毒物质，可造成水稻根系中毒，影响其正常生长。因此翻压量控制在鲜草 22 500~30 000 kg/hm^{2}为宜，如有多余的量可以收割到另一田块使用。翻压方式：紫云英一般以耕翻为主，翻压深度为 15~20 cm。当翻压量较大时（>22 500 kg/hm^2），可先进行简单撩割，以减轻耕翻阻力。翻压时田内灌入一浅层水，保证翻埋后田面有 1~2 cm 的水层即可。对于酸性土壤，在翻压时施用石灰 300~450 kg/hm^2 均匀撒在紫云英上，可利紫云英快速腐解。水分管理：翻压入田后的紫云英分解较快，有很多养分溶解于水中，因而在紫云英的翻沤时期及早稻的苗期应做到合理灌水，尽量不排水，以免养分流失浪费掉。

（四）秸秆还田后的注意事项

（1）早稻秸秆还田后，茬口比较紧张，一般需施用秸秆腐熟剂加速秸秆的腐烂。晚稻移栽后 5~10 d，采用干湿交替进行水分管理，需勤灌勤排，保持湿润，高温时灌深水护苗，防止秧苗枯萎，确保活棵返青。

（2）晚稻秸秆还田前播撒绿肥种子，注意播撒均匀，有利于绿肥的出苗。

（3）若晚稻收获后，稻田过干，需要适当灌水，促进绿肥出苗。由于每公顷施30 000 kg的紫云英可提供 75~90 kg N、15~30 kg P_2O_5、60~75 kg K_2O，因此翻压紫云英后可适当减少水稻的化肥施用量。

第二节　北方秸秆直接还田技术

北方秸秆还田技术有代表性的主要为华北地区和东北地区的秸秆还田。华北地区属于温带季风气候，夏季高温多雨，冬季寒冷干燥，年平均气温在 8~13℃，年降水量在 400~1 000 mm。区域范围主要包括河北、河南、山西、山东、北京、天津等地。种植制度多为一年二熟制，主要是小麦—玉米轮作。东北地区主要属于温带季风气候，冬季寒冷漫长，夏季温暖短暂。该地区的降水多集中在夏季，冬季降雪较多，地表积雪时间长，是中国降雪最多的地区。东北地区包括黑龙江、吉林、辽宁和内蒙古东部三市一盟（赤峰、通辽、呼伦贝尔和兴安盟），是中国粮食主产区，也是秸秆资源产出最为集中的地区。种植制度多为一年一熟制，主要种植玉米、大豆和水稻。

一、“麦-玉”周年秸秆还田技术

华北地区是我国小麦、玉米主产区，在我国粮食生产中占有举足轻重的地位。“十三五”末该地区玉米秸秆平均年产量达15 930 万 t，占全国近 39.9%；该地区小麦秸秆平均年产量达10 508 万 t，占全国近 61.5%。华北地区地势平坦，是我国小麦、玉米秸秆直接还田比例最高的地区，有 70%~80%的小麦、玉米秸秆直接还田。

（一）玉米秸秆直接还田技术

在玉米果穗下部籽粒乳线消失、黑层出现，果穗苞叶变白且包裹程度松散时，选用玉米联合收割机收获。选用配备秸秆切碎及抛撒装置的玉米收割机，或单独使用秸秆还田机将秸秆粉碎并均匀抛撒于土壤表面。秸秆还田机可选择"L"型弯刀或"I"型直刀式，可提高秸秆粉碎质量。选用联合收割机时玉米秸秆留茬高度≤10 cm，切碎后的秸秆长度≤10 cm，切碎合格率≥80%；使用秸秆粉碎机时玉米秸秆留茬高度≤10 cm，切碎后的秸秆长度≤10 cm，切碎合格率≥85%。发生严重病虫害的秸秆不宜还田，应及时移除。有条件的地区可以在玉米秸秆翻入土壤之前，先用药剂将秸秆进行消毒，用百菌清500倍混加辛硫磷1 000倍将秸秆喷洒一遍，做到秸秆无害化处理还田；24 h后撒施秸秆腐熟菌剂30 kg/hm^2，加速秸秆腐解，注意秸秆腐熟菌剂和小麦基肥以及杀虫剂、杀菌剂不能混合使用（李琴，2020）。

玉米秸秆被粉碎并均匀撒在土壤表面后，尽快用旋耕机将秸秆旋耕入土，深度一般要求15~20 cm，使粉碎的秸秆与土壤充分混合，地表无明显粉碎秸秆堆积，以利于玉米秸秆腐熟分解和保证小麦种子发芽出苗。旋耕前结合施基肥（增施少量氮肥）；旋耕至少2遍，旋耕深度可根据土壤墒情及当地农艺要求确定，旋耕机耕幅为1.8 m以上；旋耕机可选用框架式、高变速箱式旋耕机，利于提高动力传动效率和作业质量。深耕每3年进行1次，土壤含水量以田间最大持水量的70%~75%时为宜；用深耕犁深耕时，结合施用基肥，深翻深度30 cm以上，土壤深耕后再用旋耕机整理表土层，使表土平整。其他年份可采用旋耕方式（刘新房和张向华，2019）。

（二）小麦秸秆还田技术

华北地区小麦秸秆主要是秸秆直接粉碎覆盖还田或者旋耕入土还田。小麦秸秆在土壤中腐烂、分解，除与秸秆本身的性质、土壤微生物的状况密切相关外，同时还与小麦秸秆还田方式、秸秆数量、粉碎程度、翻压覆盖时间、翻压深度、土壤肥力水平和水分条件、碳氮比值、翻压机具等因素密切相关。秸秆还田的效果主要受机械翻压质量、土壤水分、秸秆数量和施氮量的影响。

在小麦蜡熟末期，选用小麦联合收割机收获。选用配备秸秆切碎抛撒装置的小麦联合收割机，或单独使用秸秆粉碎机将秸秆粉碎并均匀抛撒于土壤表面。选用联合收割机小麦秸秆留茬高度≤15 cm，切碎后的麦秆长度≤15 cm，切碎合格率≥80%；使用秸秆粉碎机小麦秸秆割茬高度≤10 cm，切碎后的麦秆长度≤15 cm，切碎合格率≥85%。可选择使用秸秆腐熟菌剂，小麦秸秆粉碎抛撒后，人工或机械均匀撒施秸秆腐熟菌剂30 kg/hm^{2}于粉碎的秸秆上，及时翻耕或旋耕入土。

小麦秸秆粉碎覆盖还田。小麦收割时秸秆粉碎，同时确保粉碎后的秸秆均匀覆盖在田间。麦茬高度≤15 cm，麦茬过高会影响玉米幼苗的生长，有条件的可在玉米播种时选用带有灭茬功能的玉米免耕播种机，一次性完成秸秆粉碎、灭茬和玉米播种等多项作业，或在播种后进行中耕灭茬。秸秆的粉碎长度不宜超过 15 cm，麦秸抛撒要均匀，以免影响播种机下种。由于小麦收获后土壤表面较干、较硬，另外由于麦秸和麦茬的影响，给播种作业带来一定难度。因此提高播种质量成为夏玉米免耕直播技术的关键，播种机作业时速度不宜太快，否则容易造成缺苗断垄（董印丽等，2018）。

小麦秸秆粉碎旋耕还田。湖北的襄阳及河南的南部目前主要采用秸秆粉碎旋耕还田方式。使用旋耕机进行旋耕灭茬，将秸秆均匀翻埋于耕层，旋耕深度≥10 cm。旋耕前结合施基肥（要按每 100 kg 麦秸加 3~5 kg 纯氮的比例），既保证夏玉米幼苗正常生长，又加速小麦秸秆腐熟分解，增加养分，改土肥田。玉米选用单粒点播机播种，严格控制播种机的作业速度，以 4 km/h 为好，做到播种深浅一致、覆土一致、镇压一致、行距一致。为提高玉米播种质量，促进玉米健壮生长，可加大行距，缩小株距。等行距可调至 60 cm，宽窄行的宽行调至 70~80 cm。

（三）秸秆还田后的注意事项

1. 注意土壤墒情

土壤水分状况是决定秸秆腐解速度的重要因素，应提高土壤墒情，确保足墒还田，因为秸秆分解依靠的是土壤中的微生物，而微生物生存繁殖要有合适的土壤墒情。若土壤过干，会严重影响土壤微生物的繁殖，减缓秸秆分解的速度，故应及时浇水。生产上一般采取边收割边粉碎的方法，对于玉米秸秆还田，因收割时玉米秸秆水分含量较多，及时翻埋有利于腐解。宁可适当晚播，也要保足底墒，做到足墒下种，确保一播全苗。播后墒情不足时，也可及时浇水。及时查苗补苗，冬水宜早，水量要小，以沉实土壤。浇水后还应及时中耕，以破除板结（谭德水等，2014）。

对于小麦秸秆还田，玉米播种后，墒情好的地块应镇压保墒，促使土壤密实，以利于秸秆吸水分解；对土壤墒情差的地块，要及时灌溉，播后抢浇蒙头水，促进小麦秸秆吸水分解，确保玉米正常出苗生长（闵桂根等，2001；王艳玲等，2014）。

2. 注意旋耕深度

目前华北地区 90%以上农户采用旋耕机耕地，旋耕深度不超过 15 cm，秸秆在耕作层中所占的比例大，粉碎的玉米秸秆被翻压在 10~15 cm 土层处，麦苗根系更容易扎到秸秆里，出现根系悬空和烧根现象，轻者出现小麦苗黄，重者造成死苗，影响产量和品质。因此，旋耕深度应控制在 15 cm 以上。

3. 注意调节碳氮比

秸秆本身碳氮比为（65~85）：1，而适宜微生物活动的碳氮比为（25~30）：1，秸秆还田后土壤中氮素不足。因此秸秆粉碎后，旋耕或耕地以前在粉碎的秸秆表面每公顷撒施碳酸氢铵 750 kg 或尿素 300 kg 等氮肥，然后耕翻，可解决氮素不足的问题。

4. 注意小麦播种质量

小麦要精细播种，因秸秆还田方式的不同，要求播种机的类型也不同，在混茬还田或耕翻还田的田面上播种，应采用装有圆盘开沟器的播种机。播种量应在正常基础上适当增加 7.5~30 kg/hm^2。播种深度在 3~5 cm，播种后要及时镇压，有助于小麦种子和土壤的密切接触，防止出现小麦吊死根，播后及时镇压也有助于土壤抗旱保墒，防止冬季冷空气进入，提高小麦的安全越冬能力。对小麦种子进行包衣防病治虫，选用三唑酮乳油或多菌灵可湿性粉剂拌种防治苗期病害，选用辛硫磷乳油或毒死蜱乳油拌种防治麦田地下害虫，病虫混发地块用以上杀菌剂加杀虫剂混合拌种（董印丽等，2018；王世全，2020）。

二、单作玉米秸秆还田技术

东北地区是我国商品粮的主要供给区，“十三五”末玉米秸秆平均年产量 14 831 万 t。根据东北不同地区的气候条件、水资源条件、土壤质量等的差异，有 3 种适宜不同地区的秸秆还田技术的模式组合，包括秸秆粉碎旋耕还田技术模式、秸秆深翻还田技术模式、秸秆覆盖还田技术模式（张晓波，2017；李瑞平等，2020）。

（一）秸秆粉碎旋耕还田技术

辽宁省东部、吉林省东部等湿润地区和黑龙江北部寒冷地区，一般采用秸秆粉碎旋耕还田技术。秸秆经过旋耕后可增加与土壤接触面积，缩短秸秆腐烂时间。

一般选用四行以上玉米联合收获机、秸秆粉碎机、大型深松联合整地机、旋耕机、起垄机、镇压器及与其配套拖拉机等机械进行作业。

关键技术。一是秸秆全量还田。玉米收获后用秸秆粉碎还田机将秸秆打碎，使用收获机收获时留茬 10 cm 左右，秸秆切碎长度≤10 cm，以秸秆撕裂为宜，抛撒均匀。二是深松整地作业。用 210 马力以上大拖拉机，带大型深松联合整地机深松作业，作业深度 30 cm 以上，使玉米秸秆和根茬与耕层土壤充分混合。有条件的地方，可以在联合整地作业之前进行有机肥抛撒作业。三是进行旋耕作业。采用旋耕作业两遍，耙深要达到16～18 cm；进一步切碎秸秆，并将秸秆跟土壤充分混拌、不漏耙、不拖堆、地表平整、土壤细碎。四是起垄、镇压作业。起垄尽量起大垄，起垄后镇压。要达到垄向笔直，垄体饱满，不起垡块，不出张口垄，地头整齐。有条件的地方可以配备拖拉机自动导航系统，达到标准化作业要求。

使用带有中耕型窄轮胎拖拉机，配置玉米大垄精密播种机在110 cm或130 cm大垄上进行双行精量播种，作业速度8～10 km/h，窄行苗带间距40 cm，宽行苗带间距70 cm或90 cm，按所选玉米品种农艺要求设定株距，播深为镇压后3～5 cm，施肥深度8～10 cm。

采用喷杆式喷雾机在播种后出苗前进行土壤封闭除草，或玉米出苗后3～5叶期及时进行苗后化学除草，也可结合中耕进行苗期机械除草。

采用中耕施肥机在玉米拔节前后结合深松作业进行追肥，以追加氮肥为主，施肥深度8～10 cm，深松深度25～30 cm。施肥后覆土严密，同时进行培土作业，培土深度要求能够覆盖玉米第一叶。

（二）秸秆覆盖还田技术

在辽宁省西部、吉林省西部、黑龙江省齐齐哈尔市南部、大庆市和绥化市西部等干旱半干旱地区，水土流失、风沙侵蚀较为严重，选择秸秆覆盖免耕播种的保护性耕作模式。秸秆覆盖后可以减少风蚀水蚀，有效地保护耕层。

玉米收获后秸秆直接还田覆盖地表，留茬高度10 cm左右，秸秆长度30～40 cm，覆盖均匀，免耕播种。次年春季不整地、不动土，宽窄行种植形式可用搂草机搂草归行，露出播种带，直接采用免耕播种机进行播种或表土层耕作播种。每3年深耕1次，结合施用基肥，深翻深度30 cm以上，土壤深耕后再用旋耕机整理表土层，使表土平整。

一般选用四行以上带秸秆粉碎装置的玉米收获机、免耕播种机及与其配套的拖拉机、喷药机等机械进行作业。

关键技术：秸秆覆盖免耕技术的前提条件是地块前两年必须有深松或者深翻基础。一是进行秸秆粉碎覆盖地表还田作业。在玉米联合收获机作业后，根据秸秆覆盖量大小确定是否需要使用专业秸秆粉碎还田机或灭茬机再次作业，最终以秸秆不影响播种、确保出苗为宜，抛撒均匀，秸秆全量还田。二是进行春季免耕播种作业。有两种免耕播种方式：一种是原茬播种方式。用带圆盘清障切碎、开沟装置的四行以上免耕播种机进行播种，实现开沟、播种、施肥、覆土、镇压一条龙作业，播种均匀、播深一致。播种同时进行施肥（施肥深度在种子下方或侧下方5 cm，播种机前侧必须安装材质结实的圆盘刀，以进行破茬和切碎秸秆，保证播种质量。另一种是宽窄行免耕播种方式。秋天将秸秆用搂草机放到宽带处越冬，第二年春天在没有秸秆覆盖的两个相邻垄膀上播种；第二年秋天，将秸秆搂到窄行里越冬；第三年春天在宽行上播种。宽窄比例可选择 40 cm∶90 cm。三是配套实施机械植保作业。在播后苗前或苗期进行药剂灭草作业，避免造成草荒，影响作物生长。苗期进行垄沟深松，深度应为 20~30 cm，过深伤根。深松后每隔 10 d 左右进行 1 次中耕，中耕 2 次并结合追肥。该技术不仅能解决水土流失问题，改善土壤物理性质，增加有机质和速效钾含量，还具有蓄水保墒、调节地温和减缓土壤水分、温度波动等作用，从而降低农业生产成本，实现农业可持续发展（李宪义等，2017）。

（三）秸秆深翻还田技术

在辽宁省中部、吉林省中部、黑龙江省的松嫩平原大部和三江平原等湿润、半湿润地区适宜采用秸秆深翻还田技术模式。

一般选用四行以上玉米联合收获机、秸秆还田机或灭茬机、180 马力以上拖拉机、2. 8 m 以上翻转犁、轻耙、起垄机等机械进行作业。

关键技术：第一个环节是玉米收获和秸秆粉碎。在玉米联合收获机作业后，留茬高度要在 5~10 cm，秸秆切碎长度≤10 cm，以秸秆撕裂为宜，抛撒均匀，全量还田。第二个环节是翻埋作业。大马力拖拉机带栅栏式五铧犁深翻、进行翻埋作业。耕翻深度控制在 30 cm 以上，扣垡严密，不出现回垡现象，无堑沟，不重不漏，翻后地表平整，地表残茬不超过 10%。有条件的地方，可以在秸秆翻埋作业之前先进行有机肥抛撒作业。第三个环节是耙地、碎土作业。耙深达到 8~10 cm，每平方米大于 10 cm 的土块不得超过 5 个。如果春天采用平播，播种机须带划印器或者拖拉机自动导航系统。第四个环节是起垄、镇压作业。起垄作业是第二年春天实施垄作播种的作业环节。根据起垄机大小配备相应马力段的拖拉机，作业时垄高要控制在 17~22 cm，起垄后要及时镇压，达到垄向笔直，垄体饱满，不起垡块，不出张口垄，地头整齐。采取秸秆深翻还田作业后，这种还田方式第二年、第三年都可以实施秸秆覆盖免耕、轮耕、轮作模式（蔡红光等，2019）。

（四）秸秆还田后的注意事项

1. 因地制宜选择秸秆还田方式

秸秆还田技术要因地制宜，分区域进行模式选择。

2. 注意翻耕时间

对于粉碎旋耕还田的秸秆，秸秆粉碎后被均匀撒在田地之中，此时要尽快将秸秆翻耕入土。这样一方面可以让秸秆尽快翻入土壤，加快秸秆分解的速度；另一方面尽早翻耕还可以避免秸秆损失，粉碎后的秸秆未能及时翻入土壤，干燥后容易被风吹跑，秸秆扎堆还影响耕地，造成下茬作物出苗困难。

3. 水分管理

秸秆分解依靠的是土壤中的微生物，而微生物生存繁殖要有合适的土壤墒情。若土壤过分干燥，会严重影响土壤微生物的繁殖，减缓秸秆分解的速度。

4. 补充氮肥

秸秆还田后，土壤微生物在分解作物秸秆时，需要从土壤中吸收大量的氮才能完成腐化分解过程，应按每 100 kg 玉米秸秆加 10 kg 碳酸氢铵的比例进行补肥。

5. 防病虫害传播

玉米秸秆还田时要选用生长良好的秸秆，不要把有病虫害的玉米秸秆还田，如玉米黑穗病、玉米大小斑病等，不能直接用来翻埋还田，需将带病菌秸秆运出处理，彻底切断污染源以免病虫害蔓延和传播（梁卫等，2016）。

三、单作大豆秸秆还田技术

北方地区是我国大豆的主要产区，更是优质大豆的发源地。大豆秸秆含有纤维素、半纤维、蛋白质和糖，这些物质经过发酵、腐烂、分解转化为土壤重要组成成分——有机质。大豆秸秆蛋白质含量10%~20%，据测定 100 kg 的大豆秸秆含有 82 kg 的有机物、纯氮 1. 3 kg、纯磷 0. 3 kg 和纯钾 0. 5 kg。坚持用大豆秸秆还田，可使土壤的有机质、土壤的孔隙度、团粒结构、氮、磷、钾以及微量元素均有明显提高，有利于土壤养分的良性循环。

（一）大豆秸秆还田技术

1. 机具配备

选择自走式大豆联合收割机、偏柱式深松机、灭茬旋耕起垄施肥联合整地机。

2. 技术要点

一般采用机械联合收获大豆，同时秸秆粉碎还田，然后联合整地起垄及机械精量播种。大豆成熟后，采用具有秸秆粉碎装置的大型联合收割机，一次性完成大豆收获和秸秆粉碎，粉碎后的秸秆均匀覆盖地表，无明显堆积现象。粉碎后秸秆长度≤10 cm，根茬高度小于 10 cm，条件允许的地方撒施适应当地的秸秆腐熟剂，加快秸秆腐熟，每公顷用量为 30 kg。收获后及时进行机械深松作业，深松深度 30 cm 以上，增强土壤蓄水保墒能力；翌年春季采用灭茬旋耕起垄施肥联合整地机，使粉碎的秸秆与土壤混拌同时进行底肥施入与垄型制备，并镇压保墒，达到播种状态；大垄双行或三行种植的，应使用专用起垄机进行起垄作业，垄距 110 cm，垄高 20 cm；起垄作业直线度要好，交接垄距要均匀，无明显宽窄不一现象，地头整齐（盖志佳，2021）。

（二）秸秆还田后的注意事项

大豆秸秆直接还田可能加重病虫害的发生。首先，在土地平整过程中施加一些专用杀虫剂，这样可以有效杀除地下害虫。因此需根据东北地区大豆种植环境与条件，综合考虑土壤状况与可能发生的病虫害种类，尽量选择适合当地环境的抗病性较强的高产品种，提高大豆自身的抗性。其次，加强大豆栽培管理。根据大豆种植各阶段的生长特性，分析可能发生的病虫害种类，在栽培期间提前采取预防性措施，降低病虫害的发生率。同时，科学进行田间管理，提高大豆植株自身的抵抗力。发生病虫害后，有针对性地科学用药，尽量选择低毒、低残留的生物药剂。在防治病虫害的同时，确保大豆生长的环境安全。最后，做好大豆轮作换茬工作，降低土壤环境对大豆种植的影响。现阶段，东北地区大豆种植多为 3 年轮作，对土壤地力影响较大。同时，病虫害发生概率高。可以尝试实施 5 年或以上轮作，保障土壤肥力（匡恩俊，2010）。

大豆施肥一般需要 3 次。第 1 次施底肥，主要目的是提高土壤养分，培肥地力。第 2 次施种肥，主要是为大豆日后生长提供各种营养。第 3 次施追肥，目的是保证大豆健康落种，促进大豆健康生长。

四、单作水稻秸秆还田技术

东北单季稻区位于长城以北、长白山以西、黑龙江漠河以南、大兴安岭以东，地处北纬 38°43′~53°33′，东经 118°53′~135°05′，包括辽宁、吉林和黑龙江全部和内蒙古东部小部分区域。全区为暖温、中温、寒温带大陆性季风气候，温度带跨度较大，夏季温暖湿润，日照时间长，雨量充足；春秋季晴朗，气温日差较大；冬季寒冷干燥。水稻生长期的有效积温（GDD，≥10℃）为 2 000~3 700℃，年降水量为 300~1 100 mm。东北单季稻区种植制度为水稻一年一熟制，是我国北方粳稻的主要生产区，栽培形式以插秧为主。北方稻田存在土壤有机质低、供氮能力弱等问题，秸秆与化肥配施有利于土壤培肥。

（一）水稻秸秆还田技术

1. 秸秆粉碎

水稻成熟后，选用带有秸秆粉碎及抛撒功能的水稻收割机收获水稻，秸秆粉碎适宜长度为≤10 cm，残茬高度≤15 cm。双轴水田旋耕机进行秸秆粉碎还田覆盖地表，完成秸秆还田，显著提高秸秆入土率（王丽娇和闫大明，

2020）。

2. 翻耕土壤，施基肥

用铧式犁深翻，深度 25 cm 左右，秸秆残茬掩埋深度大于 10 cm，埋茬起浆平地作业深度达到 10 cm 以上，土壤深耕后再用旋耕机整理表土层，使表土平整。施用基肥，再旋耕 1 遍，4 月 15 日前完成上水泡田。新型搅浆机整地的地块，可以适当晚泡田，缩短水整地与插秧时间，节约泡田用水。秋翻立垡的地块，泡田水深为垡片高度的 2/3，泡田 5～7 d；初平的地块达水即可，泡田 3～5 d 即可进行整地作业（高义海等，2021）。

3. 起浆整田，保证沉淀时间

使用新型搅浆机，轻搅浆两遍，调整水田土壤的水、肥、气、热的关系，协调地力。泥浆层控制在 2 cm 左右（插秧的深度），缩短沉降时间，沉降 5～7 d 即可达到插秧适合状态。水整地需满足以下要求，适时抢早，保证有足够的沉淀时间；格田内高低差不大于 3 cm，做到灌水棵棵到，排水处处干；捞净田间水稻秸秆残渣，集中销毁，对预防纹枯病效果较好；扩大格田面积，格田面积 5～10 亩；格田四周平整一致，池埂横平竖直；水整地深浅一致，深度 15～18 cm。水整地结束后，要保持浅水层，防止跑浆落干，表土沉实（王麒，2014）。

（二）秸秆还田后的注意事项

根据水稻品种、栽插季节、秧盘选择适宜类型的插秧机，提倡采用高速插秧机、侧深施肥插秧机作业，部分有条件的地区可采用钵体苗移栽机。采用插秧机作业的栽插密度一般在 25～30 穴/m^2，5～7 株/穴，基本苗数 125～180 株/m^2。当气温稳定超过 13℃，泥温稳定超过 15℃时为移栽时期。根据各个地区的土地肥力情况，栽插穴距以 10～17 cm 为宜。浅水移栽，水深 2～3 cm 为宜。采用侧深施肥时，施肥位置距水稻秧苗根部 3～5 cm 且深度为 5 cm。土壤要有一定的耕深，特别是秸秆还田的地块，要求耕深达 15 cm 以上；选用粒径为 2～5 mm 的侧深施肥专用肥料，含水率≤2%，要求手捏不碎、吸湿少、不粘、不结块。

可根据不同种植规模、地形条件、种植方式选用航空植保、担架式（推车式）机动喷雾机或自走式高地隙喷杆喷雾机。采用无人机植保作业，雾化粒径在 50～200 um，均匀喷施。自走式高地隙喷杆喷雾机，选择喷幅在 10 m 左右，药箱容量在 500 L 以上（聂强，2015）。

第三节　国外秸秆还田技术

秸秆还田循环利用（包括秸秆直接还田和秸秆养畜过腹还田）是国外秸秆利用的主导方式。世界上农业发达的国家都很注重施肥结构，基本形成了秸秆直接还田+厩肥+化肥的“三合制”施肥制度，一般秸秆直接还田和厩肥施用量占施肥总量的2/3左右。美国和加拿大的土壤氮素3/4来自秸秆和厩肥。德国每施用1.0 t化肥，要同时施用1.5~2.0 t秸秆和厩肥。发达国家秸秆利用比较充分，基本杜绝了秸秆废弃与露天焚烧的问题。欧美各国一般将2/3左右的秸秆用于直接还田，1/5左右的秸秆被用做饲料。美国秸秆直接还田量占秸秆总产量的68%。英国秸秆直接还田量占秸秆总产量的73%。日本的稻草2/3以上用于直接还田，1/5左右用作牛饲料或养殖场的垫圈料。目前，韩国的稻麦秸秆已实现了全量化利用，近20%用于还田，80%以上用作饲料（王红彦等，2016）。

发达国家的秸秆利用水平走在世界前列，其成功经验对中国秸秆利用不乏启示和借鉴作用。国外秸秆还田技术主要有秸秆粉碎犁耕还田技术、秸秆粉碎凿耕还田技术、秸秆粉碎圆盘耕还田技术、秸秆粉碎覆盖少免耕还田技术、秸秆粉碎带状耕作还田技术、秸秆粉碎垄作还田技术等。

一、秸秆粉碎犁耕还田技术

作物收获后将全部或部分秸秆粉碎后留在地表，粉碎后秸秆长度≤10 cm，进行铧式犁翻耕（深度为25~35 cm），然后再进行一遍以上的圆盘耙（旋转耙或其他耙具）耙地（深度10 cm左右）以备播种。

犁耕后土表秸秆残留比例一般在10%以下，能够将秸秆翻埋到土壤深部，不仅可以减少病虫草害，而且能够平整农田，是加快秸秆分解的最佳方式。秸秆犁耕还田能够提高土温，干化土壤，较适用于排水差的土壤，若是单季作物，可在秋季进行铧式犁犁耕，待春季再整地，但对于排水良好的土壤易造成水分损失。使得土壤容重较其他耕作方式低，但土壤暴露易造成侵蚀，并可能降低土壤质量和农业产量（李建政等，2011）。

秸秆粉碎犁耕还田技术主要分布于温带海洋性气候区域，如英国、法国、日本等，适用作物为玉米、小麦、水稻等大田作物。

日本田馆舍农场主要采用秸秆粉碎犁耕还田技术，该农场位于日本青森县。青森县是日本本州岛最北端的一个县，属于温带海洋性季风气候，随季节变化相当明显。青森县是日本屈指可数的农业县之一，主要生产水稻和苹果。田馆舍农场占地面积约1 200亩，主要种植作物为水稻和百合。在百合种植期间，扶土作畦，畦宽与稻草秸秆长度相当，然后将百合的鳞茎播种，播种之后适当镇压，在畦面上整齐覆盖一层厚度为3~5 cm的稻草。秸秆经过一季百合的阳光照射与微生物分解，有了一定的腐熟度，百合在收获完之后，将稻草直接翻耕还田，种植下一季水稻。在百合种植季，水稻秸秆覆盖不仅能保温保水，还能为百合生长提高必要的养分，百合收获后采用传统的耕作方式将秸秆翻压还田，可进一步提高表层土壤有机质含量，改善土壤结构（何龙斌，2013）。

二、秸秆粉碎凿耕还田技术

作物收获后将全部或部分秸秆留在地表，粉碎后秸秆长度≤10 cm，用凿型犁对农田进行凿耕（深度20~25 cm），然后再进行一遍以上的圆盘耙（或旋转耙）耙地和（或）中耕机耕作（深度10 cm左右）以备播种。

与铧式犁耕作不同的是，凿型犁耕作后秸秆残留比例为25%~75%，能有效地增加表层土壤有机质。该耕作方式土壤保水性较差，但对土壤侵蚀的控制比铧式犁耕作强。与铧式犁耕作相同的是，该耕作方式也较适用于排水差的土壤，若是单季作物，最好在秋季进行凿耕，待春季再整地。

秸秆凿耕还田模式主要分布于温带大陆性气候和地中海型亚热带气候区域，如美国中北部玉米带和西班牙中部等，适用作物为玉米、大麦等大田作物。

三、秸秆粉碎圆盘耕还田技术

作物收获后将全部或部分秸秆留在地表，粉碎后秸秆长度≤10 cm，用圆盘耙（双行圆盘耙或偏置圆盘耙）进行两遍耙耕。第1次耙耕较深，以10~20 cm为宜；第2次进行浅层耙地，深度10 cm左右，也可以利用中耕方式代替第2遍耙耕。

圆盘耙耕作地表秸秆残留量与凿型犁耕作大致相同，残留比例也在25%~75%。该耕作方式较适用于轻中质地、排水较好的土壤。其缺点在于耕作深度较浅，若多年采用该耕作方式，则会造成耕作层变浅，犁底层变硬。若在潮湿土地应用该方法，问题会变得更严重。若秸秆量大（如玉米秸秆等），在对其进行翻耕或凿耕还田时，应尽可能进行秸秆粉碎，以免堵塞犁具或使后茬农作物不易着根。

秸秆圆盘耕还田模式主要分布于半湿润亚热带气候和副热带气候区域，如美国南部得克萨斯州、东南部南卡罗来纳州及澳大利亚东部昆士兰州，适用作物为玉米-棉花轮作系统和玉米-小麦-大豆-棉花轮作系统等。

贡迪温迪农场主要采用秸秆粉碎圆盘耕还田技术，该农场位于澳大利亚东部昆士兰州，属于亚热带气候，年降水量平均为2 500 mm左右，平均气温为-5～45℃。昆士兰州农业资源丰富，是澳洲最主要的粮蔬生产基地之一，可耕地面积为1.44亿hm^2，主要农产品为小麦、大麦、高粱、玉米、甘蔗等，小麦、高粱年产均超过120万t。贡迪温迪农场占地面积约1万亩，采用冬夏作物（油菜-玉米）与豆科作物（大豆）轮种的方式。作物收获时直接粉碎（秸秆长度<10 cm）留在地表，油菜季和大豆季采用一次性圆盘耕的方式还田，还田深度为10～20 cm，玉米季秸秆量较大，采用凿耕的方式还田。该区域土壤排水性较差，采用传统耕作方式有利于阻控土壤侵蚀，还能增加土壤表层有机质含量。

四、秸秆覆盖免少耕还田技术

作物收获后将全量秸秆粉碎后覆盖在地表，粉碎后秸秆长度≤10 cm，不进行耕作或在作物生长期间进行一次或两次耕作，作物种植后土表秸秆覆盖率为30%以上，用直播机进行播种（王长生等，2004）。

从收获到播种，除了施肥外土壤不受任何干扰。秸秆粉碎后对地表进行全覆盖，土壤侵蚀控制力强，但土壤湿度较高会影响作物出苗率和出苗时间，因此在播种时要适量地增加播种量。一般来说，在土壤排水好和气候较温暖的条件下，尤其对于作物轮作，免耕具有较强的优势。在无秸秆覆盖的条件下，长期进行免少耕播种，将导致土壤容重明显较高于其他耕作方式。作物种植常采用冬夏作物和豆科作物轮种的方式，作物收获后秸秆直接粉碎覆盖于地表，经过2～3年或秸秆量较大（玉米、小麦）时进行一次翻耕还田（Lal等，2007；高焕文，2008）。

秸秆免少耕覆盖还田模式广泛应用于农业生产中，如美国、澳大利亚、加拿大等，适用作物包括玉米、小麦、油菜、大豆等。

美国内布拉斯加农场主要采用秸秆覆盖少免耕还田技术，该农场位于美国内布拉斯加州。内布拉斯加州农牧产值在美国列第6位，93%的土地为农牧场，共有47 600个农场，主要农产品为玉米、大豆、小麦、高粱等。内布拉斯加农场位于内布拉斯加州西部，属于半干旱的大陆性气候，季度间气温和降水量变化明显，月平均气温变幅为-4～23℃，年降水量变幅为500～800 mm。农场占地面积约6 000亩，采用玉米-大豆轮作制，秸秆采用免耕覆盖还田的模式。在玉米种植期间，以小胡萝卜为覆盖作物，种植在每行玉米之间，以改良土壤、提高产量和节约用水。玉米收获后，将秸秆粉碎至10 cm以下，直接覆盖在土壤表面，并采用免耕拖拉机进行下季作物的播种。该农场采用免耕覆盖还田的模式并结合种植覆盖农作物，对土壤扰动较小，有效地改善了土壤湿度，减少了灌溉用水量，同时降低了能耗和机械作业成本，但同时可能会增加病虫草害及其防治成本。

德国巴伐利亚农场也采用了秸秆覆盖少免耕还田技术。该农场位于德国巴伐利亚州。巴伐利亚州位于德国南部，属于海洋性气候向大陆性气候过渡地带，因受大西洋气流的影响，阴晴多变，雨量充沛，年平均气温15℃左右，由于地形迥异，境内年平均降水量为900~1 500 mm。巴伐利亚农场面积约2 500亩，主要农作物有甜菜、玉米、冬小麦、苜蓿等，采用轮茬的种植方式。秸秆采用少耕覆盖还田的模式，作物收获后直接粉碎（秸秆长度<10 cm）还田，2~3年采用传统的犁耕将秸秆翻压还田。该农场采用少耕的方式增加了土表秸秆残留量，切断上茬作物和杂草的根系，疏松土壤，利于新茬作物的生长，在轮茬期间可减少土壤侵蚀，经2~3年后翻压还田，有效地增加了土壤大团聚体结构的稳定性。

五、秸秆粉碎覆盖带状耕作还田技术

在秋耕或春耕季节，用带状耕作机对粉碎覆盖的秸秆农田进行带状耕作，耕作宽度为10~30 cm，耕作深度为15~20 cm。带状耕作机由凿、波纹犁刀或镇压圆盘、秸秆犁刀等组成。凿两侧的两个波纹犁刀（或两个镇压圆盘）将松动的土壤控制在带状耕作区域内，形成8~20 cm高的田垄。播种直接在田垄上进行。为了避免秸秆堵塞耕具，在凿的前端一般装有用于切断秸秆的圆形犁刀。

带状耕作土表秸秆残留比例可达60%~75%。该耕作方式能充分利用作物秸秆保持土壤水分，防止土壤侵蚀，改善野生生物的适宜环境。垄状播种带表土外露，有利于早春土壤蒸发和土温增加，提高作物出苗率，因此该耕作方式在排水较差的土壤上比免耕播种有竞争优势。带状耕作适宜种植玉米、大豆和棉花等多种作物，并根据农作物需求来确定带间距。

秸秆带状耕作还田模式主要分布于大陆性气候、温带大陆性气候、温带地中海气候区域，如美国、加拿大、土耳其等，适用作物包括玉米、棉花、向日葵和一些蔬菜作物等（Dam 等，2005）。

六、秸秆粉碎垄作还田技术

垄作是指在高于地面的土垄上栽种作物的耕作方式，在首次垄作前，先用起垄机进行起垄作业，形成高凸的垄台和低凹的垄沟。垄作的秸秆还田方式是在作物收获后，将粉碎的秸秆留在垄沟，粉碎后秸秆长度≤10 cm，待到次年春播时将作物种植在垄台上。春播过程中垄高会降低 3~5 cm，需利用行间中耕机进行垄高提升作业，使其达到 10~20 cm。

垄的高低、垄距与垄向因作物种类、土质、气候和地势而异。垄台上无秸秆覆盖且有高度优势，垄作地表面积与平地相比明显增加，土壤升温和干化比较迅速，昼夜温差大，有利于光合产物积累；垄台与垄沟位差大，利于排水防涝，干旱时可顺沟灌水以免受旱。该耕作方式仅对部分土表进行耕作，40%~60%的秸秆留在垄沟，可有效防治水土侵蚀，减少土壤养分流失。垄台土层厚，土壤空隙度大，不易板结，利于作物根系生长和产量提高，适用于大多数土壤类型和多种作物，但不适用于小粒的谷物作物。垄作的实施需要农场改变很多传统做法，如农药和化肥的种类及其使用方法，耕作和播种机械的改进等，因而不利于该技术的大面积推广。

秸秆垄作还田模式主要分布于亚热带地中海型气候和温带大陆性气候区域，如意大利东北部、美国玉米带等，多用于栽培玉米、大豆、高粱、甜菜、甘薯和马铃薯等农作物（Borin 等，1997）。

参考文献

蔡红光，梁尧，刘慧涛，等，2019.东北地区玉米秸秆全量深翻还田耕种技术研究[J].玉米科学，27(5)：123-129.

常志州，王德建，杨四军，等，2014.对稻麦秸秆还田问题的思考[J].江苏农业学报，30(2)：304-309.

程良燕，2019.小麦秸秆还田机械化处理方式及发展建议[J].农机使用与维修(4)：83.

董印丽，李振峰，王若伦，等，2018.华北地区小麦、玉米两季秸秆还田存在问题及对策研究[J].中国土壤与肥料(1)：159-163.

盖志佳，刘婧琦，蔡丽君，等，2021.三江平原玉米大豆轮作保护性耕作关键技术[J].现代化农业(11)：41-42.

高焕文，2008.美国保护性耕作发展动向[J].北京农业，22：50.

高义海,刘明国,李国韬,2021.辽宁水稻秸秆还田机械化技术的示范与应用[J].农机科技推广(2):42-43.

韩树林,李亚伟,2014.水稻秸秆还田方式及配套关键技术[J].现代农业科技(8):237-239.

何龙斌,2013.日本发展农业循环经济的主要模式、经验及启示[J].世界农业,11:150-153.

姜铭北,方亲富,夏苏华,2012.油菜秸秆还田技术[J].中国农业信息,7:76-77.

匡恩俊,2010.不同还田方式下大豆秸秆腐解特征研究[J].大豆科学,29(3):479-482.

李建政,王道龙,高春雨,等,2011.欧美国家耕作方式发展变化与秸秆还田[J].农机化研究,11:205-210.

李琴,2020.玉米秸秆还田技术在小麦种植中的应用分析[J].粮食科技与经济,45(6):114-115.

李瑞平,罗洋,郑洪兵,等,2020.吉林省中部玉米秸秆还田方式对出苗及苗期生长发育的影响[J].农业与技术,40(18):6-8.

李宪义,陈实,2017.东北区玉米秸秆还田耕作技术模式[J].农机科技推广(1):46-47.

梁卫,袁静超,张洪喜,等,2016.东北地区玉米秸秆还田培肥机理及相关技术研究进展[J].东北农业科学,41(2):44-49.

刘新房,张向华,2019.河南扶沟县小麦种植中的玉米秸秆还田技术要点[J].农业工程技术,39(11):56.

闵桂根,倪秀红,赵宝明,2001.稻麦秸秆还田的实践和认识[J].上海农业科技(6):12-13.

聂强,2015.寒地水稻秸秆还田效应及应用技术研究探讨[J].北方水稻,45(5):54-55.

全国农技推广中心,2001.我国主要农区的秸秆还田模式[J].土壤肥料(4):32-36.

佘晓华,赵永亮,梁宝忠,等,2013.水稻秸秆还田技术研究与应用[J].农业工程,3(1):10-12.

谭德水,刘兆辉,江丽华,2014.黄淮海玉米秸秆还田麦区土壤环境与管理技术[J].中国农学通报,30(8):156-161.

王长生,王遵义,苏成贵,等,2004.保护性耕作技术的发展现状[J].农业机械学报,35(1):167-169.

王红妮,王学春,赵长坤,等,2019.油菜秸秆还田对水稻根系、分蘖和产量的影响[J].应用生态学报,30(4):1243-1252.

王红彦,王飞,孙仁华,等,2016.国外农作物秸秆利用政策法规综述及其经验启示[J].农业工程学报,32(16):216-222.

王丽娇,闫大明,2020.水稻秸秆还田技术研究[J].现代化农业(4):60-61.

王麒,2014.黑龙江省农作物秸秆利用对策及模式研究[J].黑龙江农业科学(3):130-131.

王世全,2020.小麦-玉米轮作区秸秆还田配套技术及机耕机播模式探讨[J].现代农机(1):56-57.

王艳玲,杨忠妍,秦立杰,2014.麦秸还田对夏玉米播种的影响与技术对策[J].现代农村科技(8):19-20.

夏贤格,彭成林,姚经武,等,2020.虾稻共作模式下稻田养分管理及水稻主要病虫害防治技术规程[S].地方标准.湖北省市场监督管理局.

肖翔,谢冬容,刘端华,等,2020.南平市水稻秸秆还田后水稻高产栽培技术[J].杂交水稻,35(5):47-48.

薛斌,殷志遥,肖琼,等,2017.稻-油轮作条件下长期秸秆还田对土壤肥力的影响[J].中国农学通报,33(7):134-141.

张晓波,2017.东北平原地区玉米秸秆还田模式的探讨[J].农业开发与装备(9):53.

赵长坤,王学春,吴凡,等,2021.油菜秸秆还田对水稻根系分布及稻谷产量的影响[J].应用与环境生物学报,27(1):96-104.

周学军,马可祥,2008.农作物秸秆还田模式的技术探讨[J].安徽农学通报,14(13):66-67.

BORIN M, MENINI C, SARTORI L, 1997. Effects of tillage systems on energy and carbon balance in north eastern Italy[J].Soil & Tillage Research, 40(3-4):209-226.

DAM R F, MEHDI B B, BURGESS M S E, et al., 2005. Soil bulk density and crop yield under eleven consecutive years of corn with different tillage and residue practices in a sandy loam soil in central Canada[J]. Soil & Tillage Research, 84(1):41-53.

LAL R, REICOSKY, D C, HANSON J D, 2007. Evolution of the plough over 10,000 years and the rationale for no-till farming[J]. Soil & Tillage Research, 93:1-12.

第五章　秸秆腐解特征

特征是一事物异于其他事物的特点。

——百度百科

湖北省农业科学院植保土肥研究所张志毅博士等采用网袋法，研究在大田稻麦轮作的实际生产条件下，水稻秸秆和小麦秸秆腐解及养分释放动态变化，明确秸秆还田后腐解过程和碳、氮、磷、钾养分的释放特征，以期为稻麦轮作区秸秆还田后，腐熟剂的应用和养分管理提供理论依据。

试验在国家农业环境潜江观测实验站进行，设置4个处理，每个处理3次重复：①小麦秸秆（CK-W）；②小麦秸秆添加秸秆腐熟剂（SDA-W）；③水稻秸秆（CK-R）；④水稻秸秆添加秸秆腐熟剂（SDA-R）。腐熟剂为市售常规秸秆腐熟剂（添加量为0.1%），主要成分为枯草芽孢杆菌、黑曲霉和木霉菌。麦秆还田后第5 d、10 d、20 d、30 d、40 d、50 d、60 d、70 d、80 d、90 d、100 d、110 d取样，共12次，取72袋；稻秸还田后第5 d、10 d、20 d、30 d、40 d、50 d、60 d、80 d、100 d、120 d、140 d、160 d、180 d、200 d时取样，共14次，取84袋。每次取样均为3个重复。取样后，样品经洗净、60℃烘干，称重后测定主要养分。采用综合热分析仪，分别获得热重（TG）曲线和热重微分（DTG）曲线。

第一节　秸秆腐解过程

一、秸秆重量变化

添加和未添加腐熟剂的小麦秸秆腐解速率、残留量、累积腐解率的变化趋势基本一致。根据腐解速率的快慢，小麦秸秆腐解过程可以分为三个时期：快速腐解期（0~10 d）、中速腐解期（10~30 d）、缓慢腐解期（30~110 d）（图5-1a）。水稻生育期内，CK-W和SDA-W处理小麦秸秆平均腐解速率分别为

0.72%/d 和 0.75%/d，腐熟剂一定程度上提高小麦秸秆平均腐解速率。由图 5-1b 可知，小麦秸秆快速腐解期干物质残留量快速减少，在埋袋第 10 d 时，各处理干物质残留量为 6.5~6.7 g，累积腐解率为 29.0%~31.3%。埋袋后 10~30 d，CK-W 和 SDA-W 的干物质残留量分别降低至 5.73 g 和 5.67 g，累积腐解率达到 39.72%和 40.28%。埋袋后 30~110 d，CK-W 和 SDA-W 的干物质残留量分别在 4.12~5.47 g 和 3.77~5.38 g，在第 110 d CK-W 和 SDA-W 处理的累积腐解率达 57.58%和 59.26%。秸秆腐熟剂略微降低缓慢腐解期小麦秸秆残留量，整体上在水稻生育期内秸秆腐熟剂对小麦秸秆的促腐效果较弱。

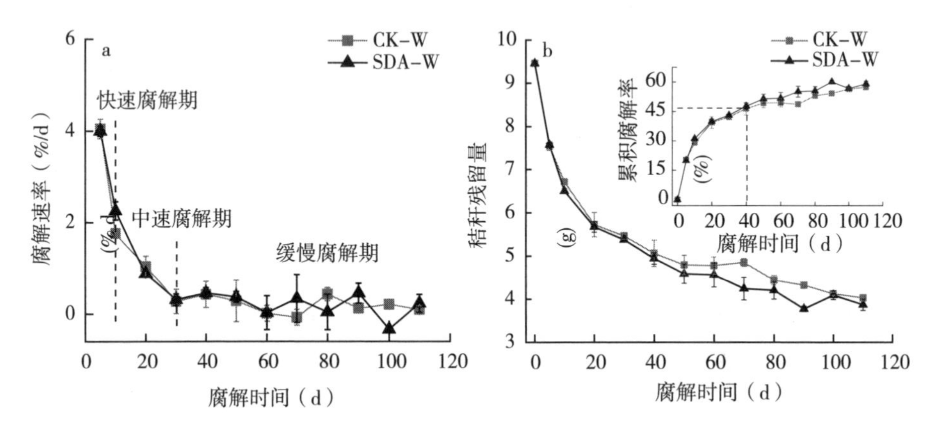

图 5-1　小麦秸秆腐解速率（a）、残留量和累积腐解率（b）

注：CK-W，仅小麦秸秆；SDA-W，小麦秸秆配施腐熟剂。下同。

各处理水稻秸秆前期腐解速率远低于小麦秸秆，其快速腐解期为 0~10 d，中速腐解期为 10~50 d，缓慢腐解期为 50~200 d（图 5-2a）。小麦生育期内，CK-R 和 SDA-R 处理水稻秸秆平均腐解速率分别为 0.84%/d 和 0.87%/d，秸秆腐解菌剂并未显著提高水稻秸秆的平均腐解速率。由图 5-2b 可知，在埋袋后 10 d 时 CK-W 和 SDA-W 干物质残留量分别为 7.48 g 和 7.52 g，累积腐解率为 21.21%和 20.84%。埋袋后 11~50 d，CK-W 和 SDA-W 的干物质残留量分别降低至 5.83 g 和 5.63 g，累积腐解率达到 38.68%和 40.74%。埋袋后 50~200 d，CK-W 和 SDA-W 的干物质平均残留量分别为 4.45 g 和 4.20 g，累积腐解率平均值为 73.00%和 73.60%。说明秸秆腐熟剂一定程度上降低缓慢腐解期水稻秸秆残留量，提高累积腐解率。

为进一步比较各处理秸秆的腐解动态，应用修正的 Olson 指数衰减模型进行拟合，k 为秸秆分解速率常数（k 值越大，分解速度越快）。小麦和水稻秸

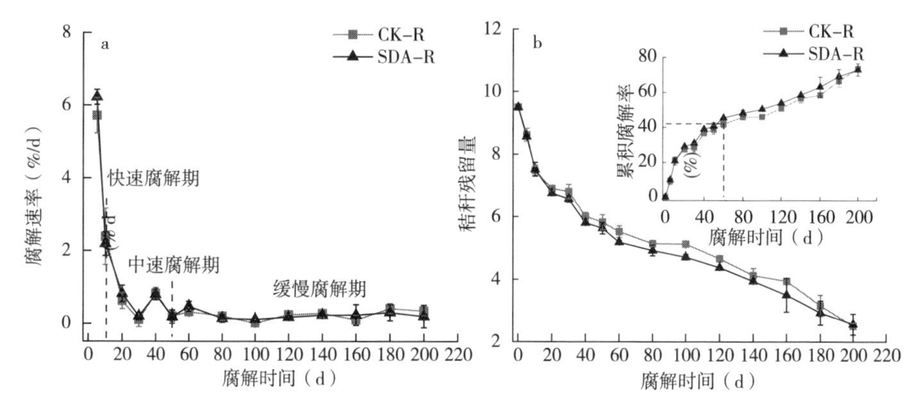

图 5-2　水稻秸秆腐解速率（a）、残留量和累积腐解率（b）

注：CK-R，仅水稻秸秆；SDA-R，水稻秸秆配施腐熟剂。下同。

秆残留率指数模型显示，当考虑秸秆全部腐解，添加腐熟剂处理的秸秆腐解速率高于未添加腐熟剂处理，小麦秸秆腐解速率高于水稻秸秆，各处理秸秆腐解速率依次为 SDA-W>CK-W>SDA-R>CK-R（表 5-1）。SDA-W 处理秸秆腐解速率比 CK-W 处理提高了 12.2%，SDA-R 处理秸秆腐解速率比 CK-R 处理提高了 9.1%。秸秆腐解 50%（T_{50}）和 95%（T_{95}）所需的时间与秸秆腐解速率相关，秸秆腐解速率越大，腐解所需时间越短。小麦秸秆腐解 50%和 95%所需时间分别为 73~81 d 和 352~390 d，水稻秸秆腐解 50%和 95%所需时间分别为 93~101 d 和 480~516 d。添加秸秆腐熟剂后，秸秆腐解 50%和 95%所需时间比 CK 处理分别减少约 8 d 和 38 d，时间减少比率约为 10%和 8%。这说明秸秆腐熟剂对秸秆促腐效果是一个长期过程。

表 5-1　秸秆残留率指数模型

秸秆类型	处理	拟合方程	R^2	k	T_{50}（d）	T_{95}（d）
小麦秸秆	SDA-W	$y=0.912e^{-0.0083t}$	0.96	0.0083	73	352
	CK-W	$y=0.911e^{-0.0074t}$	0.95	0.0074	81	390
水稻秸秆	SDA-R	$y=0.869e^{-0.0060t}$	0.93	0.0060	93	480
	CK-R	$y=0.875e^{-0.0055t}$	0.93	0.0055	101	516

注：k，秸秆腐解速率常数；T_{50}，秸秆腐解率达 50%所需的时间；T_{95}，秸秆腐解率达 95%所需的时间。

二、秸秆养分释放特征

小麦秸秆养分释放特征见图 5-3。秸秆还田前 20 d 是碳素的快速释放阶段，碳素释放量达到约37%后进入缓慢释放阶段。整个水稻生育期内小麦秸秆总碳释放量约55%，秸秆腐解剂未对麦秆碳素释放产生影响。在水稻生育期内麦秆氮素释放率主要存在两个阶段，第一阶段为快速释放阶段，稻秆还田后0~20 d，释放率约为47%；第二阶段为吸附—释放阶段，麦秆还田20 d后，麦秆会缓慢吸附土壤中氮素，从而引起氮素释放率降低的现象，20~70 d，麦秆氮素释放率由47%逐渐降低至25%左右；麦秆还田70 d以后，麦秆中氮素逐渐释放，最终释放量达到29%~37%。水稻生育期内，秸秆还田20 d后，磷素释放率约为70%，之后会缓慢吸附土壤中磷素，导致磷素累积释放量逐渐降低，70 d以后，磷素释放率在35.6%~44.0%波动。麦秆钾素还田后会直接释放，腐解前10 d钾素释放量便超过98%。

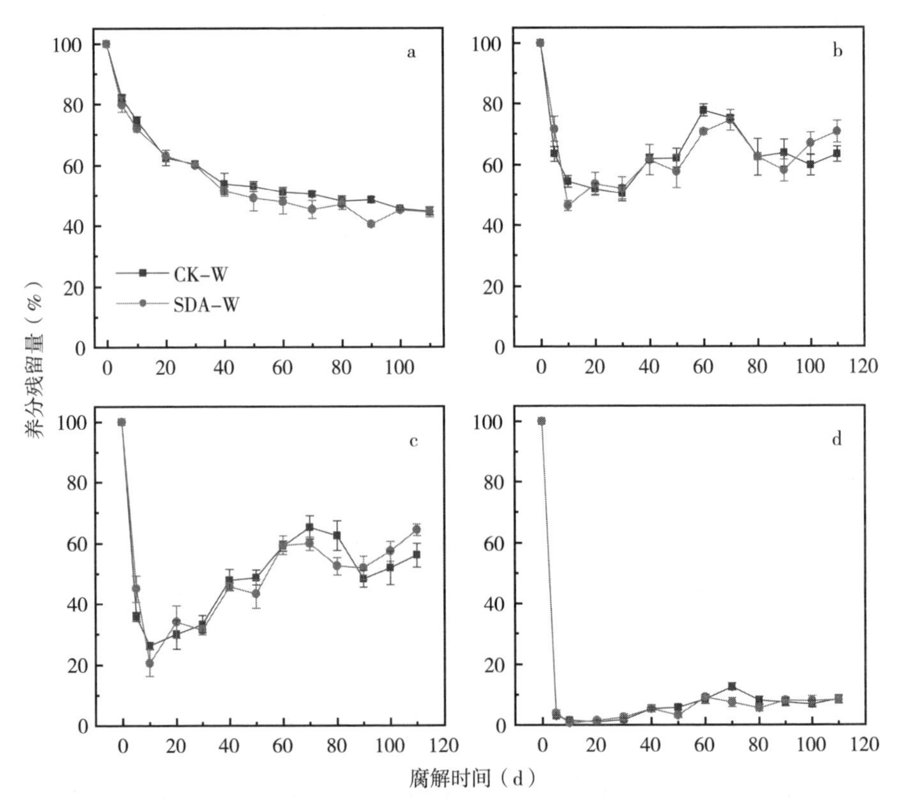

图5-3　小麦秸秆养分残留率随腐解时间的变化

注：a. 秸秆碳；b. 秸秆氮；c. 秸秆磷；d. 秸秆钾。

水稻秸秆养分释放特征见图5-4。秸秆还田前20 d是碳素的快速释放阶段，碳素释放量达到约30%之后进入缓慢释放阶段。整个小麦生育期内稻秆总碳释放量约为75%，秸秆腐熟剂对稻秆碳素释放影响不大。在小麦生育期内稻秆氮素释放量约为40%，主要存在3个阶段：第1阶段为快速释放阶段（0~40 d），氮素释放率可达21.4%~31.88%；第2阶段为稳定阶段（40~140 d），该阶段氮素基本不再释放；第3阶段为缓慢释放阶段（140~200 d），该阶段氮素释放量约为20%。整体上，秸秆腐解第1阶段和第2阶段SDA-R氮素释放量高于CK-R处理，提升幅度约为10%。在小麦生育期内，稻秆磷素释放量约为60%，前80 d为快速释放阶段，释放量约为50%，80~200 d为缓慢释放阶段，释放量约为10%。腐熟剂提高稻秆50~100 d磷素的释放量，但并未提高磷素总释放量。对于钾素而言，稻秆还田10 d后钾素释放量便超过90%，总释放量超过98%。

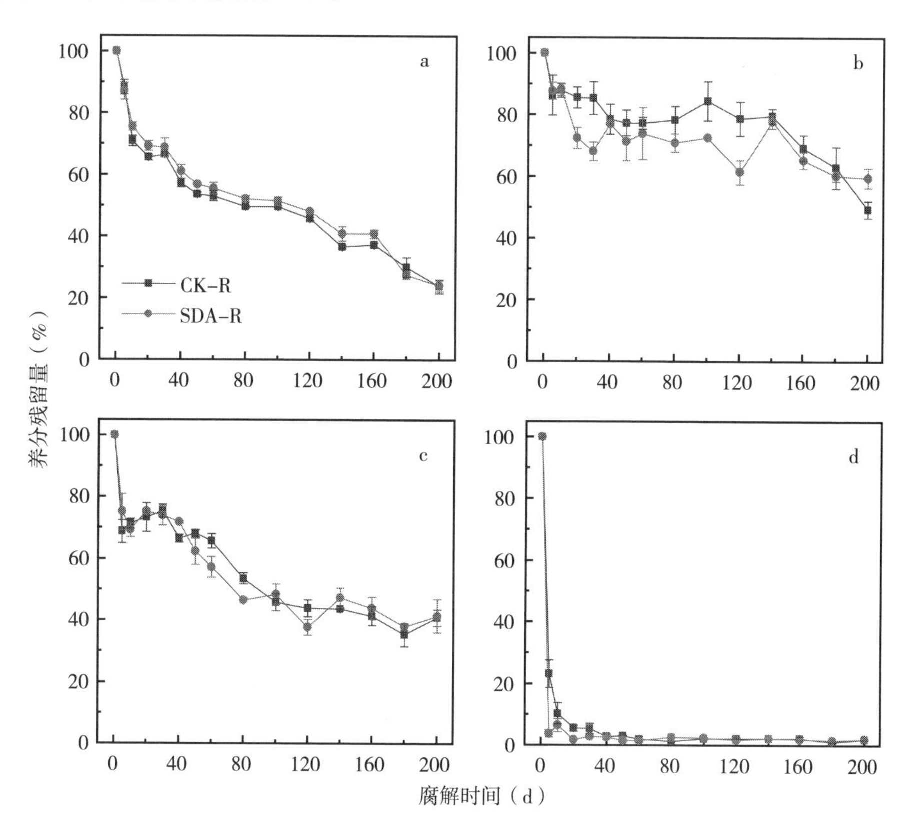

图5-4　水稻秸秆养分残留率随腐解时间的变化

注：a. 秸秆碳；b. 秸秆氮；c. 秸秆磷；d. 秸秆钾。

三、秸秆结构变化

（一）SEM 图谱

在腐解初期（埋袋后第 5 d），小麦秸秆侧切面多为四边形、六边形等多边形性状，性状边缘结构完整。随着埋袋时间增加，小麦侧切面多边形结构逐渐破裂（图 5-5）。首先表现为多边形中心区域逐渐裂开并形成空洞（埋袋后第 20 d），接着多边形表面膜全部消失（埋袋后第 30 d）。在埋袋后第 50 d，小麦秸秆侧切面多边形性状基本消失，形成卷曲、絮状结构。

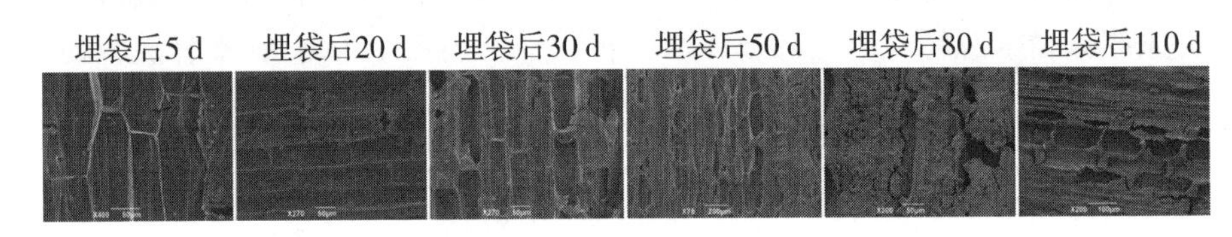

图 5-5　小麦秸秆腐解过程 SEM 图谱（侧切面）

在埋袋后 50 d 内，小麦秸秆横切面空管结构完整，未发生明显破损（图 5-6）。随着腐解时间增加，在埋袋后第 80 d 时，小麦秸秆横切面厚度以及空管结构逐渐减小。在埋袋后第 110 d，横切面厚度进一步变薄，空管结构逐渐扁平化，外表面发生卷曲。结合侧切面小麦 SEM 图谱可知，小麦秸秆腐解过程主要是由内向外逐渐降解的过程。

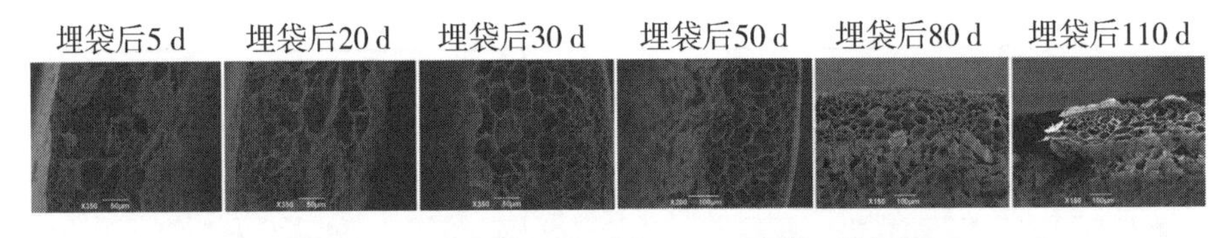

图 5-6　小麦秸秆腐解过程 SEM 图谱（横切面）

由于水稻秸秆横切面结构破损较大，无法进行 SEM 观测，本研究水稻秸秆仅分析侧切面结果。水稻秸秆埋袋后 5 d 时，水稻秸秆侧切面主要是四边形结构，表面平整（图 5-7）。埋袋后第 30 d，四边形结构基本消失，形成无序丝状或网络化结构。埋袋后 120 d，侧切面部分区域出现较大面积塌陷，可以看到塌陷区域丝状结构。说明随着腐解时间增加，水稻秸秆内表面结构逐渐消失，发生层层递进的腐解过程。

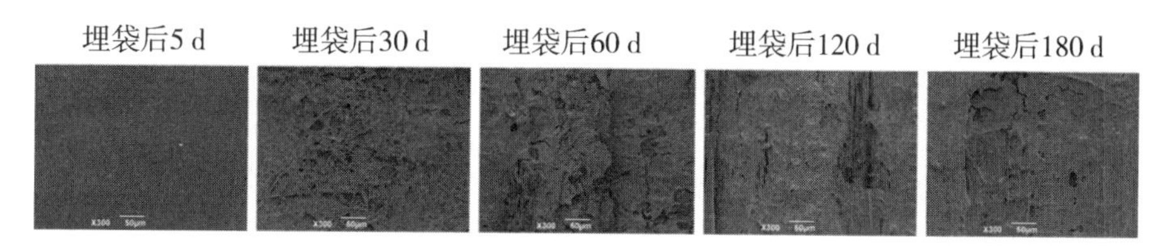

图 5-7　水稻秸秆腐解过程 SEM 图谱（侧切面）

（二）热重分析

所有样品的热解起始温度在 200～250℃，质量变化主要发生在 250～400℃，之后样品质量有少量降低（图 5-8）。根据 DTG 曲线中质量变化最大速

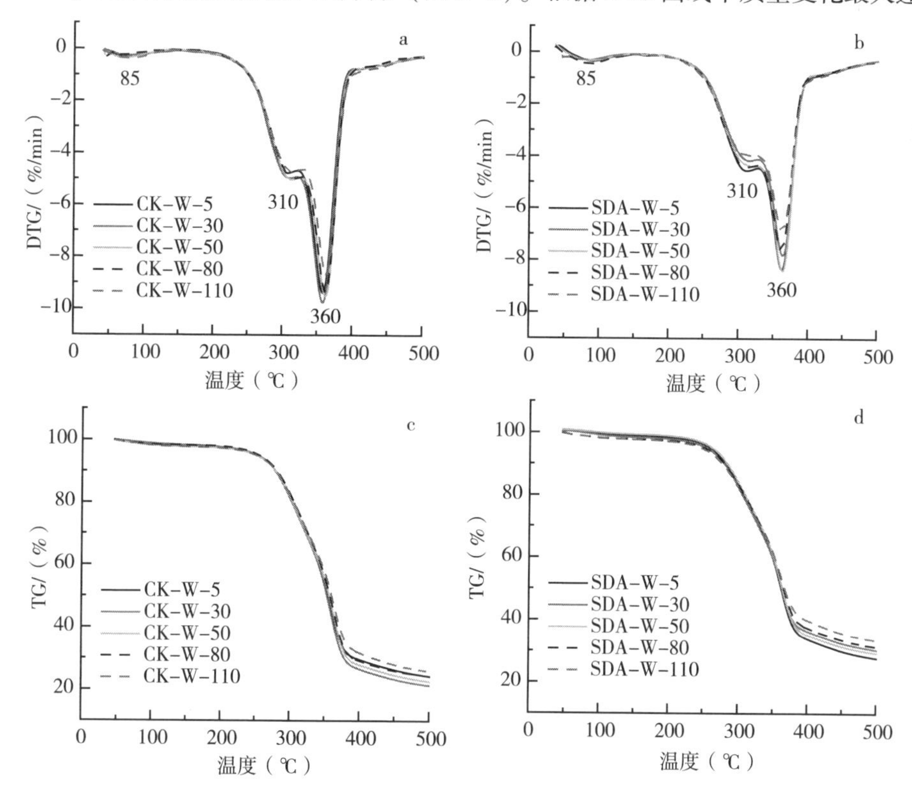

图 5-8　小麦秸秆 TG-DTG 曲线

注：a. 未添加秸秆腐解剂的 DTG 曲线；b. 添加秸秆腐解剂的 DTG 曲线；c. 未添加秸秆腐解菌剂的 TG 曲线；d. 添加秸秆腐解剂的 TG 曲线；CK-W-5、CK-W-30、CK-W-50、CK-W-80、CK-W-110 代表仅小麦秸秆还田腐解第 5 d、30 d、50 d、80 d、110 d；SDA-W-5、SDA-W-30、SDA-W-50、SDA-W-80、SDA-W-110 代表添加腐解剂的小麦秸秆还田腐解第 5 d、30 d、50 d、80 d、110 d。

率峰划分作物秸秆 TG 曲线的热反应阶段。小麦秸秆分为四个失重阶段：85℃、200~310℃、310~400℃、400~500℃。85℃左右的失重是由作物秸秆中水分散失造成的；200~300℃的失重是由于半纤维素发生分解；300~400℃是纤维素发生分解；木质素较难分解，400~500℃阶段的失重是由于木质素等难分解的物质分解挥发所致。小麦秸秆 200~310℃阶段失重 18.12%~21.72%，310~400℃阶段失重 38.46%~49.46%，400~500℃阶段失重 4.84%~6.36%。CK-W 和 SDA-W 各腐解时期最大失重速率分别为 8.67%~9.74%/min 和 6.86%~8.27%/min，添加腐熟剂后降低小麦秸秆最大失重速率。

200~310℃范围小麦秸秆失重量与秸秆腐解时间呈线性关系，SDA-W 处理失重量略高于 CK-W 处理，添加秸秆腐熟剂后小麦秸秆失重量提高约 2%（图 5-9a）。说明 SDA-W 处理半纤维素含量较低，腐解剂促进小麦秸秆半纤

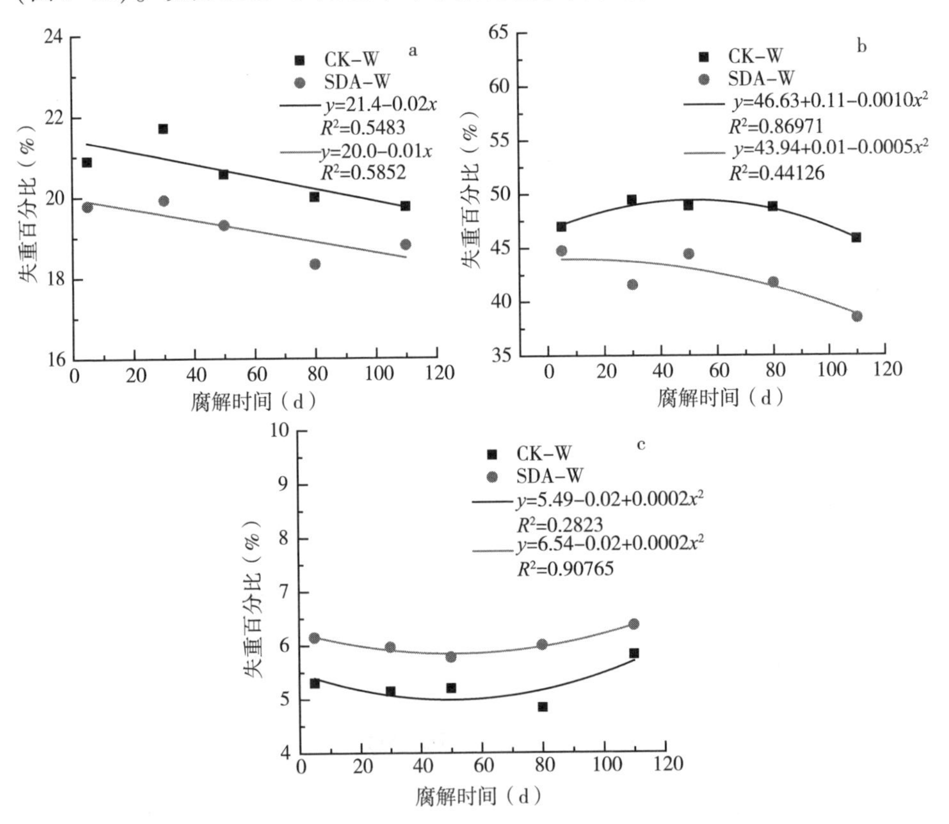

图 5-9　小麦秸秆各阶段失重百分比随腐解时间的变化

注：a. 200~310℃；b. 310~400℃；c. 400~500℃。

维素的分解。310~400℃范围内，CK-W 处理失重量在秸秆腐解前期升高后期降低，而 SDA-W 处理该阶段失重量前期稳定后期降低，该范围内 SDA-W 比 CK-W 处理的失重量降低约 5%（图 5-9b）。说明小麦秸秆纤维素腐解主要集中在缓慢腐解期，秸秆腐熟剂提高纤维素腐解量。400~500℃范围内，木质素含量相对稳定，各腐解时期失重量变幅在 0.5%左右（图 5-9c）。

DTG 曲线中除埋袋 5 d 时的样品外，水稻秸秆各个峰顶点的温度为：305℃和 355℃，大致分为四个失重阶段：75℃（或 85℃）、200~305℃、305~355℃、355~400℃（图 5-10）。水稻秸秆 200~305℃阶段失重 15.56%~

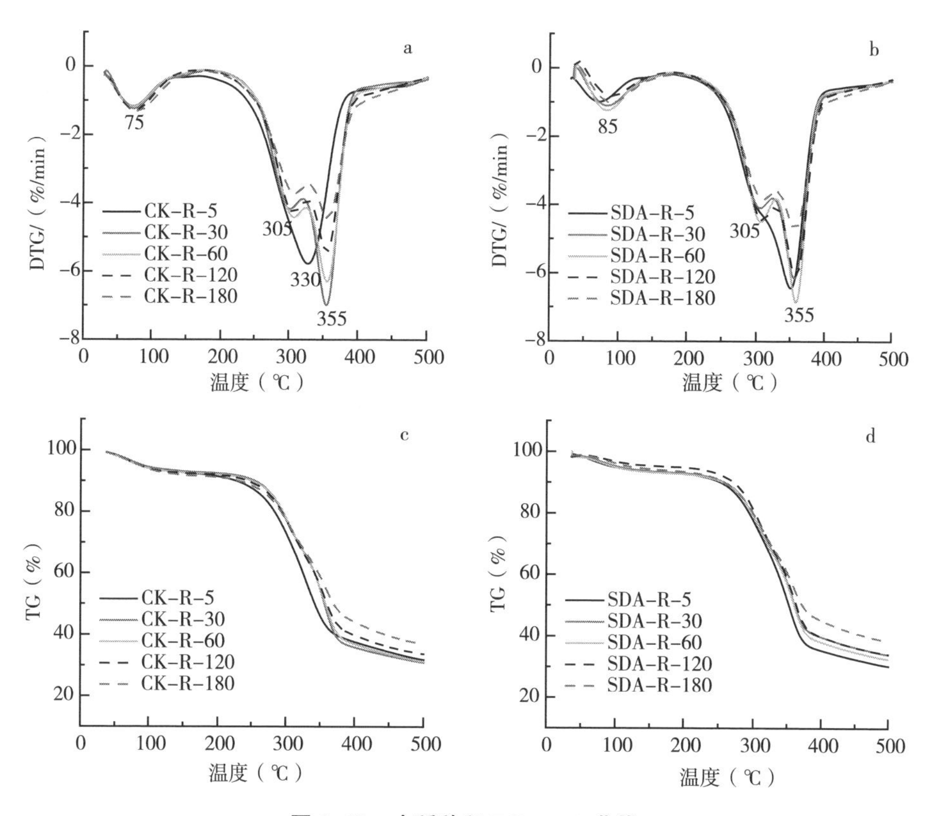

图 5-10　水稻秸秆 TG-DTG 曲线

注：a. 未添加秸秆腐解菌剂的 DTG 曲线；b. 添加秸秆腐解菌剂的 DTG 曲线；c. 未添加秸秆腐解菌剂的 TG 曲线；d. 添加秸秆腐解菌剂的 TG 曲线；CK-R-5、CK-R-30、CK-R-60、CK-R-120、CK-R-180 代表仅水稻秸秆还田腐解第 5 d、30 d、60 d、120 d、180 d；SDA-R-5、SDA-R-30、SDA-R-60、SDA-R-120、SDA-R-180 代表添加腐解剂后水稻秸秆还田腐解第 5 d、30 d、60 d、120 d、180 d。

20.76%，305～355℃阶段失重19.05%～26.75%，355～400℃阶段失重6.27%～16.46%。305～355℃是水稻秸秆主要失重阶段，CK-R和SDA-R的最大失重速率分别为7.00%/min和6.85%/min，添加腐熟剂对水稻秸秆最大失重速率的影响较小。

200～305℃和305～400℃范围，各腐解阶段CK-R处理失重量均低于SDA-R处理，不同腐解时期失重量的变化趋势呈二项式分布（图5-11）。其中，200～305℃范围失重量先快速降低后稳定，而305～400℃范围失重量前期稳定后期快速降低。说明水稻秸秆半纤维素腐解主要发生在快速和中速腐解期，纤维素腐解主要在缓慢腐解期。400～500℃失重量随着埋袋时间增加呈增加的趋势。说明在小麦生育期内，水稻秸秆中木质素因腐解缓慢而保留，随着

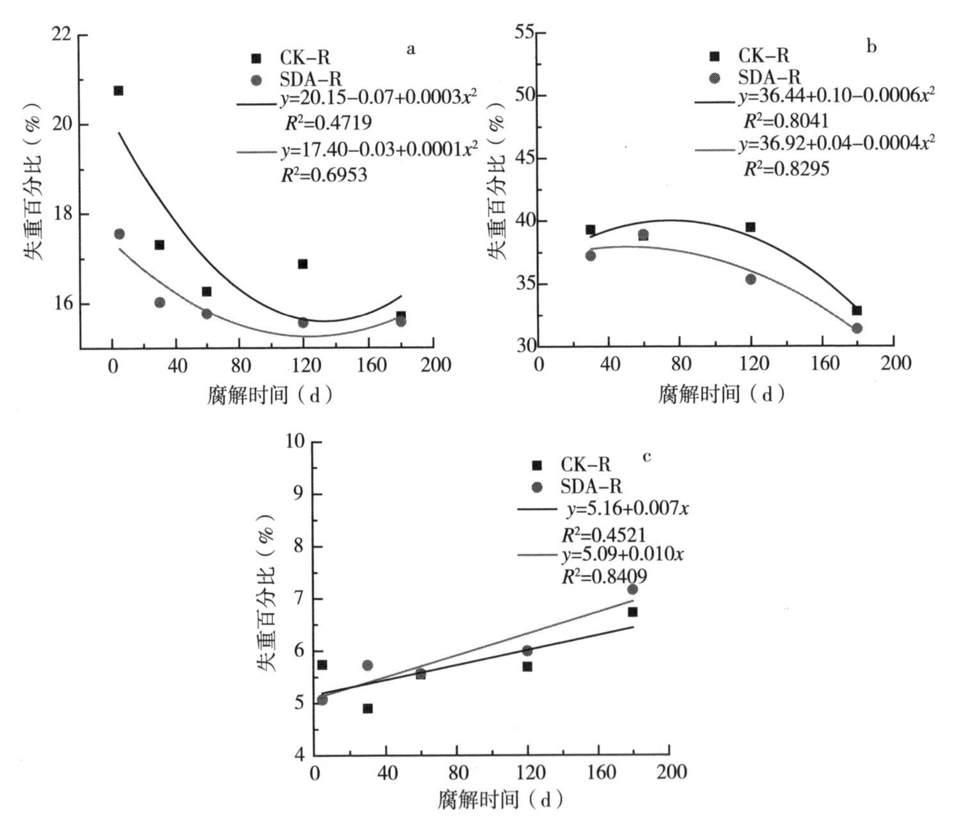

图5-11　水稻秸秆各阶段失重百分比随腐解时间的变化

注：a. 200～305℃；b. 305～400℃；c. 400～500℃。

纤维素和半纤维素快速腐解，导致木质素的比重随腐解时间增加而逐渐升高。TG-DTG曲线与作物秸秆种类和腐解时期有关，各阶段组分的百分含量与作物秸秆种类、干湿程度、C/N比及土壤温度和降水有关。由于小麦秸秆还田到水稻季，土壤湿度、气温和降水等条件较丰富；而水稻秸秆还田到小麦季，土壤湿度、气温、降水等条件较低。因此，造成小麦和水稻秸秆间热重曲线差异的原因需进一步研究。

水稻秸秆腐解半个月后其表面易降解物质降解和脱落，秸秆内部表面变得更粗糙，孔隙度增加，吸附水性能增强。因此，秸秆还田后，可以吸附土壤中的水溶液（李继福，2015），从而储存部分氮素。秸秆发生吸附反应的类型主要包括物理吸附、化学吸附和离子交换吸附3种类型（Hernandez-Soriano等，2012）。物理吸附的主要区域位于细胞壁，主要成分为纤维素、半纤维素和木质素等，化学吸附和离子交换吸附主要来自秸秆中的含有羟基、羧基等官能团的大分子物质（刘平东，2018）。本研究中，小麦秸秆还田后0~10 d秸秆中氮素迅速释放，在秸秆腐解20~60 d出现秸秆氮素含量缓慢上升。热重分析能够表征秸秆各组分变化，80℃左右的失重是由作物秸秆中水分散失造成的（Smidt等，2005），200~300℃的失重是由于半纤维素发生分解，该物质较易被热解，产生挥发性物质；300~400℃是纤维素发生分解，该阶段的失重峰强度最大，表示作物秸秆中的纤维素含量比例较多，纤维素较半纤维素稳定（Hnilička等，2015）。小麦秸秆200~300℃失重量低于300~400℃，各腐解阶段小麦秸秆200~300℃缓慢降低，300~400℃失重量前期稳定、后期缓慢降低。表明腐解前期小麦秸秆半纤维素等易降解物质开始腐解，纤维素比半纤维素难腐解，纤维素在秸秆缓慢腐解期降解。信彩云等（2019）研究表明，小麦秸秆纤维素和半纤维素的平均释放速率呈现先降低后升高趋势，高峰出现在90~120 d。因此，在小麦秸秆腐解前期，水稻季淹水条件下秸秆粗糙表面内的纤维素和半纤维素出现吸附土壤溶液氮素的现象，导致20~50 d秸秆氮素含量升高。小麦秸秆腐解60 d时，310~400℃小麦秸秆失重量均出现降低趋势，随着小麦秸秆纤维素开始腐解，半纤维素进一步降解，小麦秸秆氮素含量也表现出降低趋势。小麦秸秆腐解期内磷素释放率的规律与氮素相似，出现淋溶—富集—释放的过程。这也与李昌明等（2017）研究结果一致，寒温带及红壤和潮土秸秆腐解中，氮素和磷素的动态特征为先富集再释放。在小麦季，土壤中水分含量较低，水稻秸秆氮、磷、钾和碳含量均随腐解时间增加而降低，这与暖温带、中亚热带黑土旱地中秸秆养分释放规律一致。

综上所述，根据秸秆腐解速率，可以将两种秸秆腐解过程分为3个时期：

快速腐解期、中速腐解期、缓慢腐解期。小麦秸秆3个时期依次为0~10 d、10~30 d、30~110 d，水稻秸秆依次为0~10 d、10~50 d、50~200 d。在秸秆腐熟剂作用下，秸秆腐解率达50%和95%的时间缩短约8 d和38 d。水稻生育期内，小麦秸秆累积腐解率达到57%，秸秆氮和磷养分表现为淋溶—富集—释放，碳和钾表现为直接释放，释放率依次为钾（92%）>碳（55%）>磷（36%~44%）>氮（29%~37%）。小麦生育期内，水稻秸秆累积腐解率达到73%，秸秆养分均表现为直接释放，释放率依次为钾（98%）>碳（75%）>磷（60%）>氮（41%~51%）。水稻季还田秸秆在20~60 d，会吸附—富集土壤溶液中氮和磷，伴随着秸秆中纤维素和半纤维素逐渐腐解，富集的部分氮、磷会再释放到土壤中。秸秆腐熟剂提高小麦季水稻秸秆缓慢腐解期氮和磷的释放量和释放速率，氮素和磷素释放量提高10.0%和4.7%。秸秆腐熟剂主要加速小麦和水稻秸秆半纤维素和纤维素腐解。由于水稻季秸秆腐解前期存在氮素富集的现象，因此实际生产中应注重水稻生育前期氮素补给。

第二节　秸秆腐解中的激发效应

秸秆还田后不仅自身在微生物作用下发生腐解，同时也带动土壤有机质周转发生改变。Kuzyakov 等（2000）将这种向土壤中添加外源有机质而引起土壤有机质周转发生强烈而短期改变的现象称为激发效应（priming effect，PE），该现象在自然界各类生态系统均普遍存在，是联系土壤有机碳收支过程之间的关键环节，对于土壤有机碳库的积累和稳定具有重要意义。激发效应根据释放碳的来源可以分为表观激发（apparent PE）（De Nobili 等，2001）和真实激发（real PE）。表观激发效应是由微生物利用外源有机物质提高代谢水平和生物量周转速率而产生的碳释放（Blagodatsky 等，2010），而真实激发效应来自土壤有机碳的分解。外源有机物加快土壤有机碳的矿化，产生正激发效应，但也会减缓土壤有机碳的矿化，产生负激发效应（Blagodatsky 等，2010）。激发效应主要存在于植物的根际（rhizosphere）、碎屑周际（detritusphere）、生物间隙（biopores）以及团粒表面（aggregate surface）等土壤中的微生物活性热区，并受到外源有机质种类（Dalenberg 和 Jager，1989）、微生物种类和结构（Bell 等，2003）、土壤类型和深度（Kuzyakov 等，2000）、环境因素等影响。秸秆还田作为农田土壤有机碳库的重要外部补充（Jin 等，2020），同时也引起土壤激发效应的产生。目前，众多研究者已经从共代谢（Fang 等，2018）、氮矿化（Shahbaz 等，2018）、化学计量比（Chen 等，2014）和微生物残体再利用

（Shahbaz 等，2017）等方面阐述了秸秆还田的发生和调控机制。

微生物是土壤有机质主要的分解者（杨钙仁等，2005），根据微生物对有机质分解能力不同，可将其分为 r 型和 K 型微生物。r 型微生物一般利用易分解有机碳源，K 型微生物可兼性利用易分解和难分解碳源（魏圆云等，2019）。在外源有机质分解初始阶段，主要是 r 型微生物占主导地位（Mau 等，2014），此时微生物生物量提高很多但多样性下降。当外源有机质被利用耗尽时，K 型微生物占优势，真菌/细菌比增加（de Graaff 等，2010）。

土壤微生物及其分泌胞外酶的协同作用是土壤有机质矿化的关键。为进一步明确水稻秸秆还田后的激发效应起爆点，湖北省农科院生物农药工程中心胡洪涛博士于 2021 年在武汉通过室内盆栽试验，研究了土壤微生物及其酶活性的变化。试验分为 5 个处理：①空白对照；②秸秆还田；③葡萄糖处理；④秸秆还田+尿素；⑤秸秆还田+腐熟剂。试验结果发现，秸秆还田后第 13 d，土壤真菌丰度达到峰值，同时土壤脲酶、亚硝酸还原酶、土壤硝酸还原酶活性也达到了峰值；但土壤纤维素酶活性是在处理后第 8 d 就达到峰值。Shahbaz 等（2017）研究发现酶活性和微生物数量与秸秆分解密切相关，酶活性的增加进而促进周转速率较低的 K 型微生物对难分解的土壤有机质的矿化分解（张叶叶等，2021）。我们的结果显示土壤酶活性，尤其是纤维素酶活性先于土壤真菌的丰度增加，为水稻秸秆还田激发效应起爆提供物质基础，而真菌丰度高峰值应为 r 型微生物和 K 型微生物的转折点。

华中农业大学伍玉鹏博士等，基于农业农村部废弃物肥料化利用重点实验室基金项目，利用微宇宙模型开展为期 40 d 的培养实验，将土壤水分调至 20%WHC。定量水稻秸秆还田后，秸秆碳通过气体损失的量以及在土壤中残留的量，探究还田秸秆碳在土壤中的累积、迁移、转化规律，为进一步优化秸秆还田方式提供参考。具体方法为在土壤中混入 1 mm 的^{13}C 秸秆，在秸秆腐解过程中测定$^{13}CO_2$排放量，并在培养结束后测定土壤团聚体各组分中的^{13}C 含量。结果显示，整个培养期 CO_2累积排放量为 663 mg CO_2-C/kg，其中来源于秸秆碳的部分占总 CO_2 累积排放量的 54.1%，为 359 mg $^{13}CO_2$-C/kg，其他 CO_2累积排放量则来自激发效应引起的土壤有机质的矿化。培养结束后，土壤 TOC 含量为 19.5 g/kg，其中秸秆碳占比为 14.3%。团聚体分组显示，秸秆碳在<0.25 mm 团聚体中含量为 3.23 g/kg，占该粒级团聚体总碳含量的 15.7%，在 0.25~1 mm 团聚体中含量 2.43 g/kg，占该粒级团聚体总碳含量的 14.8%，在 1~2 mm 团聚体中含量 1.73 g/kg，占该粒级团聚体总碳含量的 11.5%，在>2 mm 团聚体中含量 1.65 g/kg，占该粒级团聚体总碳含量的 11.4%。整体来看，秸秆还田后，秸秆碳有 9.90%以 CO_2的形式进入大气，有 79.3%残留在土壤中，另有 10.8%在本研究中未明确去向。从土壤本身来看，大部分秸秆碳残留在 0.25~1 mm 的团聚体中，占总残留量的 38.7%，其次为<0.25 mm 的团聚体，占总残留量的 32.3%，在>2 mm 的团聚体中占比最小，占总残留量的 12.3%%。可以看出，秸秆碳仅有小部分通过 CO_2气体的形式进入大气，大部分秸秆碳仍保留在土壤中，且主要残留在 0.25~1 mm 的团聚体中。秸秆还田后原土壤来源有机碳仍然是土壤活性有机碳和团聚体的主要组成部分，大部分秸秆碳仍残留在土壤之中。

在秸秆还田引起的激发效应的过程中，土壤有机质的形成和周转非常复杂，在土壤有机质被矿化的同时，也有"新碳"的形成。首先，微生物利用作物秸秆中易被分解的简单碳源，并代谢产生胞外酶分解秸秆难降解组分，将部分秸秆碳转化为活性炭进而成为稳定碳库（Castellano 等，2015）。与此同时，土壤中与秸秆组成和结构类似的有机质被矿化分解（Fang 等，2018；张叶叶等，2021）。微生物分解和利用秸秆碳和土壤有机质，并将其转化为土壤微生物量碳，尽管其中一部分又被微生物生长所利用，部分通过复杂的作用机制转化为土壤有机质（Liang 等，2017），通过估算土壤有机质中与微生物相似化学基团的数量，发现微生物来源的有机质对土壤有机质的贡献占比可能达到 50%以上（Simpson 等，2007）。

参考文献

李昌明，王晓玥，孙波，2017.不同气候和土壤条件下秸秆腐解过程中养分的释放特征及其影响因素[J].土壤学报，54(5)：1206-1217.

李继福，2015.秸秆还田供钾效果与调控土壤供钾的机制研究[D].武汉：华中农业大学.

刘平东，2018.水稻、油菜还田秸秆氮素释放与吸附特征[D].武汉：华中农业大学.

魏圆云，崔丽娟，张曼胤，等，2019.土壤有机碳矿化激发效应的微生物机制研究进展[J].生态学杂志，38(4)：1202-1211.

信彩云，马惠，王瑜，等，2019.水旱轮作条件下稻麦秸秆腐解规律研究[J].山东农业科学，51(8)：75-78.

杨钙仁，童成立，张文菊，等，2005.陆地碳循环中的微生物分解作用及其影响因素[J].土壤通报(4)：605-609.

张叶叶,莫非,韩娟,等,2021.秸秆还田下土壤有机质激发效应研究进展[J].土壤学报,58(6):1381-1392.

BELL JM,SMITH JL,BAILEY VL,BOLTON H,2003.Priming effect and C storage in semi-arid no-till spring crop rotations[J].Biology and Fertility of Soils,37:237-244.

BLAGODATSKY S,BLAGODATSKAYA E,YUYUKINA T,et al.,2010.Model of apparent and real priming effects:Linking microbial activity with soil organic matter decomposition[J].Soil Biology and Biochemistry,42(8):1275-1283.

CASTELLANO M J,MUELLER K E,OLK D C,SAWYERJ E,SIX J,2015.Integrating plant litter quality,soil organic matter stabilization,and the carbon saturation concept[J].Global Chang Biology,21(9):3200-3209.

CHEN R R,SENBAYRAM M,BLAGODATSKY S,et al.,2014.Soil C and N availability determine the priming effect:Microbial N mining and stoichiometric decomposition theories[J].Global Change Biology,20(7):2356-2367.

DALENBERG JW,JAGER G,1989.Priming effect of soil organic additions to ^{14}C-labelled soil[J].Soil Biology and Biochemistry,21:443-448.

DE GRAAFF MA,CLASSEN AT,CASTRO HF,et al.,2010.Labile soil carbon inputs mediate the soil microbial community composition and plant residue decomposition rates[J].New Phytol,188(4):1055-1064.

DE NOBILI M,CONTIN M,MONDINI M,BROOKES PC,2001.Soil microbial biomass is triggered into activity by trace amounts of substrate[J].Soil Biology and Biochemistry,33:1163-1170.

FANG YY,NAZARIES L,SINGH BK,et al.,2018.Microbial mechanisms of carbon priming effects revealed during the interaction of crop residue and nutrient inputs in contrasting soils[J].Global Change Biology,24(7):2775-2790.

HERNANDEZ-SORIANO M C,JIMENEZ-LOPEZ J C,2012.Effects of soil water content and organic matter addition on the speciation and bioavailability of heavy metals[J].Science of The Total Environment,423:55-61.

HNILIČKA F,HNILIČKOVÁ H,HEJNÁK V,2015.Use of combustion methods for calorimetry in the applied physiology of plants[J].Journal of Thermal Analysis and Calorimetry,120(1):411-417.

JIN Z Q,SHAH T,ZHANG L,LIU H Y,PENG S B,NIE L X,2020.Effect of straw returning on soil organic carbon in rice-wheat rotation system:A review

[J].Food and Energy Security,9(2):e200.

KUZYAKOV Y, FRIEDEL J K, STAHR K, 2000. Review of mechanisms and quantification of priming effects [J]. Soil Biology and Biochemistry, 32: 1485-1498.

LIANG C,SCHIMEL J P,JASTROW J D,2017.The importance of anabolism in microbial control over soil carbon storage[J/OL].Nature Microbiology,2(8): 105.DOI:10.1038/nmicrobiol.

MAU R,LIU C,AZIZ M.et al.,2015.Linking soil bacterial biodiversity and soil carbon stability [J/OL]. ISME J, 9: 1477 - 1480. https://doi. org/10. 1038/ismej.2014.205.

SHAHBAZ M,KUMAR A,KUZYAKOV Y,et al.,2018.Priming effects induced by glucose and decaying plant residues on SOM decomposition: A three-source $^{13}C/^{14}C$ partitioning study [J]. Soil Biology and Biochemistry, 121: 138-146.

SHAHBAZ M,KUZYAKOV Y,SANAULLAH M,et al.,2017.Microbial decomposition of soil organic matter is mediated by quality and quantity of crop residues:Mechanisms and thresholds[J].Biology and Fertility of Soils,53(3): 287-301.

SIMPSON A J,SIMPSON M J,SMITH E,et al.,2007.Microbially derived inputs to soil organic matter:are current estimates too low? [J].Environmental Science and Technology,41(23):8070-8076.

SMIDT E,SCHWANNINGER M,2005.Characterization of waste materials using FTIR spectroscopy: Process monitoring and quality assessment [J]. Spectroscopy Letters,38:247-270.

第六章　秸秆直接还田效应

效应是指由某种动因或原因所产生的一种特定的科学现象。

——百度百科

秸秆直接还田是一种可持续的资源化利用方式，能够显著改善土壤物理结构、化学性状、生物学性状、农田环境和农学效应。本章以水稻—小麦轮作和小麦—玉米轮作制度下周年秸秆直接还田长期定位试验（以下简称稻麦轮作秸秆还田长期定位实验和麦玉轮作秸秆还田长期定位试验）的研究结果为主，结合短期秸秆直接还田试验和相关文献报道，系统阐述秸秆进入土壤后的变化，及这种变化对土壤物理性质、化学性质、生物学性质、温室气体排放及作物产量等的影响。

第一节　秸秆直接还田长期定位试验介绍

一、稻麦轮作秸秆直接还田长期定位试验

稻麦轮作制秸秆直接还田长期定位试验，位于农业农村部潜江农业环境与耕地保育科学观测实验站和国家农业环境潜江观测实验站（以下简称潜江实验站）。潜江实验站坐落于湖北省潜江市浩口镇柳洲村（N：30°22′55.1″；E：112°37′15.4″），属于亚热带季风气候，年平均降水量1 112 mm，年平均气温16.1℃，年平均日照时数1949—1988 h，无霜期280 d。所处地貌为冲积平原，土壤类型为河流冲积物母质发育的水稻土，土层深厚，质地轻壤。试验从2005年6月水稻季开始，共设置5个处理，每个处理4次重复，随机区组排列，试验小区面积20 m^2（表6-1）。

表 6-1 稻麦轮作周年秸秆直接还田长期定位试验设计

处理代号	试验处理内容
CK	不施肥、秸秆不还田
NPK	施化肥、秸秆不还田，其中水稻为 150-90-90 kg/hm^2 N-P_2O_5-K_2O、小麦为 120-75-60 kg/hm^2 N-P_2O_5-K_2O
S	不施肥，每季秸秆还田量为 6 000 kg/hm^2
$NPKS_{1/2}$	施化肥、秸秆减量还田，施肥同氮磷钾，每季秸秆还田量为 3 000 kg/hm^2
NPKS	施化肥、秸秆还田，施肥同氮磷钾，秸秆还田量同 S

小区间用田埂隔开，区组间有固定的排灌沟，沟宽 40 cm，每个小区可独立排灌。试验开始前采集基础土样（0～20 cm），供试土壤基本理化性质为：pH 值，7.1；有机质，20.6 g/kg；全氮，1.53 g/kg；全磷①；全钾，19.1 g/kg；碱解氮，121 mg/kg；有效磷，19.2 mg/kg；速效钾，59.1 mg/kg；缓效钾，636 mg/kg；容重 1.20 g/cm^3。

试验氮、磷、钾肥分别用尿素（N 46%）、过磷酸钙（P_2O_5 12.1%）和氯化钾（K_2O 60%）。2011 年及以前，水稻和小麦均为氮肥 60%作底肥、40%作分蘖肥；自 2012 年起，水稻氮肥 60%作底肥、20%作分蘖肥、20%作穗肥，小麦氮肥施用时期不变。磷、钾肥全部作底肥施用。秸秆直接还田方法：水稻季将试验地附近田块的小麦秸秆用粉碎机粉碎，浇水充分润湿，按秸秆量 5%的比例加酵素菌及适量红糖、尿素、米糠，和秸秆混合均匀，盖上彩条布堆腐约 2 周，插秧前将秸秆均匀地撒在已整好的田面后栽秧；小麦季将试验地附近田块的稻草切成 6～10 cm 小段，同上述方法操作，堆腐 3～4 周，条播小麦后将秸秆均匀地撒在田面。田间试验情况见图 6-1。

2005 年开始，连续监测各处理土壤有机碳、氮、磷、钾等养分指标以及作物养分吸收状况；长期秸秆直接还田（13～14 年）后土壤容重和团聚体等物理结构变化，土壤微生物群落结构和线虫群落等微生物学特征；土壤氧化亚氮、甲烷和二氧化碳等温室气体排放过程。

二、麦玉轮作秸秆直接还田长期定位试验

麦玉轮作秸秆直接还田长期定位试验，位于湖北省襄阳市原种繁殖场（32°17′23″N，112°15′46″E），属于北亚热带季风气候，具有南北过渡和东西

① 未测定。

图 6-1　稻麦轮作周年秸秆直接还田长期定位试验地

兼顾的气候特点，年平均降水量 878 mm，年平均气温 15.2～16.0℃，年平均日照时数1 764 h，无霜期 242～252 d。地形地貌为丘陵岗地，试验土壤为第四纪沉积物发育而成的黄棕壤，质地重壤。定位试验于 2012 年 10 月小麦季开始。共设 7 个处理，每个处理 3 次重复，随机区组排列，试验小区面积为 27 m^2（表 6-2）。

表 6-2　玉米—小麦轮作周年秸秆直接还田长期定位试验处理

代号	试验处理内容
CK	不施肥、秸秆不还田
NPK	施常规氮磷钾肥、秸秆不还田
NPKM	等氮磷钾养分下化肥与有机肥配施
75%NS	秸秆全量还田，常规化肥减氮 25%
50%PS	秸秆全量还田，常规化肥减磷 50%
50%KS	秸秆全量还田，常规化肥减钾 50%
NPK+S	秸秆全量还田+常规氮磷钾肥

2012—2014 年，小麦和玉米季常规化肥的用量均为 N 270 kg/hm^2、P_2O_5 75 kg/hm^2和 K_2O 75 kg/hm^2；2014 年小麦季开始，常规化肥的氮肥用量减少为 N 210 kg/hm^2，磷肥和钾肥用量不变。肥料品种为复合肥（含 N 15%，P_2O_5 15%，K_2O 15%）、磷酸一铵（含 N 11%，P_2O_5 44%）和尿素（含 N 46%）。小麦和玉米季磷肥均作基肥一次性基施，氮、钾肥的 60% 作基肥，

40%在拔节初期作追肥。秸秆直接还田方式：小麦和玉米秸秆粉碎后全量还田。试验开始时 0～20 cm 土层有机质 13.19 g/kg，全氮 0.99 g/kg，全磷 0.36 g/kg，全钾 11.2 g/kg，碱解氮 102.2 mg/kg，速效磷 25.3 mg/kg，速效钾 138 mg/kg，pH 值 5.8。田间试验情况见图 6-2。

图 6-2　玉米—小麦轮作周年秸秆直接还田长期定位试验地

2012 年开始，连续监测各处理土壤有机碳、氮、磷、钾等养分指标以及作物产量和养分吸收状况；长期秸秆直接还田（7 年）后土壤容重和团聚体等物理结构变化，土壤微生物群落结构和土壤氮素转化初级速率。

第二节　秸秆直接还田对土壤物理性状的影响

土壤形态结构、松紧状况等物理性状影响着土壤颗粒的胶结，反映了土壤中水、肥、气、热等因素的变化和供应情况。一般以土壤容重、孔隙度和团聚体等指标表示土壤物理性状，体现土壤肥力。其中，土壤养分转移和作物根系生长受土壤容重和孔隙度的影响，而土壤团聚体是提供土壤水分和养分的储存场所。

一、秸秆直接还田条件下土壤团聚体时空变化

土壤颗粒按不同形式排列、堆积、复合形成土壤团聚体，也就是土壤的结构体。团粒间孔隙大小适中，在协调土壤水分、空气、养分消耗和累积的矛盾中发挥重要作用。土壤团聚体是土壤的“小水库”“小肥料库”，同时能调解土壤温度、改良土壤的可耕性、改善植物根系的生长条件。团聚体数量的多少和质量的好坏，在一定程度上反映了土壤肥力的水平。

农业农村部废弃物肥料化利用重点实验室刘波博士等，研究了潜江实验站稻麦轮作秸秆直接还田长期定位试验 2018 年耕层土壤团聚体组成状况。结果表明：稻麦轮作系统，秸秆直接还田对土壤团聚体组成具有显著影响，能够显著促进大团聚体 $R_{0.25}$、平均质量直径（MWD）和几何平均直径（GMD）的提升。秸秆直接还田对土壤团聚体的影响随还田年限长短而不同。研究表明，$R_{0.25}$和 GMD 在秸秆直接还田 3 年后显著高于不还田处理，而 MWD 在秸秆直接还田 5 年后才显著高于不还田处理（张翰林等，2016）。在麦—玉系统中，短期内秸秆直接还田对团聚体稳定性影响不大，长期秸秆直接还田有利于提高较大级别团聚体氧化稳定性，降低小级别团聚体氧化稳定性（孙汉印等，2012）。稻麦轮作制秸秆直接还田 2 年后，小麦季秸秆还田处理 0. 25~2 mm 团聚体含量提高了约 4. 0%，<0. 053 mm 团聚体含量相比秸秆不还田处理降低了 8. 3%。水稻季，>2 mm 和 0. 25 ~ 2 mm 水稳性团聚体含量无显著变化，0. 053~0. 25 mm 团聚体含量略有提升。此外，秸秆直接还田后<0. 053 mm 团聚体整体上低于秸秆不还田处理，其中秸秆全量还田处理<0. 053 mm 团聚体降低量介于 4. 4%~8. 4%。因此，短期内秸秆全量还田水稻季和小麦季大团聚体（0. 25~2 mm和 0. 053~0. 25 mm）略有提升，并降低微团聚体（<0. 053 mm）含量，但秸秆直接还田对团聚体作用效果并不显著。稻麦轮作制秸秆直接还田 13 年后，与秸秆不还田处理相比，小麦季和水稻季秸秆还田处理均能增加大团聚体数量和降低微团聚体数量，其中 0. 25~2 mm 团聚体数量增幅最为显著，分别增加了 14. 76%和 26. 71%；<0. 053 mm 团聚体数量均有所降低，分别下降 35. 86%和 21. 84%。

此外，不同秸秆还田方式也会显著影响秸秆还田后土壤团聚体的形成。张志毅博士等在 2016—2018 年，于潜江实验站研究了添加不同外源有机物（秸秆和有机肥）后，土壤团聚体组成特征。结果表明，耕作和有机物的交互作用能够显著影响 0~20 cm 土层的团聚体组成。土壤胶结物质是影响土壤团聚体含量和稳定性的内在因素，而土壤团聚体的主要胶结剂包括有机质（含有机残体和菌丝等粗有机质）、黏粒和氧化物（史奕等，2002）。有机物的输入和耕作措施能够通过影响有机质组成来影响团聚体组成和稳定。水稻季秸秆直接还田配合旋耕措施，提高 0~20 cm 土层水稳性团聚体含量，而秸秆直接还田配合翻耕措施，降低土壤水稳性团聚体含量。研究表明，秸秆直接还田增加土壤水稳性和团聚体稳定性，但是翻耕对土壤结构破坏程度大于旋耕，降低表层土壤结构稳定性（苏思慧等，2018）。这主要是因为旋耕和翻耕措施对土壤的扰动深度有所差异，导致秸秆还田深度有所不同。翻耕处理耕深至 30 cm，秸秆主要分布在表层和深层土壤，而旋耕措施耕深约 15 cm，秸秆多分布于表层土壤。研究表明，稻麦秸秆直接还田深度 14 cm 时其腐解速率更快（刘世平等，2007；田慎重等，2010）。因此，秸秆分解过程为表层土壤提供更多胶结物质。田慎重等（2010）研究表明，秸秆直接还田配合旋耕，表层土壤的有机碳含量高于秸秆直接还田配合翻耕措施。秸秆直接还田配合旋耕措施能在短期内提高或保持 0~20 cm 土层水稳性团聚体含量。

土壤团聚体形成主要包括以下两个过程。①矿物质和次生黏土矿物颗粒，通过各种外力或植物根系挤压相互连结，凝聚成复粒或团聚体。②团聚体或复粒再经过有机胶结物质、多价金属离子的固定作用形成团聚体。秸秆还田主要通过使土壤中的细小土壤颗粒缔结成较大的微团聚体以改变土壤团聚体组成。一方面秸秆释放出的有机物质在微生物作用下形成腐殖质，能提高土壤胶结作用，有利于 0.25~1.00 mm 土壤微团聚体的形成；另一方面秸秆分解释放的有机物被矿物颗粒吸附、包被成团聚体内核，增加土壤团粒结构（张婷等，2018）。秸秆腐解向土壤输送的有机物包括碳水化合物、芳香族碳、脂肪族碳、酯类化合物和氨基类化合物。碳水化合物是土壤团聚体非常重要的黏合剂，对团聚体的形成和稳定起到很重要的作用。碳水化合物和脂肪族类组分与黏土矿物间相互作用，进而促进大团聚体形成。其中碳水化合物与黏土矿物的作用方式包括物理吸附、化学吸附和交换吸附，而脂肪族碳类组分一般通过范德华力与矿物表面作用（Oren 和 Chefetz，2012；郭景恒等，2000）。含有羧基和酚羟基的有机物主要通过吸附在金属氧化物表面增加土壤颗粒间胶结能力，促进团聚体形成。

二、秸秆直接还田对土壤容重的影响

容重是土壤松紧状况的度量，在一定程度上能够反映土壤的总孔隙度、毛管孔隙度、通气孔隙度等土壤通气透水条件。良好的土壤通气透水条件，不仅能够促进土壤微生物的活动，而且能够增强土壤养分的转化与运移，从而促进作物生长。因此，土壤容重是反映土壤物理性质的重要指标，常用于评价农业生产条件。湖北省农业科学院植保土肥研究所刘波博士等分别测定稻麦轮作制秸秆直接还田长期定位试验、玉米—小麦轮作周年秸秆直接还田长期定位试验、稻麦轮作不同秸秆直接还田量试验土壤容重、孔隙度等指标。

（一）麦玉轮作制下土壤容重变化

2019 年，采集麦玉轮作秸秆周年直接还田长期定位试验，小麦收获后 0~20 cm 土壤样品，分析土壤养分和容重特征。结果表明，7 年后不同施肥处理下土壤容重、总孔隙度和通气孔隙度也发生了变化（表6-3）。其中以75%N+S处理的土壤容重最低，且显著低于CK处理；NPK+S处理的总孔隙度和通气孔隙度最高，其中总孔隙度显著高于CK，通气孔隙度显著高于CK和NPK处理。土壤pH值表现为，秸秆全量还田（NPK+S、75%N+S）或NPK处理的土壤pH值相差不大，均是显著低于CK处理。75%N+S、NPK+S和NPK处理间在土壤pH值、土壤容重和总孔隙度上没有显著差异。

表6-3　秸秆直接还田7年后对土壤理化性质的影响

指标	处理			
	CK	NPK	NPK+S	75%N+S
pH值	6.27±0.46[a]	5.42±0.47[b]	5.01±0.28[b]	5.39±0.34[b]
有机碳（g/kg）	6.78±0.26[d]	8.41±0.57[c]	10.90±0.69[b]	12.48±1.01[a]
全氮（g/kg）	1.06±0.04[c]	1.37±0.09[b]	1.47±0.08[ab]	1.55±0.08[a]
铵态氮（mg/kg）	3.71±0.53[c]	28.32±5.04[a]	8.64±0.87[b]	17.64±8.14[ab]
硝态氮（g/kg）	2.70±0.33[c]	20.02±1.32[a]	9.25±1.28[b]	19.45±0.66[a]
速效磷（mg/kg）	10.0±1.6[b]	39.8±1.8[a]	47.5±4.0[a]	39.6±7.3[a]
速效钾（mg/kg）	105±15[b]	121±4[b]	228±14[a]	215±13[a]
土壤容重（g/cm^3）	1.43±0.04[a]	1.37±0.04[ab]	1.32±0.04[ab]	1.27±0.08[b]
总孔隙度（%）	45.98±3.21[b]	48.35±1.56[ab]	52.30±2.80[a]	52.03±3.05[a]
通气孔隙度（%）	2.66±1.65[c]	4.47±1.91[bc]	13.55±3.77[a]	8.97±2.30[ab]

注：小写字母表示不同处理间差异显著（$P<0.05$）。

（二）稻麦轮作制下土壤容重变化

2019年，对潜江实验站稻麦轮作制下秸秆周年直接还田的相关试验检测数据进行了分析，结果表明，长期秸秆直接还田对土壤容重、总孔隙度和毛管孔隙度有显著影响。与空白对照（CK）相比，单施秸秆（S）和秸秆与化肥配施（NPKS）容重降低10.92%~11.72%，总孔隙度增加9.69%~10.39%，毛管孔隙度增加10.03%~10.40%；与单施化肥（NPK）相比，单施秸秆（S）和秸秆与化肥配施（NPKS）容重降低5.23%~6.07%，总孔隙度增加4.14%~4.81%，毛管孔隙度增加4.74%~5.09%（表6-4）。不同处理之间通气孔隙度无显著差异。说明单施秸秆、秸秆与化肥配施均能显著降低土壤容重，显著增加土壤总孔隙度和毛管孔隙度，而对通气孔隙度无明显影响。

表 6-4　长期秸秆直接还田对土壤容重及土壤孔隙度的影响

处理	土壤容重（g/cm^3）	总孔隙度（%）	毛管孔隙度（%）	通气孔隙度（%）
CK	1.25 ± 0.01^{a}	53.00 ± 0.42^{c}	48.21 ± 0.86^{c}	4.80 ± 0.97^{a}
NPK	1.17 ± 0.02^{b}	55.83 ± 0.59^{b}	50.64 ± 0.88^{b}	5.19 ± 1.07^{a}
S	1.11 ± 0.03^{c}	58.14 ± 1.02^{a}	53.22 ± 0.51^{a}	4.92 ± 0.75^{a}
NPKS	1.10 ± 0.02^{c}	58.51 ± 0.85^{a}	53.04 ± 1.05^{a}	5.47 ± 0.67^{a}

注：小写字母表示不同处理间差异显著（$P<0.05$）。

第三节　秸秆直接还田对土壤化学性状的影响

土壤有机质、氮、磷、钾是土壤质量和土地可持续利用的评价指标，可以反映土壤肥力。秸秆是农业生产中重要的肥料来源和潜在的碳库来源。秸秆直接还田能提升土壤有机质含量和质量，增加速效养分含量和土壤氮素有效性等，改善农业生产力。

一、秸秆直接还田对农田系统碳的影响

农业农村部废弃物肥料化利用重点实验室刘波博士等，基于潜江试验站稻麦轮作长期定位试验研究发现：从秸秆还田第 3 年开始，秸秆还田处理有机质含量逐渐高于其他处理。2014 年，秸秆还田处理有机质含量比秸秆不还田处理提高了 1.4 g/kg（表 6-5）。稻麦轮作制下长期秸秆直接还田后，各粒级团聚体有机碳含量因粒径大小而有所差别。有机碳含量随着粒径减小呈现先增加后减小的趋势，>2 mm 和 0.25～2 mm 团聚体有机碳含量显著高于 0.053～0.25 mm和<0.053 mm 团聚体。与 NPK 处理相比，小麦季和水稻季 NPKS 处理中显著提高土壤总有机碳含量及>2 mm、0.25～2 mm 团聚体有机碳含量，小麦季增幅分别为 13.56%、10.94%、13.25%，水稻季增幅分别为 16.78%、16.60%、10.11%，而在<0.053 mm 团聚体中各处理间无显著差异。

表 6-5　全土和各粒级团聚体有机碳含量

季节	处理	全土	有机碳含量（g/kg）			
			>2 mm	0.25～2 mm	0.053～0.25 mm	<0.053 mm
小麦季	NPK	11.64 ± 0.38^{b}	12.94 ± 0.34^{Bb}	14.80 ± 0.62^{Ab}	10.77 ± 0.34^{Ca}	8.18 ± 0.26^{Da}
	NPKS	13.22 ± 0.39^{a}	14.36 ± 0.30^{Ba}	16.76 ± 0.21^{Aa}	11.06 ± 0.41^{Ca}	8.49 ± 0.13^{Da}

（续表）

季节	处理	全土	有机碳含量（g/kg）			
			>2 mm	0. 25~2 mm	0. 053~0. 25 mm	<0. 053 mm
水稻季	NPK	12. 39±0. 15^{b}	14. 34±0. 86^{Ab}	15. 36±0. 18^{Ab}	11. 57±0. 14^{Bb}	7. 06±0. 15^{Ca}
	NPKS	14. 47±0. 31^{a}	16. 72±0. 63^{Aa}	16. 91±0. 31^{Aa}	12. 93±0. 28^{Ba}	7. 77±0. 31^{Ca}

注：同一列中不同小写字母表示不同处理间差异显著（P<0. 05），而同一行中不同大写字母表示同一处理不同粒径团聚体间差异显著（P<0. 05）。下同。

长期秸秆直接还田后，>2 mm 和 0. 25~2 mm 团聚体有机碳储量均显著增加，小麦季增幅分别为 48. 45%、21. 92%，水稻季增幅分别为 15. 21%、30. 52%，但<0. 053 mm 团聚体有机碳储量显著降低，小麦季减少了 37. 76%，水稻季减少了 19. 86%（表 6-6）。从各粒级团聚体有机碳的分配比例来看，与 NPK 处理相比，秸秆还田增加了大团聚体（>0. 25 mm）有机碳储量的比例，但降低了 0. 053~0. 25 mm 和<0. 053 mm 团聚体有机碳储量的比例。其中 0. 25~2 mm 团聚体有机碳储量所占比例最大，占总有机碳储量的 52. 48%~58. 77%，其次为 0. 25~0. 053 mm 和<0. 053 mm 团聚体，>2 mm 团聚体有机碳储量最低。

表 6-6　全土和各粒级团聚体有机碳储量及分配比例

季节	处理	全土	有机碳储量及分配比例（t/hm^2）							
			>2 mm		0. 25~2 mm		0. 053~0. 25 mm		<0. 053 mm	
			储量	比例	储量	比例	储量	比例	储量	比例
小麦季	NPK	26. 44±0. 95^{a}	1. 51±0. 18^{Db}	5. 72	12. 11±0. 45^{Ab}	45. 79	7. 84±0. 37^{Ba}	29. 65	4. 98±0. 19^{Ca}	18. 84
	NPKS	28. 12±0. 33^{a}	2. 25±0. 18^{Ca}	7. 99	14. 76±0. 36^{Aa}	52. 48	8. 02±0. 38^{Ba}	28. 51	3. 10±0. 26^{Cb}	11. 02
水稻季	NPK	25. 82±0. 77^{a}	3. 12±0. 30^{Cb}	12. 10	12. 69±0. 26^{Ab}	49. 16	6. 84±0. 44^{Ba}	26. 49	3. 16±0. 09^{Ca}	12. 25
	NPKS	28. 19±0. 66^{a}	3. 60±0. 18^{Ca}	12. 77	16. 57±0. 63^{Aa}	58. 77	5. 47±0. 26^{Bb}	19. 42	2. 53±0. 10^{Cb}	8. 99

注：同一列中不同小写字母表示不同处理间差异显著（P<0. 05），而同一行中不同大写字母表示同一处理不同粒径团聚体间差异显著（P<0. 05）。

通过比较各粒级团聚体对土壤总有机碳储量变化的贡献率发现，与 NPK 处理相比，小麦季和水稻季 NPKS 处理增加了土壤总有机碳储量，增幅分别为 6. 37%和 9. 18%，未达到显著性差异。>2 mm 和 0. 25~2 mm 团聚体有机碳储量对土壤总有机碳储量变化的贡献较大，其中 0. 25~2 mm 团聚体贡献率最大，分别为 10. 04%和 15. 01%（表 6-7）。而<0. 053 mm 团聚体贡献率为负值，分别为 7. 11%和 2. 43%。因此，经过 13 年长期秸秆还田大团聚体有机碳含量及

储量得到显著增加，成为土壤总有机碳储量提升主要驱动力。

表 6-7　团聚体对总有机碳储量变化的贡献率

季节	土壤总有机碳储量变化		团聚体对总有机碳储量变化的贡献率（%）			
	变化量 Δ SOC (t/hm^2)	变化百分比 Δ SOC (%)	>2 mm	0. 25～2 mm	0. 053～0. 25 mm	<0. 053 mm
小麦季	1. 68	6. 37	2. 77	10. 04	0. 67	-7. 11
水稻季	2. 37	9. 18	1. 84	15. 01	-5. 29	-2. 43

秸秆碳在土壤中的分配和固定，受秸秆添加量和土壤肥力水平等因素的共同制约。秸秆添加提高了土壤以及大团聚体有机碳组分的含量。土壤有机碳主要贮存在大团聚体中，因此土壤大团聚体对于秸秆有机碳在土壤中的固定具有重要作用。低肥力水平土壤添加秸秆后不同团聚体组分有机碳含量提高幅度显著大于高肥力土壤，为土壤肥力的改善提供正反馈作用（徐香茹，2019）。

秸秆添加至 3 种性质差异较大的土壤（红壤土、褐土及黑土），结果表明，秸秆加入后，红壤和褐土中发生正激发效应，这两种土壤中有机碳结构简单、稳定性减弱；黑土中发生负激发效应，其中有机碳结构趋于复杂，稳定性增强。说明，外源秸秆加入会引起土壤中有机碳的分解。在有机质含量低、养分低的土壤中，发生正激发效应；在有机质含量丰富的土壤中，外源有机碳优先分解，即发生负激发效应（石含之等，2020）。

烷基碳与芳香碳可以表征难被微生物利用的碳化合物，是难以降解的较稳定有机碳组分。烷氧基碳、羰基碳（易分解碳组分）表示易被微生物代谢利用的易分解有机碳、不稳定有机碳。烷基碳/烷氧基碳比值可以反映秸秆腐质烷基化程度的高低和土壤有机碳的稳定性；脂族碳/芳香碳比值反映有机碳分子结构的复杂程度。王学霞等（2020）为揭示不同秸秆还田量对华北小麦—玉米轮作系统土壤有机碳官能团结构及稳定性的影响，研究了秸秆还田 5 年后土壤有机碳官能团结构、团聚体组成及有机碳含量、活性有机碳含量、土壤铁离子的变化。秸秆还田增加了烷氧基碳和羰基碳（易降解有机碳）相对含量，降低了烷基碳和芳香碳（难降解有机碳）相对含量。随还田量增加，烷基碳/烷氧基碳比值降低，而脂族碳/芳香碳比值未表现出明显变化。表明秸秆还田 5 年促使土壤中低烷基化的有机碳组分累积，增加了土壤有机碳不稳定性。

芳香度值反映土壤有机碳的稳定性，通常值越大有机碳稳定性越好。随还田量增加，芳香度值逐渐降低，表明秸秆还田可能暂时降低了土壤有机碳的稳定性。疏水碳/亲水碳比值反映土壤有机碳和团聚体结构的稳定性，其比值越大说明由团聚体作用引发的有机碳稳定性越高。秸秆还田 5 年后疏水碳/亲水碳比值显著下降，随着还田量增加，该比值明显降低，这表明有机碳稳定性随还田量增加而降低（王学霞等，2020）。

二、秸秆直接还田对农田系统氮的影响

（一）秸秆直接还田后土壤氮素供应特征

基于稻麦轮作制秸秆还田长期定位试验（试验处理见第六章第一节），2019 年开始，在水稻移栽后间隔 4 d 左右采集一次土壤样品，分析土壤硝态氮和铵态氮含量，评价水稻各生育时期土壤无机氮供应能力（图 6-3）。

水稻季土壤无机氮呈折线分布，施肥和晒田均会影响土壤无机氮供应。水稻移栽后，土壤无机氮含量由约 15 mg/kg 逐渐降低至约 5 mg/kg，追肥减缓土壤无机氮降低速率，但依然缓慢降低至 2.5 mg/kg，随着水稻开始分蘖，土壤无机氮逐渐升高至 15 mg/kg 左右。在晒田期间，土壤无机氮迅速降低，并在晒田结束后迅速提升至原有水平。在孕穗期至灌浆期土壤无机氮再次出现降低的趋势。由于本试验采取基肥：分蘖肥=6：4 的运筹方式，这也是农民长期采取的施肥方法。而通过对土壤无机氮的连续监测可知，孕穗期土壤无机氮供应能力会明显下降，这显然与水稻生长发育不匹配。因此在实际生产中，应考虑孕穗期的肥料施用。

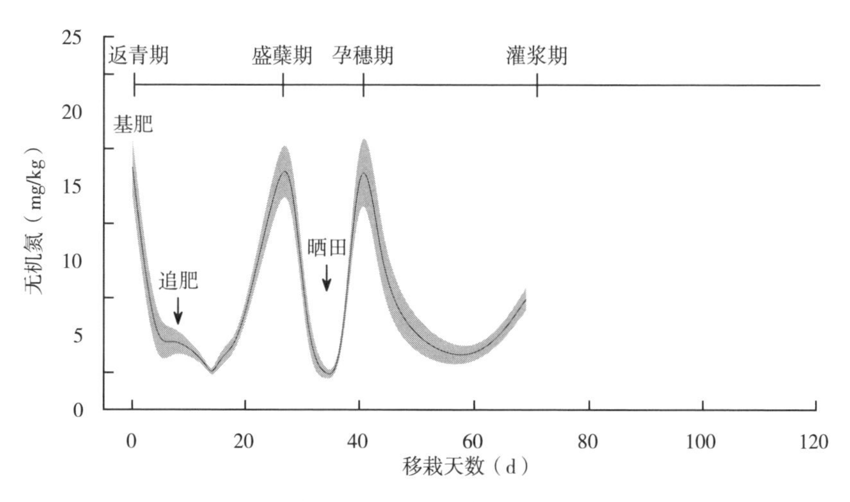

图 6-3　水稻生育期内土壤无机氮供应情况

水稻生育期土壤碱解氮分析表明，各处理水稻生育前期土壤碱解氮的含量

高于后期，在孕穗期至灌浆期间迅速降低（图 6–4）。施肥处理水稻生育前期土壤碱解氮含量高于不施肥处理，说明长期施肥提高土壤碱解氮供应能力，但是由于氮肥主要运筹在前期，预示着孕穗期和灌浆期可能出现土壤碱解氮供应不足的情况。

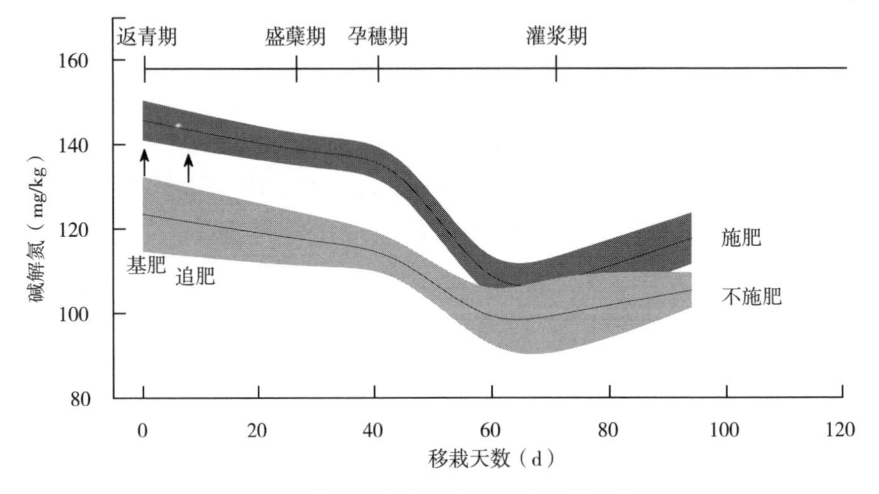

图 6–4　水稻生育期内土壤碱解氮供应情况

小麦播种后，土壤无机氮迅速降低至 20 mg/kg 左右，并一直维持至越冬期（图 6–5）。越冬期至拔节期土壤无机氮维持在 15 mg/kg 左右。土壤碱解氮的分析表明，越冬期至拔节期土壤碱解氮供应能力降低，这可能与冬季长期低温有关（图 6–6）。小麦拔节后，土壤无机氮和碱解氮供应能力逐步恢复。

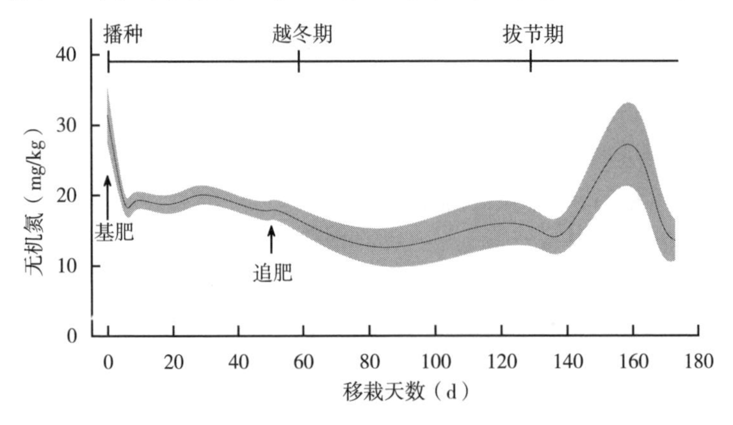

图 6–5　小麦生育期内土壤无机氮供应情况

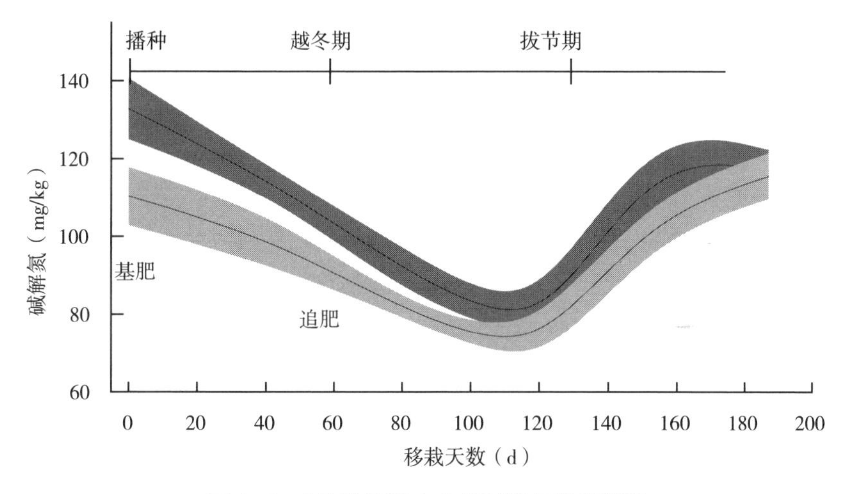

图 6-6 小麦生育期内土壤碱解氮供应情况

（二）秸秆直接还田对土壤氮素转化的影响

湖北省农业科学院植保土肥研究所刘威博士，以玉米—小麦轮作系统为研究对象，于 2019 年 5 月采集玉米—小麦轮作周年秸秆直接还田长期定位试验（试验设置见第六章第一节）土壤样品，采用$^{15}NH_4NO_3$和$NH_4{}^{15}NO_3$成对标记技术，结合马尔科夫链蒙特卡洛氮素转化模型（Markov Chain Monte Carlo，MCMC），研究了连续秸秆直接还田配施化肥对土壤氮素转化过程的影响。

供试土壤氮矿化速率介于 1.72~2.01 mg N/（kg · d），其中以秸秆全量还田配施氮磷钾肥（NPK+S）处理的土壤氮矿化速率为最高，而不施化肥、秸秆不还田（CK）处理的土壤氮矿化速率为最低，但是 4 个处理之间的土壤氮矿化速率无显著差异。各处理的土壤氮素矿化过程均以难分解有机氮矿化占比略高，占 58.1%~62.0%。而各处理土壤NH_4^+的同化主要进入难分解有机氮库中，占总同化速率的 64.6%~80.9%。不同施肥处理对土壤的NH_4^+吸附速率和释放速率有显著影响，其中以不施化肥、秸秆不还田（CK）处理的NH_4^+吸附和释放速率显著高于其他处理，而秸秆全量还田配施氮磷钾肥（NPK+S）、常规氮磷钾肥基础上减量 25%化肥 N+秸秆全量还田（75%N+S）与常规氮磷钾肥、秸秆不还田（NPK）处理间无显著差异。4 个处理土壤NH_4^+总消耗速率与总产生速率基本持平，导致NH_4^+净产生速率几乎为零。

不同施肥措施下土壤NO_3^-产生和消耗速率有所差异。常规氮磷钾肥基础上减量 25%化肥 N+秸秆全量还田（75%N+S）处理土壤的总硝化速率为最高，其次为秸秆全量还田配施氮磷钾肥（NPK+S）处理，两者显著高于秸秆不还田的NPK和CK处理。4个处理土壤硝化过程均以自养硝化为主，占99.4%~99.9%，其中常规氮磷钾肥基础上减量25%化肥N+秸秆全量还田（75%N+S）的自养硝化速率［2.91 mg N/(kg·d)］与秸秆全量还田配施氮磷钾肥（NPK+S）处理［2.50 mg N/(kg·d)］差异不明显，两者显著高于秸秆不还田的NPK［1.43 mg N/(kg·d)］和CK处理［1.61 mg N/(kg·d)］。4个处理的土壤异养硝化速率均很低［0.004~0.008 mg N/(kg·d)］，且无显著差异。各处理的土壤NO_3^-总产生速率均高于总消耗速率，因此土壤NO_3^-净产生速率均为正值。秸秆全量还田的75%N+S和NPK+S处理间土壤NO_3^-净产生速率相差不大，两者均显著高于秸秆不还田的NPK和CK处理。

综合分析结果表明，该试验地的土壤氮转化以硝化作用为主，土壤无机氮主要是以NO_3^-形式存在。连续7年秸秆全量还田（NPK+S和75%N+S）显著提高了自养硝化速率，从而显著提高了NO_3^-净产生速率。秸秆全量还田及秸秆全量还田基础上减施氮肥对土壤有机氮的矿化、NH_4^+和NO_3^-的微生物同化和异养硝化速率以及NH_4^+的吸收与释放速率无显著影响。氮转化速率与土壤理化性质的相关性分析结果表明，连续秸秆全量还田导致土壤有机碳、全氮和速效磷钾养分和土壤通气性的增加是提高土壤自养硝化速率的重要因素。

（三）秸秆直接还田后土壤氮素养分管理

在氮肥管理中，总施肥量一定前提下，基肥的比例会影响缓苗期和分蘖开始发生时间，从而影响分蘖期至分蘖盛期的时间。基肥用量增加，分蘖发生时间缩短，缓苗加快。因此，合理氮肥运筹，可以有利于提高作物养分吸收，增加作物产量。2019—2020年在潜江实验站开展了氮肥运筹试验。田间试验设置6个处理：①$N_{10\text{-}0\text{-}0}$PK，水稻和小麦季氮肥用量分别为180 kg/hm^{2}和150 kg/hm^2，全部基施；②$N_{7\text{-}3\text{-}0}$PK，氮肥用量同$N_{10\text{-}0\text{-}0}$PK，基肥和分蘖肥比例为7∶3；③$N_{7\text{-}0\text{-}3}$PK，氮肥用量同$N_{10\text{-}0\text{-}0}$PK，基肥和穗肥比例为7∶3；④$N_{4\text{-}3\text{-}3}$PK，氮肥用量同$N_{10\text{-}0\text{-}0}$PK，基肥、分蘖肥、穗肥比例为4∶3∶3；⑤$N_{增4\text{-}3\text{-}3}$PK；⑥$N_{0\text{-}0\text{-}0}$PK。水稻和小麦季氮肥用量分别为210 kg/hm^{2}和170 kg/hm^2，水稻和小麦季氮肥基肥用量分别为102 kg/hm^{2}和80 kg/hm^2，分蘖肥和穗肥用量同$N_{4\text{-}3\text{-}3}$PK。作物成熟后，秸秆粉碎后直接旋耕还田。开展不同氮肥管理条件下作物产量、养分吸收的研究。

1. 氮肥运筹方式对作物产量的影响

施入基肥后的第7 d，各处理水稻分蘖数未表现出明显的差异。水稻分蘖期，施用分蘖肥处理的水稻分蘖数量增加（图 6-7）。其中 N_{7-3-0}PK 和 N_{4-3-3}PK 处理分蘖数显著高于 N_{0-0-0}PK 处理，约增加了 2 个/穴。7 月 20—27 日（移栽后 26~33 d），施用氮肥处理的水稻分蘖数差距逐渐缩小。在抽穗期，

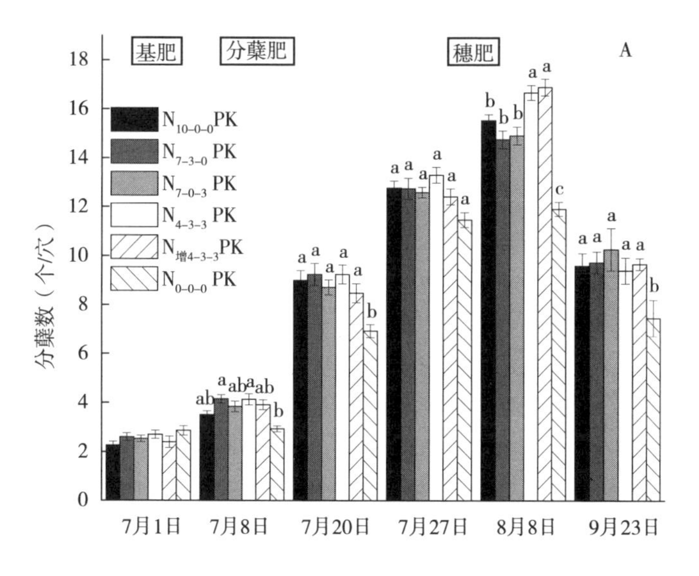

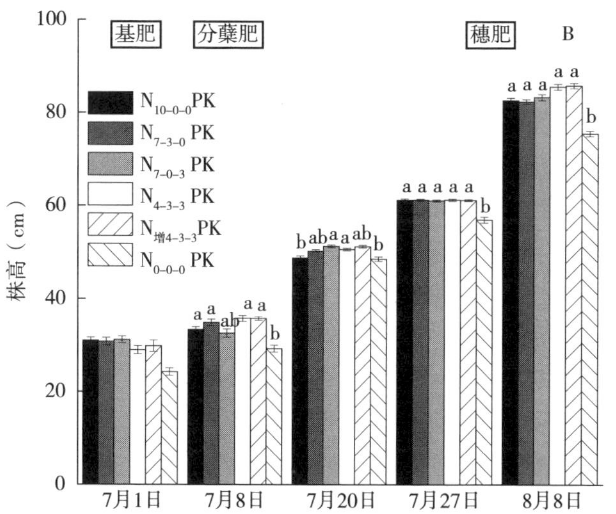

图 6-7　不同氮肥运筹条件下水稻分蘖和株高动态变化（2019 年）

注：7 月 1 日、7 月 8 日、7 月 20 日、7 月 27 日、8 月 8 日、9 月 23 日依次为移栽后 7 d、14 d、26 d、33 d、45 d、91 d。

N_{4-3-3}PK 和 $N_{增4-3-3}$PK 处理分蘖数显著高于 N_{10-0-0}PK、N_{7-3-0}PK 和 N_{7-0-3}PK 处理。可以看出，N 肥按基肥-分蘖肥-穗肥为 4：3：3 的比例进行施用可以显著提高水稻分蘖数，但提高基肥的施用量并不会增加水稻后期分蘖数。水稻成熟期（9 月 23 日的分蘖数为水稻的有效分蘖数），N_{7-0-3}PK 处理有效分蘖数达到最高，比其他处理提高约 1 个/穴。

由于氮肥运筹试验始于 2019 年，土壤基础肥力较高，因此水稻产量变幅较小，各处理在 2019 年水稻产量约为 7600 kg/hm^2（图 6-8）。施用氮肥后，小麦产量均呈增加趋势。相比 CK，N_{10-0-0}PK 产量增加幅度为 132%，N_{7-3-0}PK、N_{7-0-3}PK、N_{4-3-3}PK 产量相比 CK 增幅为 194%~220%；$N_{增4-3-3}$PK 小麦产量相比 CK 增幅为 243%。次年，施氮肥处理水稻产量远高于 CK 处理，水稻产量由高到低依次为 N_{7-0-3}PK≈N_{4-3-3}PK>$N_{增4-3-3}$PK>N_{10-0-0}PK>N_{7-3-0}PK。可见，在氮肥总量不变的条件下，分配部分氮肥作为穗肥后水稻产量得到提高，相对产量比 N_{10-0-0}PK 或 N_{7-3-0}PK 提高 10%左右。

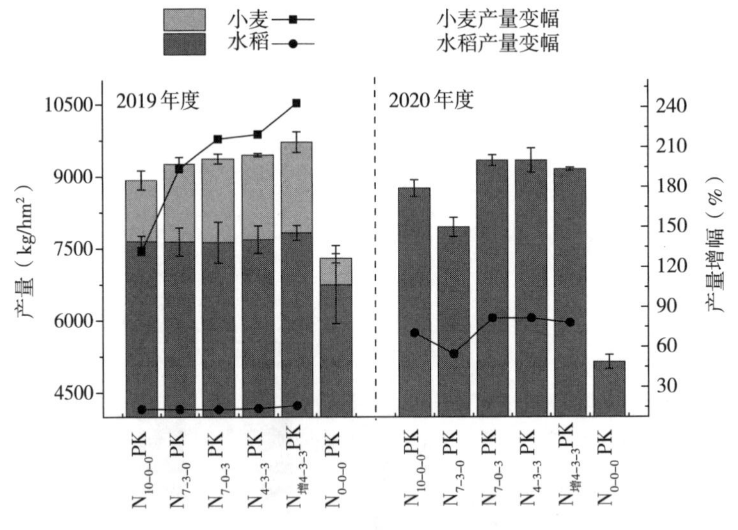

图 6-8　不同氮肥运筹方式的作物产量

2. 不同氮肥运筹对养分吸收的影响

不同氮肥运筹方式主要提高或降低生育期水稻对氮素的吸收，而对磷素和钾素的影响不大。水稻分蘖期植株氮素含量随氮肥用量增加而增加，表现为 N_{10-0-0}PK>N_{7-3-0}≈ N_{7-0-3}PK ≈>N_{4-3-3}PK≈$N_{增4-3-3}$PK>N_{0-0-0}PK（图 6-9）。而水稻盛蘖期水稻氮素含量表现为 N_{7-3-0}PK>N_{10-0-0}≈ N_{7-0-3}PK≈N_{4-3-3}PK≈

$N_{增4-3-3}PK>N_{0-0-0}PK$。随着水稻生长，在盛蘖期各处理氮素含量趋于一致。在孕穗期，施用穗肥的处理水稻氮素含量高于不施穗肥的处理，其中 $N_{4-3-3}PK$ 和 $N_{增4-3-3}PK$ 氮素含量在 1.90%～2.01%，比其他处理增加 0.29%～0.58%。$N_{7-0-3}PK$ 水稻孕穗期氮素含量为 1.80%，比不施用孕穗肥的处理氮素提高了 0.23%～0.44%。

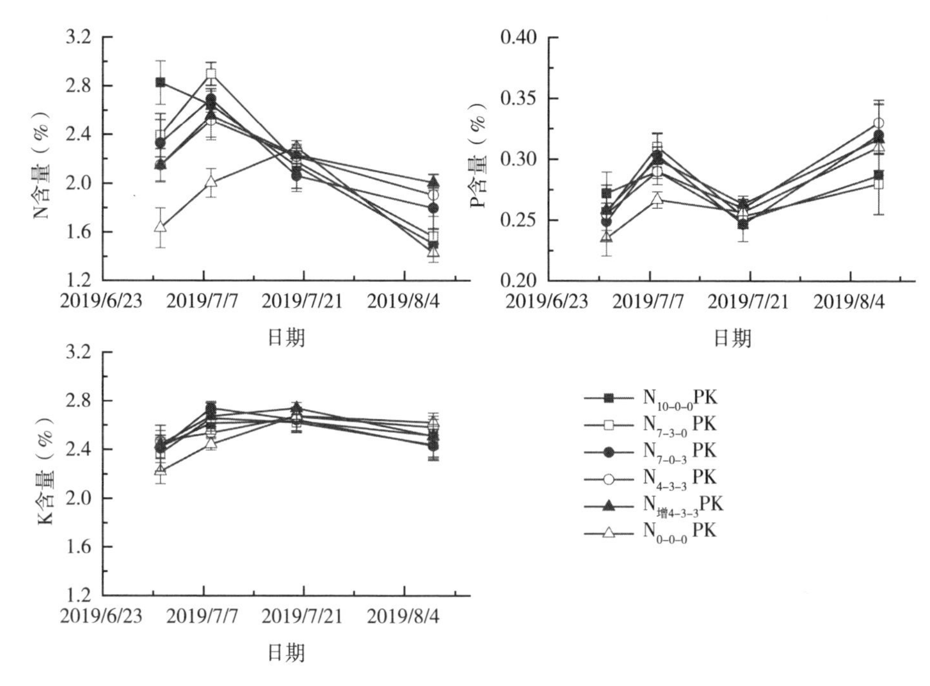

图 6-9　水稻生育期内养分吸收动态变化

注：7 月 1 日、7 月 8 日、7 月 20 日、7 月 27 日、8 月 8 日依次为移栽后 7 d、14 d、26 d、33 d、45 d。

不同氮肥运筹试验养分吸收情况见图 6-10。氮肥运筹主要影响籽粒和秸秆中氮素吸收量，其中 $N_{7-0-3}PK$、$N_{4-3-3}PK$ 和 $N_{增4-3-3}PK$ 处理氮素总吸收量高于其他处理，施用穗肥处理的水稻氮素总吸收量在 145.3～149.9 kg/hm^2、而其他处理约为 125 kg/hm^2。说明施用穗肥有利于促进水稻对氮素吸收，提升量在 20～25 kg/hm^2。

土壤氮素主要以有机态氮的形式存在，无机氮仅为土壤总氮的 1%，大多数氮素必须经过土壤动物和微生物的分解和矿化作用，才形成可以被作物直接利用吸收的矿质氮，这也是作物获得有效态氮的重要途径，氮矿化速率决定了

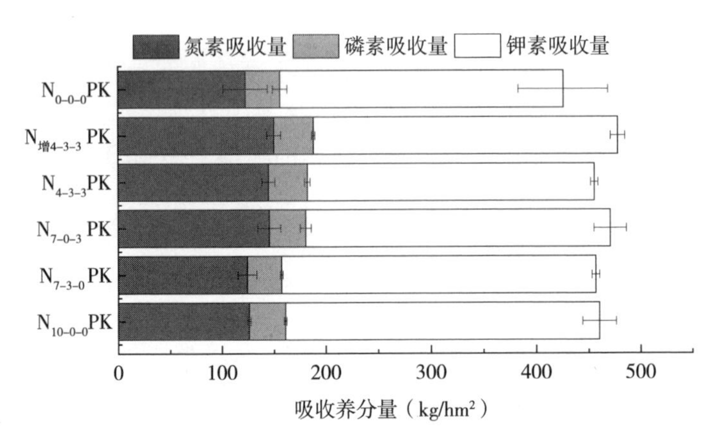

图 6-10　氮肥运筹下籽粒和秸秆中养分含量

作物生长的土壤氮素有效性（潘剑玲等，2013）。土壤有机氮的矿化作用是以土壤生物活动为主导的生物化学过程，秸秆还田时，秸秆中大量有机碳的介入，使土壤氮矿化/固持过程的强度和时间发生重大变化，从而影响土壤无机氮的动态变化（李贵桐等，2002）。有效的秸秆还田既可为作物提供所需养分，又能为土壤微生物提供丰富碳源，刺激微生物活性，进而促进氮循环和矿化，提高氮肥利用率。因此，秸秆还田对作物吸收氮素起着积极作用，可减少氮素淋洗损失，提高氮素利用率，提高氮素有效性。秸秆还田初期微生物在分解秸秆时会消耗土壤中的氮素，出现与作物争氮的现象，而随着秸秆的分解，秸秆中的氮素可以缓慢释放出来供作物吸收利用。在氮肥管理中，总施肥量一定前提下，基肥的比例会影响缓苗期和分蘖开始发生时间，从而影响分蘖期至分蘖盛期的时间。基肥用量增加，分蘖发生时间缩短，缓苗加快。秸秆直接还田下适量增加基肥中氮肥用量，有利于缓解土壤微生物与作物争氮的问题，同时氮肥用量增加，有利于调节土壤碳氮比，促进秸秆的分解速率和养分释放速率，从而促进水稻分蘖，达到增产稳产的目的。因此，水稻季秸秆还田下氮肥运筹主要包括基蘖肥：穗肥为 7：3，基蘖肥：穗肥为 6：4，基肥：分蘖肥：穗肥为 4：3：3 等多种氮肥运筹方式。

三、秸秆直接还田对农田系统磷的影响

磷作为大量营养元素之一，对作物生长至关重要。土壤有效磷能够被作物直接吸收利用，是作物生长最有效的部分和评价土壤供磷能力的重要指标。秸秆直接还田可以增加土壤微生物生物量，促进养分转化相关酶的分泌，从而提

高土壤养分有效性。在潜江实验站，基于稻麦轮作周年秸秆直接还田长期定位试验（试验设置见第六章第一节）和小麦—水稻轮作制农田面源污染监测田间试验，考察了秸秆直接还田对农田系统磷的影响。小麦—水稻轮作制农田面源污染监测田间试验设置 5 个处理：①CK，不施化肥、秸秆不还田；②FP，农民习惯施肥；③NPK，优化施肥；④NP^+K，优化施肥基础上增施磷肥；⑤NPKS，优化施肥，秸秆还田。采用蒋柏藩—顾益初的石灰性土壤无机磷分级方法，研究稻麦轮作长期秸秆直接还田对土壤各形态无机磷的影响。

水稻季和小麦季磷素表观平衡分析可知，2004—2019 年施肥处理周年磷素表观平衡均表现为盈余，各施肥处理磷素盈余量依次为 NPKS > $NPKS_{1/2}$ > NPK。秸秆还田但不施肥，达到周年磷素表观平衡，既不亏缺也不盈余；而秸秆不还田且不施肥，周年磷素亏缺达 30 kg/hm^2。

潜江实验站属江汉平原区潮土，稻麦轮作中水稻季和小麦季 P_2O_5用量分别为 38～135 kg/hm^2和 60～135 kg/hm^2。水稻季，随磷肥用量的增加，土壤无机磷中 Ca_8-P、Al-P 和 Fe-P 均显著增加，Ca_2-P 先增加再稳定，O-P 和 Ca_{10}-P 无显著变化。在水稻季和小麦季 P_2O_5用量 90 kg/hm^2基础上进行秸秆还田，土壤 Ca_2-P、Ca_8-P、Al-P 和 Fe-P 进一步提升，其中 NPKS 处理 Ca_2-P 和 Al-P 显著高于 NPK（水稻季和小麦季 P_2O_5用量 135 kg/hm^2，秸秆不还田）和 NP^+K（水稻季和小麦季 P_2O_5用量 135 kg/hm^2，秸秆不还田）处理。张振江（1991）在草甸暗棕壤上进行 10 年小麦秸秆直接还田（还田量 6 000 kg/hm^2，磷肥用量 150 kg/hm^2），土壤全磷和有效磷的含量得到显著增加。但是，中国农业大学课题组在北京郊区农场 38 块典型地块，麦玉秸秆还田试验地的长期（6 年）观测，得出土壤全磷和有效磷仅仅有提高趋势；黄淮海平原寿阳麦玉轮作壤质褐土 3 年秸秆直接还田后不同秸秆还田量与土壤有效磷含量之间无明显相关关系（刘巽浩等，2001）。黄欣欣等（2016）研究表明，当土壤输入磷量低于作物输出磷量时，无论秸秆还田与否，土壤全磷、无机磷总量、有效磷（Olsen-P）和无机磷中除 Ca_8-P 外的其他各形态磷均无显著变化；当土壤输入磷量高于作物输出磷量时，随秸秆用量的增加土壤全磷、有效磷（Olsen-P）和无机磷中的 Ca_2-P、Ca_8-P、Al-P 均显著增加，其中以 Olsen-P 增幅最大，无机磷中以 Ca_2-P 增幅最大，其次为 Ca_8-P，再次为 Al-P；土壤磷素盈余和亏缺量与土壤中各磷形态含量均呈显著正相关关系。

土壤有机质也是提升土壤磷素有效性的重要因素（Wang 等，2013）。展晓莹等（2015）发现土壤有效磷效率与土壤有机质含量呈现显著直线正相关关系，有机质含量较高的黑土有效磷效率高于有机质含量低的潮土。土壤有机质（SOM）与磷素最大吸附量、磷吸持指数和磷最大缓冲能力之间存在极显著负相关关系，与磷吸持饱和度（DPSS）存在显著正相关（戚瑞生等，2012）。袁天佑等（2017）研究表明，土壤有机质含量与有效磷随磷盈亏的变化量呈极显著正相关（$P<0.01$）。有机质活化土壤累积磷的机理已有很多方面的研究，包括：①有机质在分解过程中产生腐殖酸和小分子有机酸，这些物质能与磷酸根离子竞争土壤颗粒的吸附位点（Kang 等，2009），减少磷吸附；②腐殖酸和有机酸等也可以在铁铝氧化物等表面形成保护膜，减少对磷酸根的吸附（马良和徐仁扣，2010）；③有机质分解过程中产生的腐殖酸、有机酸、二氧化碳、其他螯合剂通过改变土壤 pH 值，溶解固相磷，生成活性态磷（Kang 等，2009）；④有机质含量高的土壤，微生物活性较高（马星竹等，2011），可以促进磷素固持和矿化等循环转化，对磷素有效性提高具有促进作用（Li 等，2015）。长期秸秆直接还田下，因为秸秆含有丰富的碳、氮、磷等多种营养物质，施入土壤能为微生物提供大量的外源碳和养分，降低了土壤微生物对根系分泌物（胞外酶及有机酸等）的同化作用（Maarastawi 等，2019），提高土壤磷酸盐矿化率（Li 等，2015），磷酸酶活性也显著增加，增加有机磷矿化率，土壤有效磷含量增加（战厚强等，2015）。

四、秸秆直接还田对农田系统钾的影响

当前，农田复种指数高，氮磷肥料投入大，导致土壤长期处于缺钾状态。在我国有些地区的 K 平衡低至-500 kg/hm^2。土壤平衡施钾对可持续农业发展具有重要作用。基于稻麦轮作制秸秆直接还田长期定位试验（试验设置见第六章第一节），通过分析 2005—2014 年土壤钾素形态和 2005—2018 年作物钾素吸收、秸秆钾和化肥钾投入，研究秸秆直接还田土壤钾素表观平衡和土壤钾素供给特征。

（一）秸秆直接还田下钾素平衡

带出土壤的钾素中 75%~80%保留在作物秸秆中，作物秸秆中保留钾素可以大量补充下季作物对钾素吸收。水稻秸秆加入土壤后，10 d 便能够增加土壤钾的有效性，从未处理对照的 50 mg/kg 增加到秸秆还田处理的 66 mg/kg。

稻麦轮作制下水稻季钾平衡分析表明，各处理土壤钾素均处于亏缺状态、不施化学钾肥或秸秆不还田处理的钾亏缺量高于秸秆还田处理。秸秆不还田条件下，CK（不施肥、秸秆不还田）和 NPK（施肥、秸秆不还田）的 K 亏缺范围分别为 111.3~134.7 kg K/hm^{2}和 95.6~126.1 kg K/hm^2。进行秸秆直接还田后土壤钾素亏缺状态有所缓解。相比 CK，S（仅秸秆还田）处理 K 亏缺量减

少 43. 6～65. 3 kg K/hm^2；相比 NPK 处理，NPKS$_{1/2}$（施肥、秸秆半量还田）和 NPKS（施肥、秸秆全量还田）处理 K 亏缺量分别减少 20. 2～32. 1 kg K/hm^{2}和 45. 1～78. 5 kg K/hm^2。因此，推荐施肥量能够获得高产，但土壤钾素依然亏缺严重，并随着轮作年限的增加钾素亏缺量增加。秸秆直接还田配合化肥在获得高产同时补充土壤钾素，减缓土壤钾素亏缺状况。相比小麦秸秆直接还田3 000 kg K/hm^2，小麦秸秆直接还田6 000 kg K/hm^{2}对土壤钾素具有更好的补充效果。

小麦季钾平衡分析表明，秸秆直接还田处理土壤钾素均处于盈余状态，秸秆不还田处理土壤钾素处于亏缺或略有盈余。CK 处理的 K 亏缺量为 12. 8～42. 1 kg/hm^2，NPK 处理保持钾素基本平衡，K 亏缺和盈余量约为 20 kg/hm^2。进行秸秆直接还田后，S 处理土壤 K 盈余量在 100. 7～126. 5 kg/hm^2，NPKS$_{1/2}$和 NPKS 钾素盈余量分别为 24. 2～94. 3 kg/hm^{2}和 91. 5～154. 8 kg/hm^2。说明秸秆直接还田提高钾素输入量，改变土壤钾素平衡特征，并随秸秆还田量增加，土壤钾素盈余状况提高。

小麦—水稻轮作制周年钾平衡表明，CK、NPK 和 NPKS$_{1/2}$处理的钾素处于亏缺状态，而 S 和 NPKS 处理的钾素处于盈余状态。在推荐施肥条件下，麦稻轮作的钾素年平均亏缺量较高，达到 126. 8 kg/hm^2。在少量秸秆还田（3 000 kg/hm^2）配施施用化肥条件下，土壤钾平衡轻度缺钾，周年平均钾亏缺量为 37. 6 kg/hm^2。在秸秆还田量较高（6 000 kg/hm^2）配合施用化肥条件下，土壤钾素略有盈余，钾素年平均盈余量为 62. 8 kg/hm^2。说明高秸秆还田有利于平衡钾素的投入与输出，减少作物对土壤钾的消耗，维持土壤钾肥力的稳定。

（二）秸秆直接还田下土壤供钾特征

通过对 2005—2014 年土壤中钾素形态和含量的分析表明，秸秆直接还田主要影响土壤非特殊吸附态钾和非交换性钾的含量，对水溶性钾的影响不显著。NPKS 处理非特殊吸附态钾在秸秆直接还田 6 年后稳步提高，与 NPK 相比，NPKS 处理非特殊吸附态钾平均含量提高了 6. 23 mg/kg。非交换性钾演变趋势与非特殊吸附态钾相近，秸秆直接还田 6 年后，与 NPK 相比，NPKS 处理非交换性钾平均含量提高了 82. 6 mg/kg。14 个作物轮作周期后，S 的交换态钾比 CK 增加 15. 5 mg/kg。施肥条件下，NPKS$_{1/2}$和 NPKS 的交换性钾分别比 NPK 增加 9. 3 mg/kg 和 15. 3 mg/kg。各处理非交换性钾含量依次为 S>NPKS>NPKS$_{1/2}$>NPK>CK。与 CK 相比，S 的非交换性 K 增加 157. 61 mg/kg。与 NPK 相比，NPKS$_{1/2}$和 NPKS 的非交换性钾含量分别增加了 46. 24 mg/kg 和

85.66 mg/kg。说明秸秆直接还田增加土壤供钾能力，每季秸秆直接还田6 000 kg/hm^{2}处理，对土壤交换性钾和非交换性钾含量提升效果优于每季秸秆直接还田3 000 kg/hm^2。

土壤中能够吸持钾的点位大致分为3种，即处在黏粒表面的p位点，矿物晶片边缘的e位点和矿物层间的i位点。秸秆还田提高土壤交换性钾和非交换性钾的含量，并以非交换性钾为主。一般来讲，非交换性钾主要存在于土壤的黏土矿物中，土壤中p位钾位于黏粒的外表面，对钾亲和力较弱；e位钾处在颗粒边缘或楔形带，其电荷键合钾的能力比p位强；i位钾是仅在2∶1型黏土矿物才有的内晶格位置，对K^+显示出较强的亲和力。有研究表明，长期不施钾或施钾量较低均可导致土壤钾素出现亏缺（李娜等，2012），引起黏土矿物固定的钾素大量释放；而钾素盈余条件下会提高黏土矿物钾素的固定。通过观察稻麦轮作秸秆直接还田长期定位试验2018年黏土矿物吸附点位钾发现，各处理p位钾占三个位点钾的比例很低，在3.9%~4.7%。与不施肥（CK）相比，S和NPKS处理p位钾含量得到显著增加（$P<0.05$），分别提高4.5 mg/kg和7.8 mg/kg。e位钾占三个位点钾比例为7.0%~8.3%，略高于p位点钾比例。与CK相比，S处理e位钾含量极显著高于CK（$P<0.01$），提高了9.2 mg/kg。NPK、NPKS处理e位点钾含量和CK相近。i位钾占三个位点钾比例为88.3%~88.7%，表现为：S>NPKS>NPK≈CK。RS和NPKS处理e位点钾极显著高于CK和NPK（$P<0.01$），提高了104.6~160.2 mg/kg。说明NPKS能够提高黏土矿物各位点钾含量，在S和NPKS的处理中，p和i位钾含量均高于其他处理。i位钾是植物的潜在钾库资源，这是因为土壤中各吸附位点上的钾处于动态平衡之中，植物生长吸收钾素致使土壤中钾平衡发生变化，为维持平衡，迫使高能吸附点位所吸持的钾素释放（张会民等，2007）。秸秆不还田处理土壤钾素都表现为亏缺，各位点钾含量低于施秸秆或秸秆和钾肥配合施用的处理；秸秆与化学钾肥配合施用土壤钾素表观平衡呈盈余状态，各吸附位点钾含量能够保持在较高水平。土壤中盈余的钾素主要固定在黏土矿物层间（i位点）和表面位置（p位点）。

（三）秸秆直接还田下土壤钾素管理

19世纪德国杰出的化学家李比希提出最小养分律和养分归还学说。其中，最小养分律，是指植物的生长受相对含量最少的养分所支配的定律。养分归还学说，是指植物收获物从土壤带走的养分，必需“返还”土壤才能维持生产力的观点。这两个观点在指导施肥中发挥重要作用，以最小养分律和养分归还学说分析秸秆还田的养分效应。

根据最小养分律，生产中我们需要满足作物对钾素的最小养分投入量，即钾肥推荐用量。潜江实验站稻麦轮作秸秆周年直接还田长期定位试验，水稻和小麦化肥推荐用量分别为76.68 kg K/hm^{2}和49.79 kg K/hm^2。假设秸秆还田后能够全部转化为钾素，理论上只需要水稻季进行5 850 kg/hm^{2}的麦秸还田和小麦季进行2 047 kg/hm^{2}的稻秆还田，即可提供作物生产所需钾素。

根据养分归还学说，水稻和小麦生长过程分别需要吸收为190 kg K/hm^{2}和65 kg K/hm^2。如果补偿水稻和小麦带走的钾素，小麦季需要投入水稻秸秆2 642 kg/hm^2，水稻季需要投入>6 000 kg/hm^{2}小麦秸秆。在潜江实验站，每季作物秸秆最大投入量为6 000 kg/hm^2，在此条件下仅依靠小麦秸秆钾无法补偿水稻生长带走的钾素，因此水稻季在秸秆还田基础上并配合一定量钾肥。

根据养分归还学说，土壤钾素平衡是农业可持续发展的关键。稻麦轮作制不施肥或仅施用化肥的土壤钾素均处于亏缺状态，表明土壤钾的持续耗竭，需要补充外源钾来保证土壤钾素持续供给。化肥和秸秆是两种重要的外源钾素资源。推荐钾肥用量配合秸秆还田或者施用更高水平的钾肥，可以缓解水稻季土壤钾素亏缺程度。相比增加钾肥施用量，秸秆是一种可以再生的钾资源，秸秆直接还田是一种长期可持续发展的途径。

由于秸秆含钾量和作物吸收钾量差异的影响，稻麦两季还田秸秆钾平衡存在差异。在潜江实验站的试验中，施肥并进行小麦秸秆还田降低了稻季缺钾程度，而水稻秸秆还田使小麦季钾素亏缺转为盈余。主要原因是本研究小麦产量平均比水稻低50%，并且水稻秸秆钾含量也高于小麦秸秆。水稻秸秆钾含量远高于小麦对K_2O的吸收量。每生产100 kg籽粒，水稻和小麦分别吸收约2.86 kg K（3.45 kg K_2O）和2.51 kg K（3.02 kg K_2O），水稻的钾素带走量高于小麦。水稻季仅依靠秸秆还田无法平衡水稻生长所带走的钾素。钾平衡结果表明，施肥配合每季秸秆还田量为6 000 kg/hm^{2}时，小麦季钾素盈余量为118.3 kg K/hm^2，水稻季钾素亏缺量为55.3 kg K/hm^2。因此，综合最小养分律和养分归还学说，在运筹上把大部分化学钾肥分配在水稻季，小麦季只施少量钾肥或不施钾肥，保持农田土壤钾素收支相对平衡。

第四节　秸秆直接还田对土壤生物学性状的影响

秸秆直接还田可以改善土壤结构，为微生物活动提供丰富的碳源和氮源，提高土壤矿质养分的生物有效性。一方面，秸秆直接还田增加了土壤微生物生物量，提高微生物活性；另一方面，土壤微生物量和活性的提高又会加快秸秆的腐解。因此，秸秆直接还田可以促进农田生态系统中能量的流动和物质的循环，改变土壤生物群落结构和功能。

一、秸秆直接还田对土壤微生物碳代谢能力的影响

湖北省农业科学院经济作物研究所董朝霞博士等，在潜江实验站，以稻麦轮作制秸秆直接还田 3 年的试验（稻麦轮作秸秆还田短期定位试验）为对象，采用 Biolog 微生态（BIOLOG Eco PlateTM）技术研究了土壤微生物碳代谢功能多样性。设置两个处理：秸秆还田+化肥；秸秆不还田+化肥。根据作物生育期，全年内进行了 7 次取样，具体取样时间分别是小麦苗期（2018 年 12 月 21 日）、小麦拔节期（2019 年 3 月 25 日）、小麦开花期（2019 年 4 月 23 日）、小麦成熟期（2019 年 5 月 23 日）、水稻苗期（2019 年 7 月 10 日）、水稻孕穗期（2019 年 8 月 18 日）、水稻成熟期（2019 年 9 月 12 日）。

通过比较秸秆直接还田和不还田处理的土壤样品 6 大类碳源（氨基酸类碳源、胺类碳源、聚合物类碳源、其他混合物类碳源、糖类碳源、羧酸类碳源）的利用能力，揭示秸秆还田对土壤微生物群落功能多样性的影响。结果表明，经过 3 年秸秆直接还田，每个处理的 AWCD 值（Average Well Color Development：平均单孔颜色变化率）在培养时间内均持续升高，总体变化趋势为秸秆还田土壤均大于不还田土壤，随着培养时间的延长，还田处理与不还田处理的 AWCD 值差异变大（图 6-11），说明秸秆直接还田土壤微生物的碳源利用能力增加。

在整个小麦的生长期（苗期、拔节期、开花期、成熟期），秸秆还田处理土壤微生物对 6 大类碳源的利用能力均高于不还田处理，且差异显著（$P<0.05$）。水稻苗期，两种处理条件下土壤微生物对 6 大类碳源的利用能力无显著差异。水稻孕穗期和成熟期，秸秆还田处理条件下土壤微生物对氨基酸类、胺类、聚合物类、糖类四类碳源的利用能力显著高于不还田处理，两种处理条件下土壤微生物对其他混合物类碳源的利用能力无显著差异。水稻孕穗期，两种处理条件下土壤微生物对羧酸类碳源的利用能力无显著差异，但是，水稻成熟期，秸秆还田处理土壤微生物对羧酸类碳源的利用能力显著高于不还田土壤（$P<0.05$）。另外，小麦拔节期、开花期及成熟期秸秆还田土壤微生物碳源利用多样性指数低于不还田土壤，水稻成熟期则是还田土壤高于不还田土壤，其余时期无显著差异（图 6-12）。

董朝霞等利用以上同样的试验方法，以小麦—玉米轮作制秸秆直接还田 7 年的试验为对象，研究了土壤微生物碳代谢功能多样性。试验在襄阳原种场进

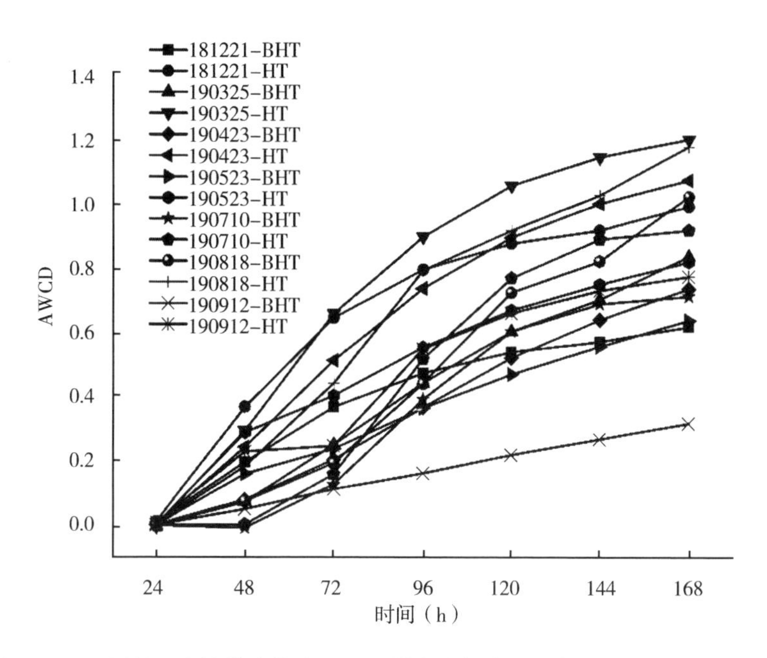

图 6-11　不同处理土壤微生物在 Biolog 微生态板中平均每孔颜色变化率（AWCD）

注：MDHT1-MDHT7 和 MDBHT1-MDBHT7，依次为秸秆还田处理和不还田处理的小麦苗期、小麦拔节期、小麦开花期、小麦成熟期、水稻苗期、水稻孕穗期、水稻成熟期。

行，设置两个处理：秸秆还田+化肥；秸秆不还田+化肥。根据作物生育期，全年内进行了 7 次取样，具体取样时间分别是小麦苗期（2018 年 12 月 21 日）、小麦拔节期（2019 年 3 月 25 日）、小麦开花期（2019 年 4 月 23 日）、小麦成熟期（2019 年 5 月 23 日）、玉米苗期（2019 年 7 月 10 日）、玉米乳熟期（2019 年 8 月 18 日）、玉米收获期（2019 年 9 月 12 日）。结果表明，经过 7 年秸秆直接还田，随着培养时间的延长，每个取样时间点秸秆还田处理土壤微生物的 AWCD 值均大于不还田土壤。小麦苗期、开花期、成熟期和玉米苗期、乳熟期秸秆还田处理中土壤微生物对氨基酸类、其他混合物类、聚合物类、羧酸类和糖类的利用能力显著高于不还田土壤（$P<0.05$），小麦苗期、花期和玉米苗期秸秆还田土壤微生物对胺类的利用能力显著高于不还田土壤（$P<0.05$）。小麦拔节期秸秆还田和不还田处理土壤微生物对六大类碳源的利用能力无显著差异。推测刚经过漫长的冬季，土壤微生物总量下降，两种处理中土壤微生物种群都处于较低状态，导致两种处理土壤微生物对各类碳源的利用能力无显著差异。在温度上升后，微生物开始大量繁殖，秸秆还田土壤更加

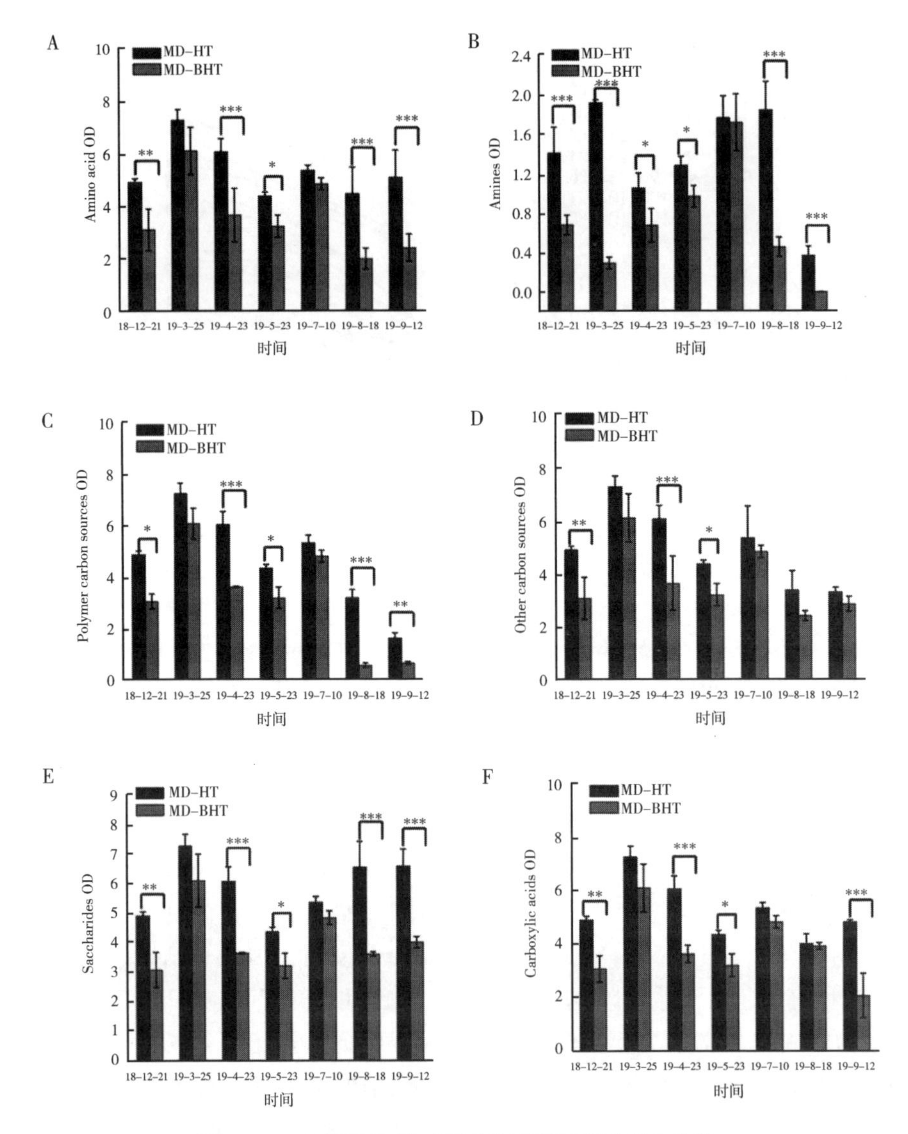

图 6-12　土壤微生物对不同类型碳源利用能力比较

注：A，氨基酸类碳源；B，胺类碳源；C，聚合物类碳源；D，其他混合物类碳源；E，糖类碳源；F，羧酸类碳源。* 表示相比较两组间的差异，*：$P<0.05$，**：$P<0.01$，***：$P<0.001$。

疏松保水透气，有利于微生物的快速繁殖，故之后的取样时间点秸秆还田土壤微生物数量增加，碳源利用能力增强。

湖北省农业科学院经济作物研究所于翠博士等，在潜江实验站以稻麦轮作制秸秆直接还田长期定位试验（12 年）为对象，采用 BIOLOG-ECO 平板法，对秸秆直接还田 12 年后不同处理 0~20 cm 土壤微生物群落的碳源利用能力进行了分析。设置 5 个处理：CK，空白对照，不施肥，秸秆不还田；NPK，化肥；S，秸秆还田；$NPKS_{1/2}$，化肥+低量秸秆还田；NPKS，化肥+高量秸秆还田。取样时间为 2018 年 5 月。试验结果显示，小麦—水稻轮作制下，对于已经进行了 12 年长期定位试验的处理，秸秆全量还田处理土壤微生物 AWCD 值显著高于其他施肥处理，其次是秸秆还田不施肥处理，而秸秆不还田且不施肥处理土壤微生物 AWCD 值最低。碳源利用能力分析表明，秸秆全量还田处理土壤微生物对氨基酸类、糖类、胺类碳源的利用能力高于其他处理，但与仅施肥及半量秸秆还田处理间比较差异不显著，而与秸秆不还田且不施肥处理比较差异达显著水平（$P<0.05$）。仅秸秆还田处理土壤微生物对羧酸类、聚合物类及其他混合物类碳源的利用能力高于其他处理，与秸秆不还田、不施肥处理比较差异达显著水平（$P<0.05$）。对碳源利用多样性指数而言，半量秸秆还田处理土壤微生物碳源利用多样性指数和均匀度指数显著高于其他处理（$P<0.05$），秸秆不还田、不施肥处理土壤微生物碳源利用多样性指数最低。

二、秸秆直接还田对土壤真菌和细菌的影响

（一）秸秆还田对土壤微生物丰度和群落结构的影响

为了揭示秸秆还田对土壤微生物丰度和多样性的影响，董朝霞等在潜江实验站，以稻麦轮作秸秆直接还田短期定位试验（3 年）土壤为研究对象，对周年内不同时期的土壤进行了微生物丰度检测。通过对土壤微生物 Alpha 多样性指数（Chao1 和 Shannon 指数）的比较显示，水稻苗期秸秆直接还田处理土壤细菌和真菌的丰富度显著低于不还田土壤；小麦开花期秸秆还田处理土壤真菌的丰富度显著高于不还田土壤；水稻苗期和收获期秸秆还田处理土壤真菌的多样性显著低于不还田土壤；其余时期土壤还田处理和不还田处理的微生物丰富度和多样性均没有显著差异（图 6-13）。说明短期的秸秆还田不足以显著改变水田土壤微生物种群丰度及多样性，但是可增强土壤微生物的碳源利用能力，秸秆直接还田与不还田土壤中微生物种群结构存在差异。

报道显示，稻麦轮作制农田微生物中细菌表现为优势菌，放线菌数量次之，真菌数量最少。秸秆还田能够激活土壤细菌数量，水稻和小麦秸秆半量还田显著提高细菌和放线菌的数量，分别增加了 14.85% 和 24.58%。对于进行

了 12 年长期定位的稻麦轮作制农田（潜江实验站），分析不同处理土壤细菌的生物量，结果显示，秸秆直接还田不施肥处理，细菌丰度最高，其次是秸秆还田并施肥处理，秸秆不还田不施肥处理最低，分析表明高量秸秆还田处理土壤的细菌丰度是显著高于其他处理的（$P<0.05$）。由此可见，长期秸秆直接还田可增加土壤微生物的丰富度，改进土壤质量，从而使作物增产增收。

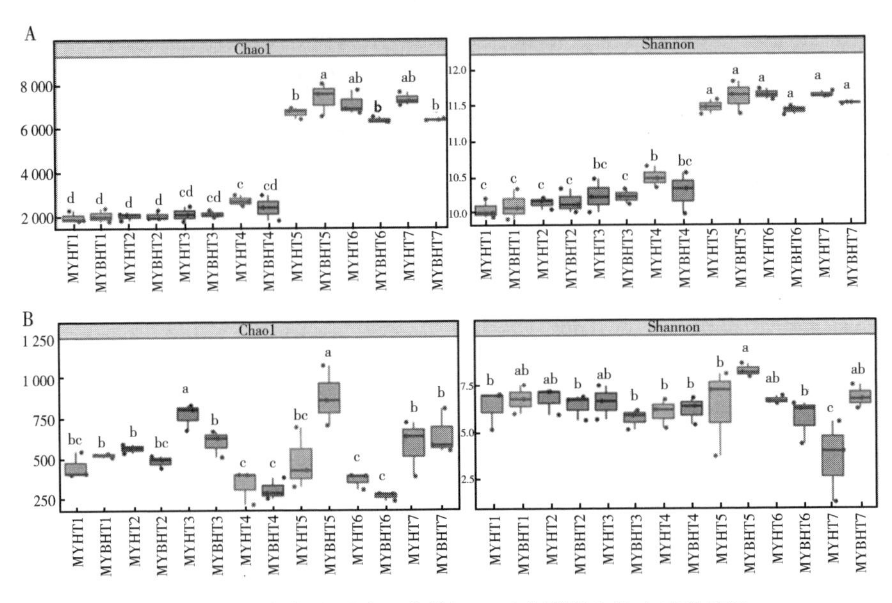

图 6-13　稻麦轮作制秸秆直接还田对土壤微生物丰度的影响

注：秸秆还田和不还田土壤细菌（A）和真菌（B）的 Chao1 和 Shannon 多样性指数，图中小写字母表示不同处理组平均数间的差异，根据单因素方差分析（ANOVA，$P<0.05$）的 Tukey 事后检验得到。MDHT1-MDHT7 和 MDBHT1-MDBHT7：依次为秸秆还田处理和不还田处理的小麦苗期、小麦拔节期、小麦开花期、小麦成熟期、水稻苗期、水稻孕穗期、水稻成熟期。

董朝霞等通过高通量测序技术，以襄阳市小麦—玉米轮作制秸秆还田 7 年的试验田为对象，进行了微生物丰度检测。试验在襄阳原种场进行，试验设计及取样时期同上述土壤微生物碳代谢能力检测试验。分析结果显示，在周年内（2019 年）每个时期的秸秆还田处理土壤细菌的丰富度（Chao1）和多样性（Shannon）均高于不还田处理（图 6-14A），在小麦生长前期秸秆还田处理土壤的真菌多样性低于非还田处理，从小麦收获期开始，秸秆还田处理土壤的真菌多样性开始高于非还田处理，这一趋势延续至玉米生长后期（图 6-14 B）。对年际间微生物的丰度和多样性检测结果显示，连续两年（2019 年、2020 年）在作物收获期，秸秆还田土壤细菌和真菌的丰富度和多样性均高于不还田土壤（图6-15）。说明在一周年中，秸秆直接还田早期即可有效促进土壤中细菌丰度和多样性的增加，而后期才可促进真菌多样性的增加。总体来看，长期秸秆直接还田可显著提高土壤微生物的丰度，丰富了土壤微生物的种群多样性。

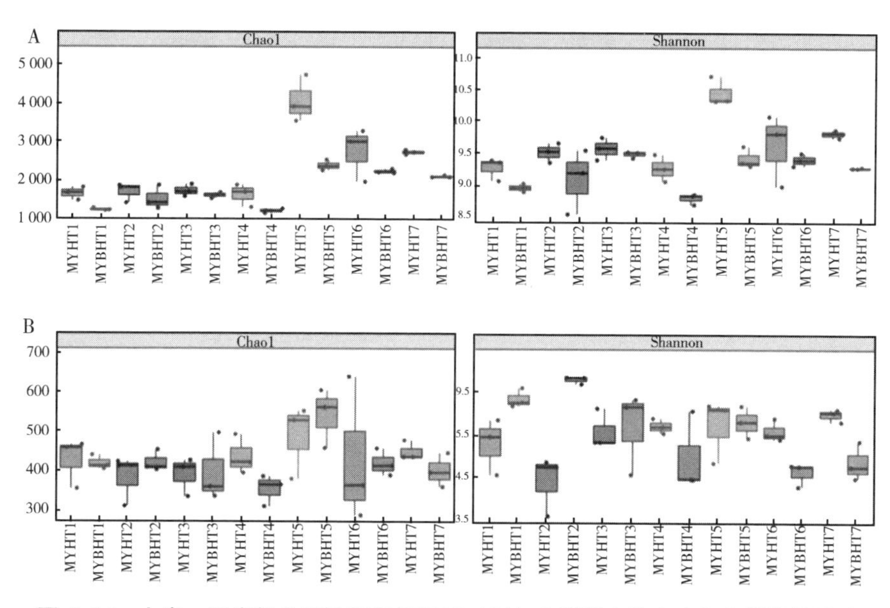

图 6-14　小麦—玉米轮作制秸秆直接还田对周年土壤微生物丰度和多样性的影响

注：秸秆还田和不还田土壤细菌（A）和真菌（B）的 Chao1 和 Shannon 多样性指数。MYHT1-MYHT7 和 MYBHT1-MYBHT7：依次为秸秆还田处理和不还田处理的小麦苗期、小麦拔节期、小麦开花期、小麦成熟期、玉米苗期、玉米乳熟期、玉米收获期。

进一步对稻麦轮作秸秆还田短期定位试验（3 年）土壤中细菌和真菌的优势菌属进行分析发现，在作物的不同生育期，土壤优势菌属存在差异，小麦生长期 *Sphingomonas* 和 RB41 的丰度高于水稻生长期，而 *Anaeromyxobacter* 和 *Geobacter* 的丰度则是水稻生长期高于小麦生长期，这与水稻季农田灌水，土壤含氧量下降相关。在整个作物生长期，秸秆还田处理中 *Acidobacteria* 的丰度高于不还田处理。这与前人的分析一致。秸秆细胞的纤维素成分占到 38%，而 *Actinobacteria* 中包含较多的纤维素降解菌，相应细菌丰度的增高可能是土壤微生物群落对土壤中营养物质改变的响应。在所有处理中，Ascomycota，Basidiomycota，Mortierellomycota 是主要的真菌门类，除小麦收获期和水稻收获期外，其余所有时期秸秆还田处理中 Ascomycota 的丰度是显著高于不还田处理的。Ascomycota 的菌属可分泌纤维素酶和木聚糖酶，从而分解秸秆，所以，秸秆还

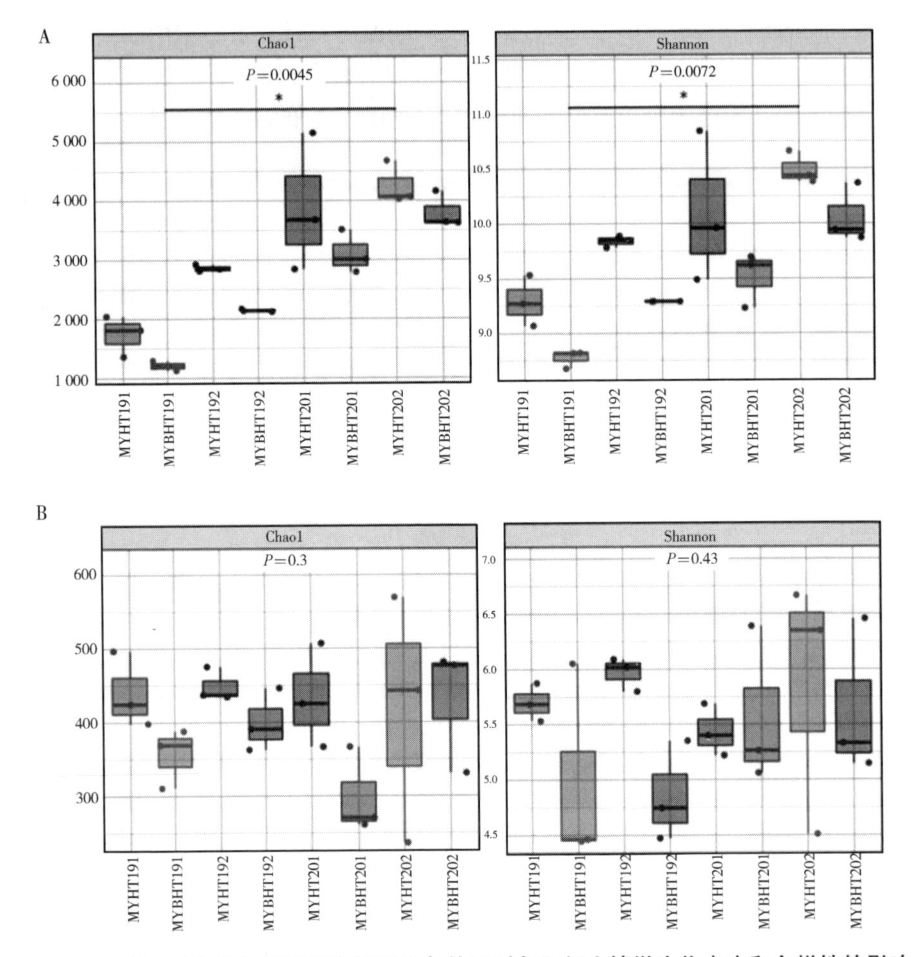

图 6-15 小麦—玉米轮作制秸秆直接还田条件下对年际间土壤微生物丰度和多样性的影响

注：秸秆还田和不还田土壤细菌（A）和真菌（B）的 Chao1 和 Shannon 多样性指数。MYHT191：还田、19 年小麦收获期，MYBHT191：不还田、小麦收获期，MYHT192：还田、19 年玉米收获期，MYBHT192：不还田、玉米收获期，MYHT201：还田、20 年小麦收获期，MYBHT201：不还田、小麦收获期，MYHT202：还田、20 年玉米收获期，MYBHT202：不还田、玉米收获期。

田可提高土壤中 Ascomycota 菌属的相对丰度。

通过对麦玉轮作秸秆还田长期定位试验（7 年）土壤中，细菌和真菌的优势菌属进行分析发现，该模式下作物的不同生育期土壤优势菌属丰度存在差异。主要的细菌门类为 Proteobacteria 和 Actinobacteria。主要的真菌门类为 Ascomycota 和 Basidiomycota。不同的生育期 Proteobacteria 和 Basidiomycota 的丰度表现为秸秆还田处理高于不还田处理。并且发现秸秆还田土壤中 *Duganella*（杜擀氏菌属）和 *Rhizobium*（根瘤菌属）丰度显著高于不还田土壤，前者具有降解纤维素的功能，后者可固氮并具有一定的抑菌作用，由此可见长期秸秆还田有利于土壤中有益菌群的增加。

秸秆直接还田增加土壤微生物的碳源，刺激了微生物活性，大量增加了土壤细菌数量，真菌和放线菌的数量也有所增加，土壤微生物的多样性及生物缓冲性得以提高。秸秆直接还田后，微生物的群落结构和秸秆降解的过程有着直接的关联，但是，不同类型微生物对秸秆的响应不同。真菌被认为是秸秆降解最重要的贡献者，细菌可以通过产生纤维素酶等促进真菌活性，从而间接促进秸秆的降解。秸秆的添加使土壤更适宜在水解纤维素方面具有竞争力的微生物生存，若加入易降解的植物秸秆，在覆盖秸秆降解的早期阶段，富营养型微生物能快速占住优势地位，后期随着可利用碳的减少，贫营养微生物才出现高峰生长。在秸秆降解的不同时段，微生物群落也会出现明显的演替现象，秸秆降解的初始阶段，细菌在微生物群落中占主导，而在后期阶段，微生物群落由真菌占主导。因此，实际生产中，秸秆直接还田可以作为调节土壤真菌/细菌比的重要措施。另外，农作物产量与土壤细菌的数量呈正相关，因此，秸秆还田对于农业生产具有积极的作用。但是，在秸秆还田后期真菌的繁殖速度加快，由于真菌中存在大量的病原菌，这也使下茬作物的病害发生率增加，如小麦赤霉病、根腐病等，因此探索适宜的秸秆还田量、还田方式也尤为重要。

（二）秸秆还田对土壤氨氧化微生物丰度变化的影响

氮素是组成生命最重要的两种物质（核酸和蛋白质）必不可少的元素。自然界氮循环主要包括固氮过程、硝化过程、反硝化过程、厌氧氨氧化过程、氨化过程和氨同化过程，其中氨氧化过程是硝化过程的第一步，是将有机态氮转化为可利用的无机态氮的关键步骤，由氨氧化细菌（AOB）和氨氧化古菌（AOA）共同参与完成。

董朝霞等通过实时荧光定量的方法，检测了潜江实验站稻麦轮作秸秆直接还田短期定位试验（3 年）土壤中，AOB 和 AOA 的丰度变化。研究结果显示，小麦—水稻轮作制下，小麦苗期土壤中 AOB 和 AOA 含量均较低，之后处于上升趋势；除最后的水稻成熟期，其余所有时期秸秆直接还田土壤的 AOB 含量均低于不还田处理；小麦苗期和水稻成熟期，秸秆直接还田土壤的 AOA 含量低于不还田处理，其余 5 个时期则是秸秆直接还田土壤高于不还田土壤（图 6-16）。本试验还田时期为小麦种植前，之后进入越冬期，土壤微生物不活跃，第二年随着气温的逐渐升高和小麦的返青，微生物大量繁殖，故 AOA

和 AOB 含量均有所上升。不过秸秆直接还田使 AOA 丰度增加，AOB 丰度降低，其内在机理有待于进一步探索。

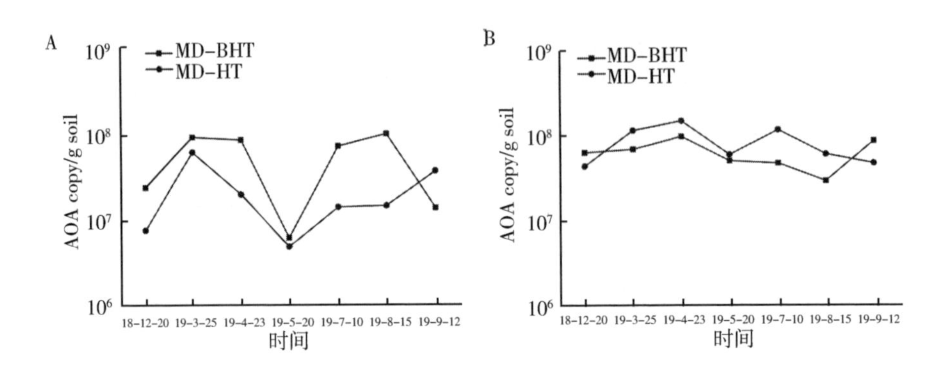

图 6-16　小麦—水稻轮作模式秸秆直接还田条件下土壤氨氧化微生物丰度变化

注：A，氨氧化细菌丰度；B，氨氧化古菌丰度。纵坐标表示每克土壤中 AOB 或 AOA 的拷贝数，横坐标表示周年内作物不同生育期。

董朝霞等分析了麦玉轮作秸秆还田长期定位试验（7 年）作物不同生育期 AOA 和 AOB 的含量。小麦—玉米轮作制下，小麦苗期、拔节期和开花期秸秆还田土壤中 AOB 含量与不还田处理无差异，小麦成熟期、玉米苗期、玉米孕穗期和玉米乳熟期秸秆还田土壤中 AOB 含量显著高于不还田处理，两种处理土壤中 AOA 含量与 AOB 含量变化趋势一致（图 6-17）。同样，本试验秸秆直接还田时期为小麦种植前，之后进入越冬期，土壤微生物不活跃，第二年随着气温的逐渐升高，秸秆还田土壤的 AOA 和 AOB 含量高于不还田土壤，说明小麦—玉米轮作模式下长期秸秆还田有利于 AOA 和 AOB 的大量繁殖，这与小麦—水稻轮作模式有所不同。

氨氧化细菌和氨氧化古菌作为氮素循环氨氧化过程主要参与者，其丰度和活性反映了土壤氮素循环转化的效率。不同轮作制下秸秆直接还田对不同类型氨氧化微生物的影响不同。稻麦轮作制下，与不还田处理相比，秸秆直接还田可使 AOA 的丰度升高，AOB 的丰度降低；但是，麦玉轮作制下，秸秆直接还田使 AOA 和 AOB 的丰度都增加。有研究表明，与 AOB 相比，AOA 更能耐受缺氧和低氨氮浓度环境，推测稻麦轮作制下的长期淹水环境导致了 AOA 和 AOB 的丰度差异。

微生物是土壤生态系统的重要组成部分，推动土壤有机质和养分循环转化，土壤微生物的多样性和活性表征了农田生态系统的可持续性（Su 等，

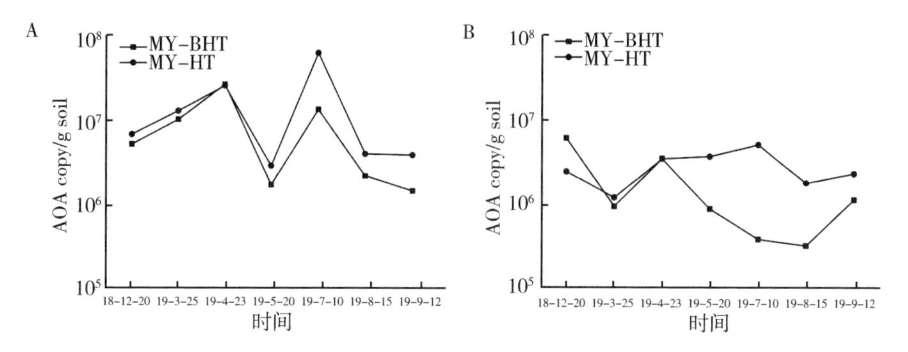

图 6-17　小麦—玉米轮作制秸秆直接还田条件下土壤氨氧化微生物丰度变化

注：A，氨氧化细菌丰度；B，氨氧化古菌丰度。纵坐标表示每克土壤中 AOB 或 AOA 的拷贝数，横坐标表示周年内作物不同生育期。

2015）。秸秆还田为土壤带来丰富的碳源，是农田土壤微生物群落演替的重要驱动因子，土壤微生物的多样性及生物缓冲性提高（杨钊等，2019）。潜江实验站相关试验显示，小麦—水稻轮作模式下，秸秆还田 3 年后土壤微生物 Chao1 和 Shannon 指数未发生明显改变，不过碳源利用能力增强，说明短期秸秆还田（1~3 年）对土壤微生物丰度的影响不明显，但是土壤微生物群落结构发生显著改变。长期秸秆还田作用下，小麦—玉米轮作模式（7 年）和小麦—水稻轮作模式（12 年）土壤微生物的丰度和多样性均显著提高，微生物群落功能和结构显著改变，主要表现在纤维素降解相关菌群（如 Actinobacteria、Ascomycota）和益生菌群（如 *Rhizobium*）丰度增加。由此可见，长期秸秆还田可使农田土壤群落的结构和功能得到改善，形成土壤—微生物—植物平衡系统，从而促进农田土壤的可持续发展。

植物残体在进入土壤中之后，其分解转化受到多种因素的影响，如植物残体本身的性质、土壤类型、气候因素、农艺措施和地表植被等等，其中 C/N 比对土壤微生物的种群和活性具有很大影响。微生物在分解有机物时，环境中最优的 C/N 比为 25∶1，微生物体的 C/N 比为 5∶1，其余的碳作为能源消耗，但是通常秸秆的 C/N 比是高于 25∶1 的，因此土壤中的氮素就成为秸秆腐解过程中限制微生物活性的因素。于翠等（2018）的研究表明，秸秆还田配施氮肥可使土壤细菌、真菌、放线菌、氨氧化细菌及纤维分解菌数量增加，而真菌数量降低。也有研究表明，施用氮肥会使秸秆分解早期的微生物群落发生改变，由于土壤环境 C/N 比的降低促进 C/N 高的物质（如纤维素等）的快速腐解（Baumann 等，2009）。在秸秆还田的同时合理施用氮肥，改变土壤环境中的 C/N 比，可改善微生物的活性，从而促进秸秆的腐解和物质的转化。

三、秸秆还田对土壤线虫群落的影响

土壤线虫广泛应用于指示土壤健康（Neher，2010），也可以指示土壤食物网结构与功能（陈云峰等，2014）。目前，利用土壤线虫作为指示生物研究秸秆还田对土壤健康的影响做了一些工作（Zhang 等，2012；叶成龙等，2013；华萃等，2014；牟文雅等，2017；刘婷等，2017），但大多数的研究主要是短期研究。这些研究显示秸秆还田促进了线虫丰富度，但对线虫群落结构及生态指数的结果很多并不一致。这主要是因为短期秸秆还田对土壤的影响较弱（陈云峰等，2018），且大多数研究是在施用化肥这种高肥力情况下进行的。由于化肥的作用较强，也有可能掩盖掉秸秆还田的效应。此外，缺乏利用线虫指示土壤食物网功能的研究。

利用潜江实验站稻麦轮作周年秸秆还田长期定位试验，陈云峰等（2021）研究了长期秸秆还田对土壤线虫群落结构的影响。具体来说，此研究有两个目的：①低肥力条件下（不施化肥）和高肥力（施用化肥）条件下长期秸秆还田对线虫群落结构的影响；②利用线虫区系分析，分析低肥力和高肥力条件下长期秸秆还田对土壤食物网结构、功能及调节机制的影响。

此研究中挑选了潜江实验站稻麦轮作周年秸秆还田长期定位试验四个处理：对照 CK、秸秆还田 S、化肥 NPK、化肥+秸秆还田 NPKS，没有选取化肥+半量秸秆还田 $NPKS_{1/2}$。取样时间为 2018 年小麦收获（5 月 22 日）和水稻收获后（10 月 7 日）。采用 S 型多点（10 点）混合取样法，采取表层（0~20 cm）土壤样品。采用浅盘法分离线虫，在光学显微镜下鉴定到属。根据线虫的取食习性和食道特征划分营养类群：食细菌线虫、食真菌线虫、植物寄生性线虫和捕食/杂食线虫（Yeates 等，1993）。同时计算线虫香农-维纳多样性指数（H′）、成熟度指数（Maturity index，MI）、富集指数（Enrichment index，EI）、结构指数（Structure index，SI）及各类线虫代谢足迹指数，包括细菌足迹（Bacterial footprint）、真菌足迹（Fungal footprint）、植物足迹（Herbivore footprint）、富集足迹（Enrichment footprint）和结构足迹（Structure footprint）（Ferris 等，2001；Ferris，2010）。在这些指数中，成熟度指数反应了外界对线虫群落的干扰及环境的稳定性，高 MI 值表示干扰较小或环境较稳定；富集指数反应了系统养分资源的可利用性及初级分解者对资源的响应，高 EI 值表示资源量可利用性高；结构指数反应了群落的复杂性，高 SI 值的群落更复杂；代谢足迹反应了生态系统功能和服务的程度，即碳源流动和养分释放的相对多少，细菌足迹、真菌足迹和植物足迹分别反应了进入细菌、真菌和植物分解通道的相对碳量，富集足迹反应了养分释放的程度，结构足迹则反应了土壤食物网调节功能的大小。此次试验涉及3个因素即秸秆还田、采样时间和肥力状况，根据试验目的，仅采用双因素方差分析比较不施用化肥和施用化肥条件下秸秆还田之间差异。

不施化肥条件下，与秸秆不还田相比，秸秆还田显著提高了线虫总丰度（73.06%）、食细菌线虫丰度（89.29%）、植物寄生线虫丰度（95.31%）、杂食-捕食性线虫丰度（238.98%）（表6-8）。施用化肥条件下，秸秆还田对线虫总丰度、食细菌线虫及植物寄生线虫有一定的提升作用，但差异不显著，杂食/捕食线虫提升了141.39%（表6-8）。这表明低肥力条件下，秸秆还田对线虫群落丰富度的提升效果更明显。

表6-8　不施化肥和施用化肥条件下秸秆直接还田对线虫丰度（条/100 g土）的影响

丰度	不施化肥			施用化肥		
	秸秆不还田	秸秆还田		秸秆不还田	秸秆还田	
总量	627.56±141.62[a]	1 086.06±261.29[b]	$P=0.001$	976.97±229.51[a]	1 135.53±188.76[a]	ns
食细菌线虫	182.88±40.26[a]	346.17±85.07[b]	$P<0.001$	239.08±59.02[a]	244.42±50.30[a]	ns
食真菌线虫	139.12±51.43[a]	122.59±41.54[a]	ns *	182.57±58.28[a]	205.53±32.89[b]	$P<0.01$
植物寄生线虫	291.30±69.32[a]	568.94±144.87[b]	$P<0.01$	535.15±116.86[a]	636.89±103.36[a]	ns
杂食/捕食线虫	14.26±4.59[a]	48.35±15.11[b]	$P<0.01$	20.17±6.13[a]	48.69±11.96[b]	$P<0.01$

* ns，差异不显著。

注：小写字母表示不同处理间差异显著（$P<0.05$）。

试验中一共分离出48属线虫（表6-9），其中20属线虫为食细菌线虫，5属线虫为食真菌线虫、13属线虫为植物寄生线虫、10属为杂食/捕食线虫。优势属为*Tylenchus*（14.7%）、*Basiria*（10.9%）、*Amplimerlinius*（10.3%）、*Filenchus*（8.9%）、*Rhabdolaimus*（6.4%）。四大功能群线虫中，植物寄生线虫比例最高（52.25%），其次为食细菌线虫（27.46%）。不施化肥和施用化肥条件下，秸秆还田显著提高了杂食/捕食线虫的比例（114.61%和90.23%），对线虫群落多样性也有一定的提升作用，但差异不显著（表6-10）。

表6-9　线虫功能群和属比例（%）

属/功能群*	不施化肥			施用化肥		
	秸秆不还田	秸秆还田		秸秆不还田	秸秆还田	
Acrobeloides	1.69±0.74[a]	4.40±1.08[b]	$P<0.05$	3.95±1.07[b]	1.13±0.43[a]	$P<0.05$

（续表）

属/功能群*	不施化肥			施用化肥		
	秸秆不还田	秸秆还田		秸秆不还田	秸秆还田	
Anaplectus	1.48±0.93^{a}	0.59±0.26^{a}	Ns**	1.83±0.66^{a}	2.58±0.94^{a}	ns
Heterocephalobus	1.06±0.55^{a}	0.56±0.33^{a}	ns	2.56±0.92^{a}	4.16±1.52^{a}	ns
Microlaimus	2.07±0.83^{a}	1.96±0.77^{a}	ns	0.96±0.32^{b}	0.12±0.12^{a}	$P<0.01$
Panagrellus	3.46±1.97^{a}	1.81±0.65^{a}	ns	0.83±0.41^{a}	0.66±0.41^{a}	ns
Plectus	1.27±0.58^{a}	1.47±0.42^{a}	ns	1.67±0.59^{a}	1.04±0.21^{a}	ns
Prismatolaimus	2.02±0.59^{a}	3.27±0.76^{a}	ns	3.46±0.94^{a}	2.95±0.57^{a}	ns
Pseudoaulolaimus	3.45±1.02^{a}	5.87±1.83^{a}	ns	0.13±0.13^{a}	0.84±0.61^{a}	ns
Rhabdolaimus	10.45±2.25^{b}	7.16±1.45^{a}	$P<0.10$	5.07±1.89^{a}	3.12±1.29^{a}	ns
食细菌	32.30±3.00^{a}	32.04±2.47^{a}	ns	24.67±2.15^{a}	20.83±1.82^{a}	ns
Aphelenchoides	3.39±1.19^{b}	0.63±0.26^{a}	$P<0.01$	0.25±0.16^{a}	0.56±0.30^{a}	ns
Dorylaimoides	5.09±1.01^{a}	4.05±1.51^{a}	ns	6.77±0.85^{a}	7.47±0.74^{a}	ns
Filenchus	10.89±2.18^{b}	6.03±1.11^{a}	$P<0.05$	9.38±1.62^{a}	9.33±1.58^{a}	ns
食真菌	21.24±3.65^{b}	10.83±2.08^{a}	$P<0.05$	16.64±1.75^{a}	19.37±1.69^{a}	ns
Aglenchus	0.91±0.68^{a}	0.45±0.17^{a}	ns	3.22±1.50^{a}	3.11±1.25^{a}	ns
Amplimerlinius	4.49±1.08^{a}	12.68±3.92^{b}	$P<0.05$	14.01±4.00^{b}	10.16±4.15^{a}	$P<0.01$
Basiria	9.48±2.23^{a}	10.56±1.68^{a}	ns	12.82±1.91^{a}	10.57±1.72^{a}	ns
Coslenchus	1.83±0.96^{a}	3.70±0.80^{a}	ns	6.15±1.90^{a}	8.10±1.45^{a}	ns
Merlinius	2.17±0.56^{a}	1.48±0.61^{a}	ns	2.25±0.97^{a}	5.91±1.48^{b}	$P<0.10$
Neopsilenchus	3.32±1.31^{a}	3.08±0.92^{a}	ns	3.25±0.83^{a}	3.32±0.95^{a}	ns
Ottolenchus	0.00±0.00^{a}	0.76±0.62^{b}	ns	2.49±1.19^{a}	2.03±0.82^{a}	ns
Tylenchus	20.33±4.35^{a}	18.32±2.89^{a}	ns	11.06±2.10^{a}	9.24±2.10^{a}	ns
植物寄生	44.34±4.24^{a}	52.58±2.89^{a}	ns	56.48±2.67^{a}	55.6±2.78^{a}	ns
Mesodorylaimus	0.35±0.17^{a}	1.39±0.46^{b}	$P<0.05$	0.87±0.44^{a}	1.96±0.80^{a}	ns
杂食/捕食性	2.12±0.89^{a}	4.55±0.82^{b}	$P<0.10$	2.21±0.48^{a}	4.20±0.80^{b}	$P<0.10$

* 比例低于1%的线虫不列在此表中。

** ns，差异不显著。

注：小写字母表示不同处理间差异显著（$P<0.05$）。

在线虫生态指数和代谢足迹方面，不施化肥条件下秸秆还田提升了线虫成熟度指数、结构指数、细菌足迹、真菌足迹，但统计上差异不显著，对植物足迹和结构足迹的提升在统计上显著，也显著降低了富集足迹（表6-10）。施用化肥条件下，秸秆还田对成熟度指数、结构指数、细菌足迹、植物足迹和富集足迹有一定的促进作用，但统计上差异不显著，但对真菌足迹和结构足迹的促进作用显著。同时比较明显的是，不施化肥条件下对结构足迹的促进作用强于施用化肥条件下（表6-10）。

表6-10　不施化肥和施用化肥条件下秸秆直接还田对线虫生态指数的影响

指数	不施化肥			施用化肥		
	秸秆不还田	秸秆还田		秸秆不还田	秸秆还田	
多样性	2.46±0.06[a]	2.58±0.08[a]	ns*	2.53±0.06[a]	2.62±0.05[a]	ns
成熟度	2.63±0.06[a]	2.81±0.08[a]	ns	2.74±0.06[a]	2.80±0.06[a]	ns
富集指数	60.55±4.44[a]	51.66±5.47[a]	ns	39.95±3.97[a]	39.64±5.57[a]	ns
结构指数	79.89±2.89[a]	84.03±3.23[a]	ns	75.59±3.47[a]	76.23±3.38[a]	ns
代谢足迹（μg C/100 g）						
细菌足迹	59.70±15.12[a]	63.42±12.27[a]	ns*	44.37±11.95[a]	57.09±11.85[a]	ns
真菌足迹	15.81±5.51[a]	16.13±4.85[a]	ns	29.83±9.48[a]	34.66±4.43[b]	$P<0.01$
植物足迹	39.02±9.69[a]	76.98±14.57[b]	$P<0.001$	67.59±10.35[a]	73.89±9.67[a]	ns
富集足迹	46.31±12.93[b]	28.00±6.93[a]	$P<0.05$	14.22±4.48[a]	17.64±4.90[a]	ns
结构足迹	36.66±8.85[a]	148.62±45.33[b]	$P<0.01$	64.63±21.77[a]	104.17±26.74[b]	$P<0.01$

* ns，差异不显著。

注：小写字母表示不同处理间差异显著（$P<0.05$）。

土壤食物网的调节机制可以分为两大类，一类为自下而上调节，即资源限制；另一类为自上而下调节，即通过捕食作用或级联效应对土壤食物网进行调节。本研究中杂食/捕食线虫的相对比例、成熟度指数、结构指数和结构足迹反映了自上而下调节功能，从中可以看出，秸秆还田尤其是不施肥条件下的秸秆还田，显著增加了这些指数值，这表明长期秸秆还田对土壤食物网的自上而下调节功能较强。相应地，食细菌线虫相对比例、食真菌线虫相对比例、细菌足迹、真菌足迹、富集指数则反应了自下而上的调节功能。但除了个别指标外，秸秆还田对这些指标的影响并不显著。这表明长期秸秆还田主要通过自上而下的方式对土壤食物网进行调节。出现这种现象的原因估计是长期秸秆还田促进了大团聚体的比例（Zhao 等，2018），从而有助于体型较大的线虫生存，而体型较大的线虫往往是杂食性或捕食性。

综上所述，长期秸秆还田一方面作为底物促进了土壤线虫数量的增加，另一方面可通过自上而下的方式对食物网进行调节。这从理论上证明了长期秸秆还田可以控制作物病虫害。曹志平等（2010）发现在盆栽试验中引入小麦秸秆可以控制番茄根结线虫。张四海等（2013）发现在根结线虫病土上引入秸秆，对病土食物网结构有一定的修复作用，从而促进了土壤健康。

第五节　秸秆直接还田的农学效应

秸秆还田改善了土壤的水、肥、气、热状况，优化了农田物理、化学、生物学性状，为作物高产、稳产、优质打下了基础。

湖北省农业科学院植保土肥研究所刘冬碧研究员等，以潜江实验站稻麦轮作制秸秆直接还田长期定位试验（试验概况见第六章第一节）为对象，研究了 2005—2015 年水稻和小麦产量、秸秆和籽粒养分吸收量。

一、秸秆直接还田作物产量年际变化

从 2005 年 6 月至 2015 年 5 月共收获 10 季水稻和 10 季小麦，历年水稻和小麦产量见表 6-11。结果表明，不施肥条件下实行秸秆直接还田，水稻仅 2011 年显著增产，小麦在 2010 年之后开始有 4 季显著增产；施氮磷钾肥条件下实行秸秆还田，水稻在 2008—2011 年有 4 季显著增产，小麦从 2010 年开始 5 季作物均连续显著增产。无论水稻或是小麦，在绝大多数年份，处理间作物产量表现为 NPKS>NPK>S>CK。同时还可看出，小麦产量的年际波动较大，与试验区域小麦产量受气象条件影响较大有关。

表 6-11　10 年秸秆直接还田对作物籽粒产量的影响（kg/hm^2）

作物	处理	年份									
		2005	2006	2007	2008	2009	2010	2011	2012	2013	2014
水稻	CK	6 813^{b}	6 938^{b}	6 347^{b}	5 413^{c}	6 364^{b}	6 755^{c}	5 030^{d}	7 139^{b}	5 815^{b}	6 289^{b}
	S	6 550^{b}	7 313^{b}	7 017^{b}	5 888^{c}	6 291^{c}	7 444^{c}	5 969^{c}	7 154^{b}	6 026^{b}	7 048^{b}
	NPK	7 575^{a}	8 088^{a}	8 194^{a}	6 925^{b}	6 858^{ab}	8 718^{b}	7 426^{b}	8 718^{a}	7 273^{a}	9 463^{a}
	NPKS	8 013^{a}	8 500^{a}	8 597^{a}	7 950^{a}	7 556^{a}	9 811^{a}	8 143^{a}	9 054^{a}	7 752^{a}	9 706^{a}
小麦	CK	2 238^{b}	2 136^{b}	3 045^{b}	2 135^{b}	1 328^{b}	1 911^{d}	1 700^{c}	1 438^{d}	1 473^{d}	881^{d}
	S	1 794^{c}	2 147^{b}	3 116^{b}	2 246^{b}	1 556^{b}	2 372^{c}	1 918^{c}	1 702^{c}	1 699^{c}	1 056^{c}
	NPK	3 213^{a}	3 186^{a}	4 519^{a}	3 016^{a}	3 544^{a}	4 721^{b}	3 291^{b}	3 019^{b}	2 391^{b}	1 512^{b}
	NPKS	3 175^{a}	3 209^{a}	4 513^{a}	3 152^{a}	3 745^{a}	5 310^{a}	3 573^{a}	3 287^{a}	3 017^{a}	2 067^{a}

注：同一年份同一作物不同字母表示在 0.05 水平上差异显著（LSD 法）。

作物年均籽粒产量和秸秆产量列于表 6-12。结果表明，在 10 个水稻—小麦轮作周期，秸秆直接还田对水稻、小麦的籽粒和秸秆产量的影响有所不同：不施肥条件下实施长期秸秆直接还田，水稻和小麦的籽粒分别平均增产 380 kg/hm^{2}和 133 kg/hm^2，增产幅度分别为 6.04%和 7.28%，增产不显著；施氮磷钾肥基础上实施长期秸秆直接还田，水稻和小麦的籽粒分别平均增产 584 kg/hm^{2}和 264 kg/hm^2，增产幅度分别为 7.37%和 8.15%，达显著水平；秸秆产量的变化趋势与籽粒相似，也为不施肥条件下增产不显著，施氮磷钾肥基础上秸秆年均增产量分别为 398 kg/hm^{2}和 611 kg/hm^2，增产幅度分别为 6.50%和 15.44%，达显著水平。由此可见，无论是绝对增产量还是增产幅度，配施化肥基础上的效果均较好。秸秆直接还田对作物的增产效应为小麦大于水稻，其中水稻籽粒的效应大于秸秆，小麦籽粒的效应又小于秸秆。从作物产量的变异系数看，作物“年度”产量的变异（平均 20.43%）明显高于“小区”产量的变异（平均 4.31%），即年际变异大于小区空间变异，并以小麦产量的表现更甚。在不同作物部位之间，产量的变异均表现为秸秆>籽粒。综上所述，只有在配施一定量化学肥料的基础上，秸秆还田才能发挥出较好的增产效果，其对小麦的增产效果优于水稻，但小麦产量的年际变异也较大。

表 6-12　10 年秸秆直接还田对作物年均籽粒和秸秆产量的影响

作物	部位	处理	产量（kg/hm^2）		产量相对值	变异系数（%）		秸秆还田增产（kg/hm^2）	秸秆还田增产（%）
			小区	年度		小区	年度		
水稻	籽粒	CK	6 290±403^{c}	6 290±685^{c}	79.4	6.40	10.9	—	—
		S	6 670±314^{c}	6 670±595^{c}	84.2	4.71	8.92	380	6.04
		NPK	7 924±152^{b}	7 924±860^{b}	100	1.91	10.9	—	—
		NPKS	8 508±181^{a}	8 508±789^{a}	107	2.13	9.28	584	7.37
	秸秆	CK	4 297±353^{c}	4 297±737^{c}	70.1	8.21	17.1	—	—
		S	4 498±269^{c}	4 498±671^{c}	73.4	5.97	14.9	201	4.68
		NPK	6 127±205^{b}	6 127±715^{b}	100	3.35	11.7	—	—
		NPKS	6 525±349^{a}	6 525±680^{a}	107	5.35	10.4	398	6.50
小麦	籽粒	CK	1 828±83^{c}	1 828±604^{b}	56.4	4.51	33.0	—	—
		S	1 961±48^{c}	1 961±554^{b}	60.5	2.44	28.3	133	7.28
		NPK	3 241±63^{b}	3 241±927^{a}	100	1.94	28.6	—	—
		NPKS	3 505±69^{a}	3 505±883^{a}	108	1.98	25.2	264	8.15

（续表）

作物	部位	处理	产量（kg/hm²）		产量相对值	变异系数（%）		秸秆还田增产（kg/hm²）	秸秆还田增产（%）
			小区	年度		小区	年度		
小麦	秸秆	CK	2 394±157[c]	2 394±767[b]	58.4	6.57	32.1	—	—
		S	2 640±182[c]	2 640±848[b]	64.5	6.90	32.1	246	10.28
		NPK	3 956±154[b]	3 956±1 082[a]	100	3.88	27.3	—	—
		NPKS	4 567±126[a]	4 567±1 198[a]	112	2.76	26.2	611	15.44

注：同一作物同一指标下不同字母表示在 0.05 水平上差异显著（LSD 法）。

二、秸秆直接还田作物养分利用状况

表 6-13 结果表明，秸秆还田对作物籽粒和秸秆氮、磷、钾含量的影响有增有减，大多数情况下增减幅度均小于 10%，影响不显著。不施肥条件下秸秆还田对作物不同部位磷含量的影响均表现为略有增加或不变，施氮磷钾肥条件下则均表现为略有降低；无论施肥与否，秸秆直接还田对作物籽粒氮、秸秆钾含量的影响均表现为增加，其中水稻籽粒氮和秸秆钾含量分别提高了 0.96%～4.61%和 2.38%～7.54%，小麦籽粒氮和秸秆钾含量则分别提高了 4.46%～5.21%和 7.42%～19.64%，表明秸秆直接还田对籽粒氮和秸秆钾含量的正效应为钾大于氮，同时小麦又大于水稻。从养分含量的年际间变异来看，不同作物、不同部位均表现为：氮和磷的变异秸秆>籽粒，钾的变异籽粒>秸秆，其中小麦的变异又大于水稻（仅秸秆钾含量除外），由此可见，养分含量较低的部位其年度变异相对较大，而小麦又比水稻对年际间条件的变化更加敏感。

表 6-13　10 年秸秆直接还田对作物籽粒和秸秆养分含量的影响

部位	处理	水稻						小麦					
		平均值（g/kg）			变异系数（%）			平均值（g/kg）			变异系数（%）		
		N	P	K	N	P	K	N	P	K	N	P	K
籽粒	CK	9.54[b]	2.79[a]	2.95[a]	9.7	12.6	27.1	17.85[b]	4.20[a]	5.08[a]	15.7	16.6	39.0
	M	9.98[b]	3.14[a]	3.23[a]	11.1	21.7	40.2	18.78[a]	4.29[a]	5.28[a]	14.6	16.1	38.8
	NPK	11.45[a]	3.10[a]	3.22[a]	11.4	11.2	34.6	19.74[a]	4.44[a]	5.07[a]	14.8	15.4	34.9
	NPK+M	11.56[a]	3.00[a]	3.02[a]	13.7	13.2	32.4	20.62[a]	4.37[a]	5.00[a]	14.2	15.2	36.7
秸秆	CK	5.12[a]	0.79[a]	24.79[a]	22.1	28.3	18.7	3.95[b]	0.62[a]	10.38[b]	25.0	51.6	28.5
	M	5.44[a]	0.79[a]	26.66[a]	23.4	27.8	20.3	3.89[b]	0.74[a]	11.15[b]	23.1	43.0	23.9
	NPK	5.97[a]	0.92[a]	25.18[a]	18.6	34.7	21.4	5.49[a]	0.82[a]	12.27[ab]	38.4	55.0	13.1
	NPK+M	6.37[a]	0.90[a]	25.78[a]	25.4	45.5	23.2	5.36[a]	0.78[a]	14.68[a]	35.4	43.0	17.0

作物养分吸收量是不同部位产量和养分含量共同作用的结果。10 年 20 季作物的年均养分吸收量结果列于表 6-14，结果表明，在不施肥条件下，秸秆直接还田对水稻氮、小麦磷和钾吸收量的增加不显著（10.5%~15.2%），但显著提高水稻磷、钾和小麦氮的吸收量（13.0%~17.3%）；在施氮磷钾肥基础上，秸秆直接还田对水稻和小麦磷吸收量的影响均不显著，提高的幅度分别为 3.95%和 7.39%，但显著增加了水稻和小麦的氮、钾吸收量，其中水稻氮和钾吸收量分别提高了 9.59%和 9.94%，小麦分别提高了 12.7%和 29.9%，不仅如此，秸秆直接还田还使水稻和小麦钾吸收总量中秸秆钾的占比分别提高了 1.2 个和 4.4 个百分点，达显著水平。可见，在施氮磷钾肥基础上，秸秆直接还田对作物养分吸收的效应表现为钾>氮>磷，其中小麦又大于水稻。作物养分吸收量的变异系数，其变化趋势与产量基本一致，即年际变异大于小区空间变异，其中小麦大于水稻，不同养分的变异又表现为：磷>钾>氮。

表 6-14 10 年秸秆直接还田对水稻和小麦养分吸收量的影响

作物	养分	处理	吸收量（kg/hm²）		变异系数（%）		吸收量相对值（%）	秸秆还田增加（kg/hm²）	秸秆还田增加（%）	秸秆吸收养分占比（%）
			小区	年度	小区	年度				
水稻	N	CK	81.6±7.6[c]	81.6±15.6[c]	9.35	19.2	63.1	—	—	25.7±1.4[b]
		S	90.1±7.3[c]	90.2±17.0[c]	8.09	18.8	69.7	8.5	10.5	25.6±0.8[b]
		NPK	129.3±4.6[b]	129.3±25.6[b]	3.55	19.8	100	—	—	29.3±1.1[a]
		NPKS	141.7±4.6[a]	141.8±33.2[a]	3.25	23.4	110	12.4	9.59	30.4±0.8[a]
	P	CK	20.8±2.0[c]	20.8±3.2[b]	9.77	15.6	68.4	—	—	15.6±0.8[b]
		S	24.4±2.1[b]	24.4±6.0[b]	8.56	24.6	80.3	3.6	17.3	14.1±0.7[c]
		NPK	30.4±2.3[a]	30.4±5.0[a]	7.59	16.4	100	—	—	19.4±0.9[a]
		NPKS	31.6±0.7[a]	31.6±6.3[a]	2.18	19.9	104	1.2	3.95	19.3±0.3[a]
	K	CK	123.4±7.9[d]	123.4±33.6[c]	6.43	27.2	68.2	—	—	84.7±0.6[c]
		S	142.7±11.2[c]	142.7±42.4[b]	7.87	29.7	78.8	19.3	15.6	84.8±0.5[c]
		NPK	181.0±7.2[b]	181.0±46.0[ab]	3.95	25.4	100	—	—	85.8±0.3[b]
		NPKS	199.0±7.1[a]	199.0±57.7[a]	3.58	29.0	110	18.0	9.94	87.0±0.4[a]
小麦	N	CK	41.6±1.3[d]	41.6±14.9[b]	3.11	35.9	48.6	—	—	22.2±0.9[b]
		S	47.0±0.8[c]	47.0±15.9[b]	1.79	33.8	54.9	5.4	13.0	21.4±1.6[b]
		NPK	85.6±2.5[b]	85.6±28.9[a]	2.97	33.8	100	—	—	24.7±0.8[a]
		NPKS	96.5±1.2[a]	96.5±28.3[a]	1.24	29.4	113	10.9	12.7	24.8±1.0[a]

（续表）

作物	养分	处理	吸收量（kg/hm²）		变异系数（%）		吸收量相对值（%）	秸秆还田增加（kg/hm²）	秸秆还田增加（%）	秸秆吸收养分占比（%）
			小区	年度	小区	年度				
小麦	P	CK	9.5±0.6[b]	9.5±5.2[b]	6.72	55.4	54.0	—	—	15.3±1.3[b]
		S	10.6±0.7[b]	10.6±4.6[b]	6.90	43.5	60.2	1.1	11.6	18.3±2.6[a]
		NPK	17.6±1.4[a]	17.6±6.9[a]	7.95	39.4	100	—	—	17.8±1.8[a]
		NPKS	18.9±0.4[a]	18.9±6.4[a]	2.15	33.6	107	1.3	7.39	18.5±1.4[a]
	K	CK	33.5±3.4[c]	33.5±10.7[c]	10.1	32.0	51.1	—	—	72.5±1.6[c]
		S	38.6±1.9[c]	38.6±10.7[c]	4.83	27.8	58.9	5.1	15.2	73.9±1.2[b]
		NPK	65.5±3.4[b]	65.4±19.7[b]	5.14	30.2	100	—	—	74.8±0.8[b]
		NPKS	85.1±4.4[a]	85.1±26.8[a]	5.20	31.5	130	19.6	29.9	79.2±1.5[a]

注：小写字母表示不同处理间差异显著（$P<0.05$）。

由于作物产量和养分含量的双重作用，在施氮磷钾肥条件下，秸秆还田对水稻和小麦产量和养分吸收量的效应均表现为：钾>氮>籽粒产量>磷。此外，以单施化肥为参照，在不施肥条件下，水稻籽粒和秸秆的相对产量分别为79.4和70.1，氮、磷、钾的相对吸收量分别为63.1、68.4和68.2；小麦籽粒和秸秆的相对产量分别为56.4和58.4，氮、磷、钾的相对吸收量分别为48.6、54.0和51.1，因此不施肥条件下养分吸收比作物产量更加敏感，其敏感程度为氮>钾>磷，小麦>水稻。从另一个角度来说，在不施肥条件下，水稻比小麦更能维持较高的产量和养分吸收量。

为了进一步探讨秸秆直接还田对作物养分吸收量的影响因素，暂不考虑其他养分来源，将配施氮磷钾肥基础上秸秆还田处理（NPKS）中，还田秸秆所带入的年均养分量及其占年均养分施用总量（即化肥养分+秸秆养分）的比例列于表6-15，可以看出，秸秆养分占比为钾>氮>磷，且小麦>水稻。相关分析表明，施氮磷钾肥基础上秸秆直接还田增加作物养分吸收量的幅度与其所含养分量在养分施用总量中的比例呈显著正相关（$r=0.874^{*}$，$n=6$）。S和NPKS两个处理还田的秸秆均来自于附近同一地块，水稻季还田的为麦秆，小麦季还田的是稻草，用量均为6 000 kg/hm²。稻草中氮、磷和钾的含量均高于麦秆，尤其是稻草中钾的含量平均约为麦秆的2倍，且小麦季化肥氮磷钾施用量均低于水稻，因此小麦季秸秆养分尤其是钾在养分施用总量的比例均高于水稻季。由此可见，小麦季秸秆还田对提高作物产量和促进养分吸收的效果优于水稻，在很大程度上可能与还田秸秆中所带入的养分量及其比例较高有关。

表 6-15　配施氮磷钾肥基础上年均还田秸秆养分量及其占养分施用总量的比例

作物	养分量（kg/hm^2）			比例（%）		
	N	P	K	N	P	K
水稻秸秆	30.2	4.51	74.7	16.8	10.3	49.9
小麦秸秆	36.8	5.26	146	23.5	13.8	74.5

三、秸秆直接还田增产潜势

秸秆直接还田是实现作物产量提升的重要措施。谭德水等（2008）研究表明，在施氮磷肥基础上小麦秸秆连续全量还田，河北辛集市小麦和玉米年均分别增产 3.0% 和 6.8%，山西临汾市小麦年均增产 5.0%。王志勇等（2012）在河北廊坊市的 3 年定位试验结果表明，施氮磷肥基础上秸秆还田小麦和玉米分别增产 2.38% 和 3.93%，进一步增施钾肥基础上秸秆还田分别增产 6.44%和 4.99%。刘禹池等（2014）在四川广汉市的 7 年定位试验表明，水稻—油菜轮作体系下实施连续秸秆还田，水稻和油菜年均分别增产 6.1%和 5.8%。陆强等（2014）在江苏常熟的 2 年定位试验结果表明，秸秆全量还田水稻年均增产 6.0%，小麦年均增产 8.8%。刘冬碧等（2017）在湖北江汉平原的 10 年定位试验结果表明，水稻—小麦轮作体系下实施连续秸秆还田，水稻和小麦年均分别增产 7.37%和 8.15%。综上所述，尽管生态区域不同、各地试验条件差异较大，不同学者报道的秸秆还田增产幅度通常在 10%以内。Takahashi 等（2003）通过短期和长期定位试验比较，发现年限是影响秸秆还田效果的一个重要因素。Huang 等（2013）分析了全国水稻秸秆还田试验数据，指出秸秆还田后水稻的平均增产率为 5.2%，并认为秸秆还田的增产效果受到年均气温、土壤养分状况、还田年限以及施肥等因素的影响。戴志刚等（2010 和 2011）的研究还表明，秸秆翻耕还田的增产效果显著优于免耕还田。可见，还田方式也是影响秸秆增产效果的重要因素。

稻—麦轮作制主要分布在我国长江中下游区域，是我国重要的水稻种植模式。基于近 20 年文献数据的 Meta 分析结果表明（朱冰莹等，2017），稻—麦轮作制下秸秆还田能够显著增加稻麦产量，但水稻产量的响应程度要显著强于小麦，秸秆不同还田量对小麦产量的影响不明显，但小麦秸秆还田量大于 3 750 kg/hm^2时显著增加水稻产量。2005—2018 年在湖北潜江的长期定位试验结果表明（未发表资料），与秸秆不还田处理（NPK）相比，每季秸秆还田 3 000 kg/hm^2（$NPKS_{1/2}$）和每季秸秆还田 6 000 kg/hm^2（NPKS）的小麦平均产量分别提高了6.9%和10.5%，说明秸秆还田有助于提高小麦产量，并且高秸秆还田量的增产效果优于低秸秆还田量的效果；从第6个轮作周期开始，NPKS和NPK处理间小麦产量存在显著性差异（$P<0.05$），且NPKS的产量显著高于NPK处理，增幅在4.5%~58.0%；14个轮作周期的水稻产量结果表明，秸秆还田处理的水稻产量高于秸秆不还田处理的水稻产量，各处理水稻平均产量依次为NPKS>$NPKS_{1/2}$>NPK，其中$NPKS_{1/2}$和NPKS处理的水稻平均产量比NPK处理分别提高406.4 kg/hm^2和571.8 kg/hm^2，增幅分别为5.1%和7.1%，与小麦产量变化趋势相似，高秸秆还田量处理的增产效果优于低秸秆还田量处理。

麦-玉系统主要分布在我国中、北部地区。杨晨璐等（2018）研究发现陕西关中地区麦玉轮作制下，秸秆还田较不还田处理分别提高了4季冬小麦和5季夏玉米的产量，增产幅度随年限的延长而增加，其中冬小麦每年依次提高了4%~6%、5%~10%、7%~10%和8%~12%，夏玉米依次为1%~2%、3%~6%、4%~7%、5%~8%和3%~7%；长期秸秆还田配减量施氮在保证冬小麦及夏玉米维持较高产量的情况下，还显著改善了作物水肥利用状况。Bai等（2015）发现，麦玉系统下与不还田处理相比，小麦季秸秆还田处理增产幅度在6.6%~53.4%，表现出较大的变异性和不稳定性；对不同年份平均产量与秸秆还田增产百分率的相关分析表明，各试验年平均产量与增产百分率呈极显著负相关（$r=-0.7858^{**}$），这意味着年内产量越低，秸秆还田的增产效果越高；玉米季秸秆还田处理的玉米产量比不还田处理平均提高13.2%，秸秆还田增产幅度比小麦低。不同年份秸秆还田产量增幅变化明显，在2.1%~28.1%。与小麦不同，秸秆还田玉米的增产率不随玉米平均产量的变化而明显变化（Bai等，2015）。

从还田方式的效果看，秸秆翻耕还田或旋耕还田的效果通常优于免耕还田（戴志刚等，2011）。与常规翻耕和免耕相比，秸秆还田条件下，采用长期旋耕的方式能够进一步提高土壤肥力质量和水稻产量；与翻耕+秸秆还田相比，翻耕+秸秆不还田和免耕+秸秆还田早稻平均产量分别降低3.5%和5.2%，晚稻平均产量分别降低3.6%和6.4%；与翻耕+秸秆还田相比，旋耕+秸秆还田处理早稻和晚稻平均产量分别增加6.1%和3.1%。由此可见，旋耕是一种较好的秸秆还田增产方式。

四、秸秆直接还田对作物产量的主要贡献是稳产

作物秸秆还田后，通过自身的腐解，提供养分、改善土壤物理、化学、生

物学性状，为作物生长提供一个良好的生态环境，并通过增加产量、促进养分吸收等形式表达出来（刘冬碧等，2017）。作物秸秆中含有大量的钾，这些钾素很容易被释放出来供作物吸收利用，因此秸秆还田在提高土壤有效钾含量、维持土壤钾平衡方面起着重要作用（谭德水等，2008），被作为大量替代化学钾肥、促进我国钾肥资源高效利用（刘秋霞等，2015），实现化学肥料“零增长”的主要措施之一（童军，2016）。作物秸秆中虽然也含有较高的氮，但水稻、小麦和油菜等多种作物秸秆中的氮素释放周期均比钾、磷、碳等养分要长，其释放速率是最慢的（戴志刚，2010）。因此，从当季作物所需的养分总量来看，秸秆还田在提供氮素和磷素方面的作用仍然十分有限，无论是短期秸秆还田、还是长期秸秆连续还田，秸秆还田的增产幅度通常在 10% 以下。2005—2018 年在湖北潜江的长期定位试验结果表明，氮磷钾配施秸秆还田处理的水稻产量在第 3、5、6、11、13 轮作周期显著增加，增幅在 4.3% ~ 14.8%，其他时期增产不明显，说明秸秆还田对水稻产量的影响是一个长期过程，只有持续秸秆还田才能达到增产效果，且水稻的产量维持在一个相对稳定的水平。

无论是根据“矿质营养学说”和“养分归还学说”，还是我国农业生产发展的历史经验都一致表明，实行化肥与有机肥（包括但不仅限于作物秸秆）的配合施用，不断向土壤补充矿质养分的消耗，使土壤生态系统养分平衡出现一定量的盈余，是实现作物高产优质和农业生产高效、维持和提高土壤生产力的基本途径和技术措施。秸秆还田后，其养分的释放是一个缓慢的、渐进的、持续的累积过程（钾除外），连续的、长期的秸秆还田不断地增加和均衡土壤养分库容，改善土壤物理、化学和生物性状，提高土壤保肥供肥和缓冲性能，维持和提高土壤基础肥力，促进作物健康生长和高产稳产。

第六节　秸秆直接还田的环境效应

一、秸秆直接还田对农田氮磷流失的影响

有许多研究探讨了秸秆直接还田对稻田氮磷流失的影响，有的研究秸秆还田（不替代养分）对氮磷流失的影响，有的研究秸秆还田（替代部分养分）对氮磷流失的影响。朱利群等（2012）研究表明，秸秆直接还田会使稻田 TN 流失减少 20.0% ~ 28.9%，TP 流失减少 10.3% ~ 22.0%。陈琨等（2009）研究发现，秸秆直接还田，稻麦轮作农田 TN 和 TP 流失量分别降低

22.5%和6.2%。朱坚等（2016）在双季稻上连续7年研究发现，晚稻秸秆全量还田并等量替代化肥，稻田TN和TP流失量分别降低12.6%和9.7%。刘红江等（2011）研究表明，麦秸直接还田、麦秸还田并氮磷钾肥各减20%，都不会降低稻田径流水量，但会使TN流失量分别降低9.2%和14.6%，使TP流失量分别降低10.9%和16.4%。总的来看，不论是替代还是不替代部分养分，秸秆直接还田都有一定的降低稻田氮磷流失的作用。

也有关于秸秆直接还田对旱地氮磷流失影响的研究，且多数是关于秸秆覆盖还田对旱地氮磷流失的影响。研究显示，秸秆覆盖还田能使玉米地径流产流量与产沙量比不覆盖的对照分别减少30.5%和22.9%，地表径流氮、磷流失量分别降低27.4%和32.3%（王静等，2010）。对不同种植模式多年连续监测也表明，秸秆覆盖还田都有一定的降低农田氮、磷流失的作用，特别是玉米秸覆盖的玉米田氮磷减排更为明显，而且秸秆覆盖还田的减排作用更主要是通过减少地表径流水量来实现。

二、秸秆直接还田对农田氨挥发的影响

有许多关于秸秆直接还田对土壤氨挥发影响的研究报道。许仁良（2010）研究发现，秸秆直接还田促进稻田氨挥发。汪军等（2013）发现麦秸还田下，乌栅土和黄泥土稻季氨挥发损失比单施氮肥处理分别增加了19.8%和20.6%。张刚等（2016）研究认为，秸秆全量还田会使稻田氨挥发总量由秸秆不还田的10.01 kg/hm^{2}增加至11.83 kg/hm^2，增加18.2%。在秸秆淹水还田初期，出现土壤Eh急剧下降与pH值迅速上升的情况，显著增加了施入稻田尿素的氨挥发损失（张洪熙等，2008）。秸秆还田促进稻田氨挥发，可能与秸秆还田提高土壤脲酶活性和土壤pH值有关（张刚等，2016）。

秸秆还田对旱地氨挥发影响的结果不尽一致。在小麦—玉米轮作农田上的研究表明，秸秆还田显著影响混施基肥期的土壤氨挥发而非表施追肥期；与无秸秆配施相比，配施100%或50%秸秆分别降低了35.1%和16.1%的年累积氨挥发量；秸秆还田降低氨挥发，可能与秸秆的高C/N比及土壤较高的微生物活性，促进了无机氮的固定，降低土壤铵态氮浓度有关（Zhang等，2020）。但对全球相关文章进行meta分析表明，秸秆还田会使旱地氨挥发增加17.0%，旱地氨挥发增加可能与秸秆还田增加脲酶活性有关（Xia等，2018）。

三、秸秆直接还田对土壤温室气体排放的影响

湖北省农业科学院植保土肥研究所徐祥玉博士等，在潜江实验站，以稻麦

轮作制秸秆直接还田长期定位试验（试验处理见第六章第一节）为对象，于2018 年 6 月至 2019 年 5 月通过静态箱-气相色谱法研究了秸秆直接还田对土壤温室气体（二氧化碳、甲烷和氧化亚氮）排放的影响。

（一）秸秆直接还田对土壤二氧化碳排放的影响

稻麦轮作体系中，CK、NPK、S、$NPKS_{1/2}$和 NPKS 年度 CO_2排放通量分别介于-434.5～1 065.8 mg/(m^2·h)、-416.4～1 611.8 mg/(m^2·h)、-352.4～996.5 mg/(m^2·h)、-90.6～1 637.6 mg/(m^2·h)和-391.2～2 127.2 mg/(m^2·h)，稻季所有处理的 CO_2排放通量随着温度升高而升高，9 月中旬降低，随后降低直至水稻收获完毕；在小麦季从 2 月中旬开始逐步升高，直至小麦收获一致处于不断攀升状态。

稻麦轮作体系水稻季所有处理排放通量明显高于小麦季。在水稻季，CK、NPK、S、$NPKS_{1/2}$和 NPKS 处理平均 CO_2 排放通量分别为 348.9±25.9 mg/(m^2·h)、536.2±42.5 mg/(m^2·h)、502.8±79.1 mg/(m^2·h)、441.4±61.9 mg/(m^2·h) 和 605.9±40.7 mg/(m^2·h)，其中 NPKS 处理最高，显著高于 CK（P<0.05），其余处理之间差异不显著。在小麦季，CK、NPK、S、$NPKS_{1/2}$和 NPKS 处理平均 CO_2排放通量分别为 129.3±25.5 mg/(m^2·h)、268.8±14.4 mg/(m^2·h)、173.2±12.8 mg/(m^2·h)、277.4±28.7 mg/(m^2·h)和 234.5±25.5 mg/(m^2·h)，其中，$NPKS_{1/2}$处理最高，显著高于 CK（P<0.005）和 S（P<0.05）、NPK 处理显著高于 S（P<0.05）和 CK（P<0.005）、NPKS 处理显著高于 CK（P<0.05）。年度平均通量看，NPKS 处理最高，显著高于 CK（P<0.01）。

稻麦轮作体系不同作物季及年度 CO_2 累积排放量表明，在水稻季，CK、NPK、S、$NPKS_{1/2}$和 NPKS 处理 CO_2 累积排放量分别为 1.10±0.10 kg/m^2、1.65±0.08 kg/m^2、1.50±0.27 kg/m^2、1.45±0.16 kg/m^2和 1.88±0.15 kg/m^2，其中 NPKS 处理显著高于 CK（P<0.01），其余处理之间差异不显著。在小麦季，CK、NPK、S、$NPKS_{1/2}$和 NPKS 处理 CO_2 累积排放量分别为 0.56±0.07 kg/m^2、1.36±0.08 kg/m^2、0.81±0.08 kg/m^2、1.31±0.14 kg/m^2和 1.19±0.15 kg/m^2，其中 NPKS、$NPKS_{1/2}$和 NPK 最高，分别显著高于 CK（P<0.05；P<0.005；P<0.005），其中 NPK 显著高于 S 处理（P<0.05）。年度总排放来说，NPKS、$NPKS_{1/2}$和 NPK 最高，分别显著高于 CK（P<0.005；P<0.05；P<0.005）。从不同季节比例看，CK、NPK、S、$NPKS_{1/2}$和 NPKS 处理在水稻季节 CO_2 累积排放量占总排放量百分比分别为 66.3%、54.6%、65.2%、

52.5%和61.5%，可见，从年度看稻季时间不足5个月，但其CO_2排放总量占比超过一半。以上试验数据表明，在稻麦轮作制常规化肥施用条件下，与秸秆不还田相比较，秸秆还田明显提高土壤碳汇（图6-18），同时，增加了CO_2排放但不显著（图6-19）。

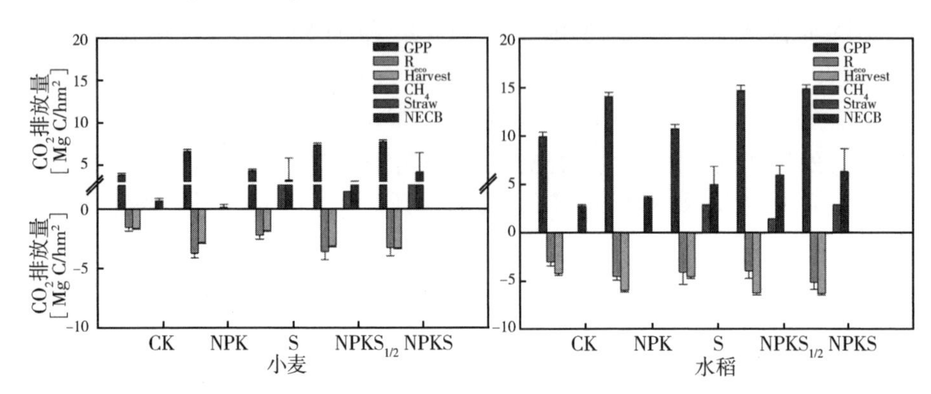

图6-18　稻麦体系生态系统碳平衡

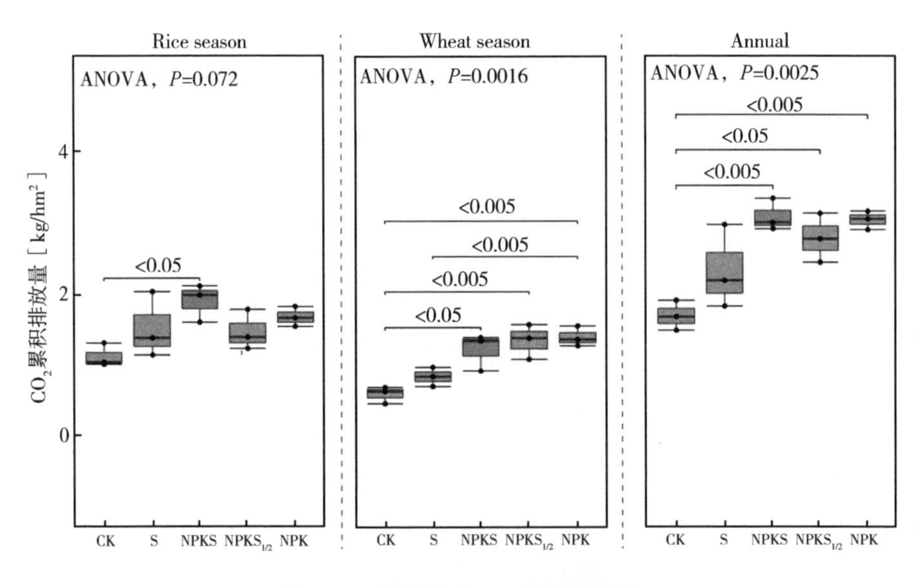

图6-19　稻麦体系CO_2累积排放量

（二）秸秆直接还田对土壤甲烷排放的影响

秸秆直接还田对土壤甲烷排放影响的研究多集中在稻田上。许多研究表明，秸秆直接还田会促进稻田甲烷的排放（蒋静艳等，2003）。而且据测算，秸秆直接还田会使我国稻田甲烷排放从无秸秆还田的 5.796 Tg/年增加到 9.114 Tg/年，秸秆直接还田引起甲烷增排 3.318 Tg/年，其全球增温潜势达 82.95 Tg CO_2-eqv/年（逯非等，2010）。此外，秸秆还田方式会影响稻田甲烷的排放。秸秆粉碎还田可增加稻季 113%的甲烷排放量，覆盖还田增加稻季 27%的甲烷排放量（Ma 等，2010；Ma 等，2008）。

徐祥玉博士等以潜江实验站秸秆还田长期定位试验（试验处理见第六章第一节）为对象，研究稻麦轮作秸秆直接还田后，作物不同生育期 CH_4、N_2O 和 CO_2的排放过程。结果表明，秸秆直接还田量和作物生长季节会显著影响甲烷排放。稻麦轮作体系中，CK（秸秆不还田不施肥）、NPK（仅施化肥）、S（每季秸秆还田 6 000 kg/hm^2，不施肥）、$NPKS_{1/2}$（每季秸秆还田 3 000 kg/hm^2，施肥）和 NPKS（每季秸秆还田 6 000 kg/hm^2，施肥）年度 CH_4排放通量分别介于 −0.18～10.08 mg/(m^2·h)、−0.83～12.01 mg/(m^2·h)、−0.27～16.08 mg/(m^2·h)、−0.35～28.75 mg/(m^2·h) 和 −0.43～27.17 mg/(m^2·h)，所有处理的变化趋势为插秧前随着温度升高而升高，在水稻种植的 6 月底达到第一个排放高峰，随后降低，在 7 月上旬为第二个排放高峰，随后降低直至水稻收获完毕；在小麦季则一直处于低排放状态。

稻麦轮作体系不同作物季节及年度 CH_4平均排放通量表明，水稻季所有处理排放通量明显高于小麦季，在水稻季，CK、NPK、S、$NPKS_{1/2}$和 NPKS 处理平均 CH_4排放通量分别为 2.12±0.17 mg/(m^2·h)、1.85±0.25 mg/(m^2·h)、2.99±0.25 mg/(m^2·h)、3.41±0.43 mg/(m^2·h) 和 3.94±0.45 mg/(m^2·h)，其中为 NPKS 处理最高，显著高于 CK 和 NPK 处理，同时 $NPKS_{1/2}$显著高于 NPK 处理。小麦季所有处理 CH_4平均排放通量均介于−0.0～0.01 mg/(m^2·h)，处理间差异不显著。年度平均通量看，NPKS 处理最高，显著高于 CK（$P<0.001$）和 NPK（$P<0.001$），同时 S 和 $NPKS_{1/2}$也显著高于 CK 和 NPK。

稻麦轮作体系不同作物季节及年度 CH_4累积排放量表明，与平均排放通量类似，水稻季所有处理累积排放量明显高于小麦季，在水稻季，CK、NPK、S、$NPKS_{1/2}$和 NPKS 处理 CH_4累积排放量分别为 3.89±0.23 g/m^2、3.43±0.58 g/m^2、5.13±0.31 g/m^2、6.10±0.30 g/m^2 和 7.23±0.82 g/m^2，其中 NPKS 处理显著高于 CK（$P<0.001$），NPK 和 $NPKS_{1/2}$处理显著高于 NPK 处理（$P<0.05$）。小麦季所有处理 CH_4累积排放量接近于零，其中 CK、$NPKS_{1/2}$和 NPKS 处理麦季 CH_4累积排放量甚至为负值，因此，水稻季 CH_4累积排放量可

以代表其年度总排放量。总体上，在周年尺度上，秸秆还田显著提高稻麦轮作体系甲烷排放（图 6-20）。

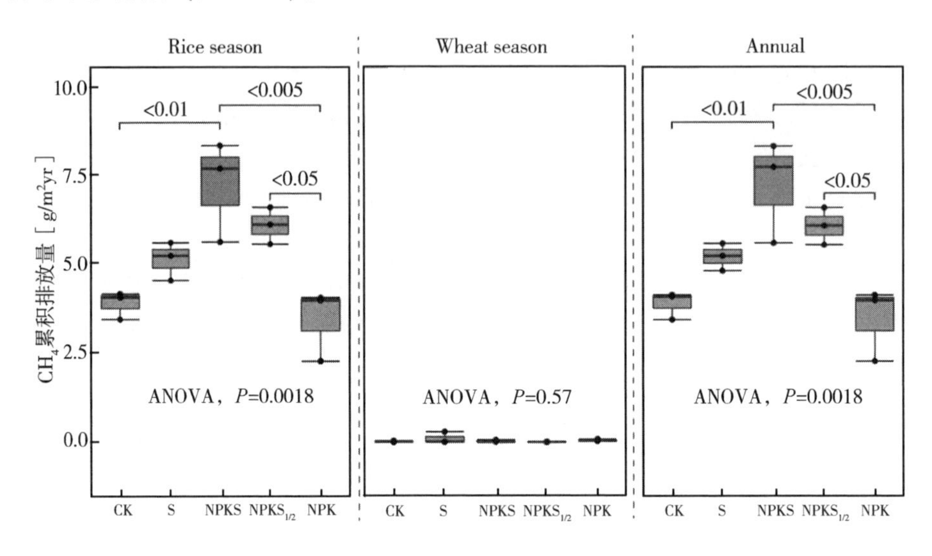

图 6-20　稻麦体系 CH_4 累积排放量

（三）秸秆直接还田对土壤氧化亚氮排放的影响

稻麦轮作体系 CK、NPK、S、$NPKS_{1/2}$和 NPKS 年度 N_2O 排放通量分别介于 -0.06～0.29 mg/(m² · h)、-0.05～0.88 mg/(m² · h)、-0.05～0.25 mg/(m² · h)、-0.03～1.14 mg/(m² · h) 和-0.06～1.13 mg/(m² · h)，稻季 N_2O 排放随着肥料施用而升高，在 8 月中旬降低直至水稻收获完毕；在小麦季施肥后急剧升高，但 2018 年底的追肥并没有显著刺激 N_2O 排放，小麦收获前随气温升高，N_2O 排放逐步升高直至小麦收获。

稻麦轮作体系不同作物季节及年度 N_2O 平均排放通量表明，小麦季 N_2O 平均排放通量明显高于水稻季。在水稻季，CK、NPK、S、$NPKS_{1/2}$和 NPKS 处理平均 N_2O 排放通量分别为 0.01±0.001 mg/(m² · h)、0.02±0.001 mg/(m² · h)、0.01±0.001 mg/(m² · h)、0.03±0.001 mg/(m² · h) 和 0.02±0.001 mg/(m² · h)，其中为 $NPKS_{1/2}$处理最高，但处理之间差异不显著。在小麦季节，CK、NPK、S、$NPKS_{1/2}$和 NPKS 处理平均 N_2O 排放通量分别为 0.02±0.001 mg/(m² · h)、0.08±0.01 mg/(m² · h)、0.02±0.001 mg/(m² · h)、0.10±0.01 mg/(m² · h) 和 0.07±0.01 mg/(m² · h)，其中为 $NPKS_{1/2}$处理最高，显著高于 CK（$P<0.01$）和 S（$P<0.01$），同时，其他处理之间差异不显著。年

度平均通量看，$NPKS_{1/2}$处理最高，显著高于 CK（$P<0.05$）。

稻麦轮作体系不同作物季节及年度 N_2O 累积排放量表明，在水稻季节，CK、NPK、S、$NPKS_{1/2}$和 NPKS 处理 N_2O 累积排放量分别为 0.02±0.01 g/m^2、0.04±0.01 g/m^2、0.03±0.01 g/m^2、0.05±0.01 g/m^2 和 0.04±0.01 g/m^2，其中 $NPKS_{1/2}$处理最高，但所有处理之间差异不显著。在小麦季节，CK、NPK、S、$NPKS_{1/2}$和 NPKS 处理 N_2O 累积排放量分别为 0.04±0.01 g/m^2、0.11±0.01 g/m^2、0.03±0.005 g/m^2、0.16±0.01 g/m^2 和 0.09±0.04 g/m^2，其中 $NPKS_{1/2}$最高，分别显著高于 CK（$P<0.005$）和 S（$P<0.005$）。在稻麦轮作制下，$NPKS_{1/2}$处理 N_2O 累积排放量显著高于 CK（$P<0.005$）和 S（$P<0.005$），但与 NPK 处理无显著差异（图 6-21）。

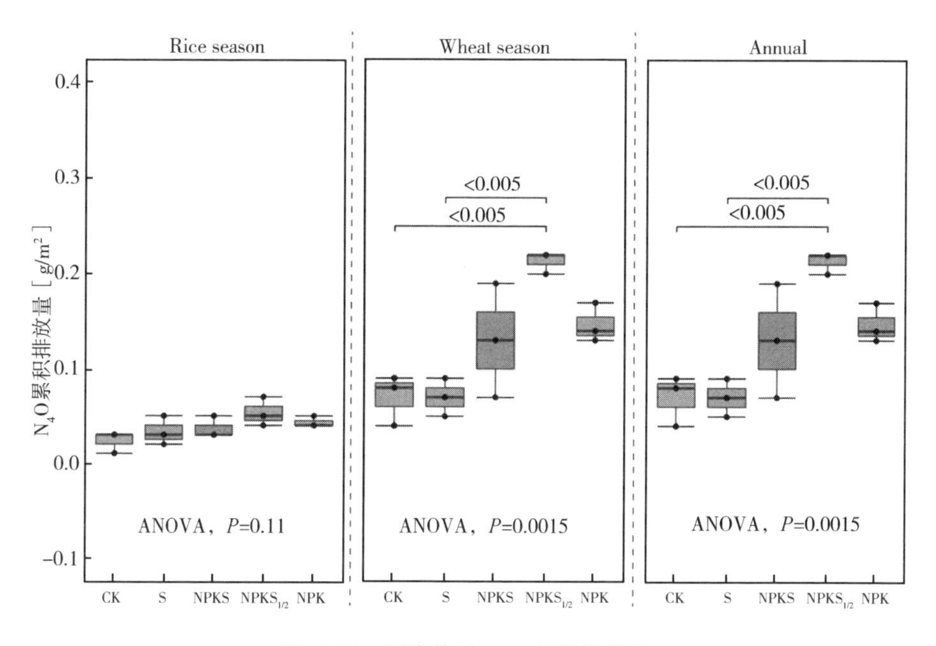

图 6-21　稻麦体系 N_2O 累积排放量

从不同作物季节比例看，CK、NPK、S、$NPKS_{1/2}$和 NPKS 处理在水稻季节 N_2O 累积排放量占总排放量百分比分别为 28.6%、26.7%、42.8%、23.8%和 30.7%，可见，除 S 处理外，其他处理在稻季 N_2O 排放总量占年度总量比例不超 1/3。总体上，在 NPK 基础上秸秆还田对稻麦轮作体系周年尺度上 N_2O 排放无显著影响。

目前，秸秆直接还田对农田氧化亚氮排放影响的研究结果不尽一致。在稻田上，有研究者认为秆秸直接还田会增加稻田氧化亚氮排放（Aulakh 等，2001；李成芳等，2011；徐祥玉等，2017），但多数研究认为，秸秆还田会降低稻田氧化亚氮的排放（张岳芳等，2009），对全球相关文章进行 meta 分析也表明，秸秆直接还田会使稻田氧化亚氮排放降低 17.3%（Xia 等，2018）。秸秆还田降低稻田氧化亚氮排放可能是秸秆还田促进了土壤氮素的微生物固定，使硝化和反硝化作用的底物减少所致。

刘全全等（2016）研究了秸秆和地膜覆盖条件下旱作冬小麦田 N_2O 通量变化及水热状况，在中国科学院长武农业生态试验站采用静态箱-气相色谱法测定了冬小麦种植期间无覆盖处理（CK）、地膜覆盖处理（PM）、全年覆盖秸秆处理 4 500 kg/hm^2（M4500）和全年覆盖秸秆处理 9 000 kg/hm^2（M9000）土壤 N_2O 排放通量。结果表明，秸秆覆盖还田会增加土壤氧化亚氮的排放，全年覆盖秸秆4 500 kg/hm^{2}和9 000 kg/hm^2，土壤氧化亚氮平均排放通量分别为 131.31 μg/(m^2·h) 和 142.26 μg/(m^2·h)，比秸秆不还田[110.64 μg/(m^2·h)]分别提高了 18.68%和 28.57%；在小麦—玉米轮作农田上的结果也表明，秸秆还田会增加氧化亚氮的排放量（许宏伟等，2020）。但也有研究表明，秸秆还田并不会对冬小麦田的氧化亚氮排放有明显影响（Xu 等，2019），秸秆全量还田会降低麦季氧化亚氮的排放量（张岳芳等，2012）。此外，秸秆还田方式也会影响氧化亚氮的排放。在稻麦轮作农田上，秸秆粉碎还田可降低麦季 3%～18%的氧化亚氮排放量，覆盖还田增加麦季 15%～39%的氧化亚氮排放量（Ma 等，2010；Ma 等，2008）。

（四）秸秆直接还田的总体温室效应

秸秆直接还田，一方面促进土壤对碳的固定，降低温室效应，另一方面也会影响二氧化碳、甲烷、氧化亚氮等温室气体的排放。那秸秆还田的总体温室效应如何？有研究估算，我国稻田土壤秸秆直接还田的固碳潜力为 10.48 Tg C/年，对减缓全球变暖的贡献为 38.43 Tg CO_2-eqv/年；但秸秆直接还田后，稻田甲烷排放将从无秸秆还田的 5.796 Tg/年增加到 9.114 Tg/年，秸秆直接还田引起甲烷增排 3.318 Tg/年，其全球增温潜势达 82.95 Tg CO_2-eqv/年，为土壤固碳减排潜力的 2.158 倍，稻田秸秆直接还田的甲烷增排的温室效应会大幅抵消土壤固碳的减排效益（逯非等，2010）。徐祥玉博士（2020）对稻麦两熟农田的研究发现，稻麦秸秆全量还田会降低麦季甲烷的排放量，增加稻季甲烷排放量，总体上会使稻麦两熟农田周年甲烷排放总量从无秸秆还田的 156 kg CH_4/hm^{2}增加到 394 kg CH_4/hm^2，增加幅高达 152%；常规施肥下稻麦秸秆全量还田，对稻季氧化亚氮的排放没影响，会小幅度降低麦季氧化亚氮的排放量，由于麦季 N_2O 排放是周年排放的主体，所以在周年上仍然会导致N_2O排放总量小幅度降低（从 NPK 处理的2. 79 kg N_2O/hm^2降至 NPKS 处理的2. 39 kg N_2O/hm^2，降幅为 14%）。此外，秸秆还田会使稻麦两熟农田土壤碳固定量从无秸秆还田的0. 18 t C/hm^2增加至1. 14t C/hm^2，增加531%。从综合温室效应来看，秸秆直接还田会增加稻麦两熟农田的温室效应，净增温潜势将从无秸秆还田的4 058 kg CO_2-eqv/hm^2增加至6 383 kg CO_2-eqv/hm^2，增加 57%（张岳芳等，2012）。

综上所述，秸秆直接还田总体上会增加稻田和稻麦轮作农田的温室效应。但这些研究是以秸秆不还田为对照获得的，并未综合考虑不还田情况下，秸秆其他利用途径下的温室效应。因此，要客观评价秸秆直接还田的综合温室效应，还需进一步研究秸秆不同利用途径以及不同种植模式下秸秆还田的温室效应。

（五）秸秆直接还田调节土壤环境

农业是温室气体排放的主要来源之一，农田系统的碳排放主要是由土壤呼吸和植物呼吸作用产生。其中，土壤呼吸包括植物根系呼吸、土壤微生物呼吸、土壤动物呼吸，以及含碳物质的化学氧化作用。农田土壤释放温室气体包括耕作和土壤生物化学过程中产生的 CO_2、稻田土壤 CH_4、稻田灌溉和施肥产生的 N_2O。无论秸秆是否还田，农田生态系统都存在温室效应。秸秆直接还田后向原土壤中输入了有机物料，对土壤呼吸产生重要影响。土壤呼吸，一部分来自微生物对有机质的分解，即异养呼吸作用（RH），一部分源于根系的呼吸，即自养呼吸作用（RA）。前者与微生物的数量和生物量有关，秸秆还田可以增加土壤微生物的数量和活性，因此，秸秆还田理论上会增强土壤的呼吸作用。耕作条件的改变会影响土壤的呼吸作用，合理配施 N 肥可以降低土壤 CO_2的排放；无论是水稻生长季还是非生长季，减少淹水时间，都能够很大程度上减少 CH_4排放量。因此，秸秆直接还田后稻田温室气体的主要减排措施需要考虑从肥料管理、水分管理、栽培方式、耕作措施等方面入手。优化肥料管理能够提高养分资源利用率和改善稻田生态环境。水分管理一般分为常规灌溉和节水灌溉（湿润灌溉、干湿交替、控制灌溉、覆膜栽培）。在秸秆还田条件下，与常规灌溉相比，节水灌溉在有效降低灌溉用水的同时，大幅减少稻田 CH_4的排放。在秸秆覆盖还田下，水种和直播旱种相比，后者能够减少稻田 CH_4的排放以及总温室气体的排放。

参考文献

曹志平,周乐昕,韩雪梅,2010.引入小麦秸秆抑制番茄根结线虫病[J].生态学报,30(3):765-773.

陈琨,赵小蓉,王昌全,等,2009.成都平原不同施肥水平下稻田地表径流氮、磷流失初探[J].西南农业学报,22(3):685-689.

陈云峰,韩雪梅,李钰飞,等,2014.线虫区系分析指示土壤食物网结构和功能研究进展[J].生态学报,34(5):1072-1084.

陈云峰,夏贤格,胡诚,等,2018.有机肥和秸秆还田对土壤微食物网结构和功能的影响[J].农业工程学报,34(S):19-26.

戴志刚,鲁剑巍,李小坤,等,2010.不同作物还田秸秆的养分释放特征试验[J].农业工程学报,26(6):272-276.

戴志刚,鲁剑巍,余宗波,等,2011.不同耕作模式下秸秆还田对作物产量及田间养分平衡的影响[J].中国农技推广(12):39-41.

郭景恒,朴河春,刘启明,2000.碳水化合物在土壤中的分布特征及其环境意义[J].地球与环境,3:59-64.

华萃,吴鹏飞,何先进,等,2014.紫色土区不同秸秆还田量对土壤线虫群落的影响[J].生物多样性,22(3):392-400.

黄欣欣,廖文华,刘建玲,等,2016.长期秸秆还田对潮土土壤各形态磷的影响[J].土壤学报,53(3):779-789.

蒋静艳,黄耀,宗良纲,2003.水分管理与秸秆施用对稻田 CH_4 和 N_2O 排放的影响[J].中国环境科学,23(5):552-556.

李成芳,寇志奎,张枝盛,等,2011.秸秆还田对免耕稻田温室气体排放及土壤有机碳固定的影响[J].农业环境科学学报,30(11):2362-2367.

李娜,韩晓日,杨劲峰,等,2012.长期施肥对棕壤矿物吸附点位钾有效性及其剖面分布的影响[J].植物营养与肥料学报,18(6):1412-1417.

刘冬碧,夏贤格,范先鹏,等,2017.长期秸秆还田对水稻-小麦轮作制作物产量和养分吸收的影响[J].湖北农业科学,24:4731-4736.

刘红江,陈留根,周炜,等,2011.麦秸还田对水稻产量及地表径流 N P K 流失的影响[J].农业环境科学学报,30(7):1337-1343.

刘秋霞,戴志刚,鲁剑巍,等,2015.湖北省不同稻作区域秸秆还田替代钾肥效果[J].中国农业科学,48(8):1548-1557.

刘全全,王俊,付鑫,等,2016.不同覆盖措施对黄土高原旱作农田 N_2O 通量的影响[J].干旱地区农业研究,34(3):115-122.
刘世平,陈文林,聂新涛,等,2007.麦稻两熟地区不同埋深对还田秸秆腐解进程的影响[J].植物营养与肥料学报,13(6):1049-1053.
刘婷,叶成龙,李勇,等,2015.不同有机类肥料对小麦和水稻根际土壤线虫的影响[J].生态学报,35(19):6259-6268.
刘禹池,曾祥忠,冯文强,等,2014.稻-油轮作下长期秸秆还田与施肥对作物产量和土壤理化性状的影响[J].植物营养与肥料,20(6):1450-1459.
陆强,王继琛,李静,等,2014.秸秆还田与有机无机肥配施在稻麦轮作体系下对籽粒产量及氮素利用的影响[J].南京农业大学学报,37(6):66-74.
逯非,王效科,韩冰,等,2010.稻田秸秆还田:土壤固碳与甲烷增排[J].应用生态学报,21(1):99-108.
马良,徐仁扣,2010.pH 和添加有机物料对 3 种酸性土壤中磷吸附-解吸的影响[J].生态与农村环境,26,596-599.
马星竹,武志杰,陈利军,等,2011.长期施肥对黑土、棕壤微生物量的影响[J].土壤通报,42:60-64.
牟文雅,贾艺凡,陈小云,等,2017.玉米秸秆还田对土壤线虫数量动态与群落结构的影响[J].生态学报,37(3):877-886.
戚瑞生,党廷辉,杨绍琼,等,2012.长期轮作与施肥对农田土壤磷素形态和吸持特性的影响[J].土壤学报,6,1136-1146.
石含之,赵沛华,黄永东,等,2020.秸秆还田对土壤有机碳结构的影响[J].生态环境学报,29(3):536-542.
史奕,陈欣,沈善敏,2002.有机胶结形成土壤团聚体的机理及理论模型[J].应用生态学报,13(11):1495-1498
苏思慧,王美佳,张文可,等,2018.耕作方式与玉米秸秆条带还田对土壤水稳性团聚体和有机碳分布的影响[J].土壤通报,49(4):91-97.
孙汉印,姬强,王勇,等,2012.不同秸秆还田模式下水稳性团聚体有机碳的分布及其氧化稳定性研究[J].农业环境科学学报,31:369-376.
谭德水,金继运,黄绍文,等,2008.长期施钾与秸秆还田对华北潮土和褐土区作物产量及土壤钾素的影响[J].植物营养与肥料学报,14(1):106-112.
田慎重,宁堂原,王瑜,等,2010.不同耕作方式和秸秆还田对麦田土壤有机碳含量的影响[J].应用生态学报,21(2):373-378.

童军,2016.全面推进秸秆还田是实现农药化肥“零增长”的关键措施[J].湖北植保,2:1-2,7.

王静,郭熙盛,王允青,2010.自然降雨条件下秸秆还田对巢湖流域旱地氮磷流失的影响[J].中国生态农业学报,18(3):492-495.

王学霞,张磊,梁丽娜,等,2020.秸秆还田对麦玉系统土壤有机碳稳定性的影响[J].农业环境科学学报,39(8):1774-1782.

王志勇,白由路,杨俐苹,等,2012.低土壤肥力下施钾和秸秆还田对作物产量及土壤钾素平衡的影响[J].植物营养与肥料学报,18(4):900-906.

徐国伟,杨立年,王志琴,等,2008.麦秸还田与实地氮肥管理对水稻氮磷钾吸收利用的影响[J].作物学报(8):1424-1434.

徐香茹,2019.秸秆添加量对不同肥力土壤有机碳固定机制影响的研究[D].沈阳:沈阳农业大学,

徐祥玉,张敏敏,彭成林,等,2017.稻虾共作对秸秆还田后稻田温室气体排放的影响[J].中国生态农业学报,25(11):1591-1603.

许宏伟,李娜,冯永忠,等.氮肥和秸秆还田方式对麦玉轮作土壤 N_2O 排放的影响[J/OL].环境科学.https://doi.org/10.13227/j.hjkx.202005151.

许仁良,2010.麦秸还田对水稻产量、品质及环境效应的影响[D].扬州:扬州大学.

杨晨璐,2018.秸秆还田和氮肥对小麦、玉米产量及氮效率的影响研究[D].杨凌:西北农林科技大学.

杨晨璐,刘兰清,王维钰,等,2018.麦玉复种体系下秸秆还田与施氮对作物水氮利用及产量的效应研究[J].中国农业科学,51(9):1664-1680.

杨钊,尚建明,陈玉梁,2019.长期秸秆还田对土壤理化特性及微生物数量的影响[J].甘肃农业科技(1):13-20.

叶成龙,刘婷,张运龙,等,2013.麦地土壤线虫群落结构对有机肥和秸秆还田的响应[J].土壤学报,50(5):997-1005.

于翠,夏贤格,董朝霞,等,2018.秸秆还田配施化肥与秸秆腐熟剂对玉米土壤微生物的影响[J].湖北农业科学,57(S2):53-57,62.

袁天佑,王俊忠,冀建华,等,2017.长期施肥条件下潮土有效磷的演变及其对磷盈亏的响应[J].核农学报,1:125-134.

展晓莹,任意,张淑香,等,2015.中国主要土壤有效磷演变及其与磷平衡的响应关系[J].中国农业科学,48:4728-4737.

战厚强,颜双双,王家睿,等,2015.水稻秸秆还田对土壤磷酸酶活性及速效

磷含量的影响[J].作物杂志(2):78-83.
张刚,王德建,俞元春,等,2016.秸秆全量还田与氮肥用量对水稻产量、氮肥利用率及氮素损失的影响[J].植物营养与肥料学报,22(4):877-885.
张翰林,郑宪清,何七勇,等,2016.不同秸秆还田年限对稻麦轮作土壤团聚体和有机碳的影响[J].水土保持学报,30(4):216-220.
张洪熙,赵步洪,杜永林,等,2008.小麦秸秆还田条件下轻简栽培水稻的生长特性[J].中国水稻科学,22(6):603-609.
张会民,吕家珑,李菊梅,等,2007.长期定位施肥条件下土壤钾素化学研究进展[J].西北农林科技大学学报(自然科学版)(1):155-160.
张四海,王意锟,朱强根,等,2014.根结线虫病土引入秸秆碳源对土壤微生物群落结构的影响[J].植物营养与肥料学报,20(4):923-929.
张婷,张一新,向洪勇,2018.秸秆还田培肥土壤的效应及机制研究进展[J].江苏农业科学,46(3):22-28.
张岳芳,陈留根,朱普平,等,2012.秸秆还田对稻麦两熟高产农田净增温潜势影响的初步研究[J].农业环境科学学报,31(8):1647-1653.
张岳芳,郑建初,陈留根,等,2009.麦秸还田与土壤耕作对稻季 CH_4 和 N_2O 排放的影响[J].生态环境学报,18(6):2334-2338.
张振江,1991.麦秸还田培肥土壤增产效应分析[J].干旱地区农业研究(1):52-58.
朱冰莹,马娜娜,余德贵,2017.稻麦两熟系统产量对秸秆还田的响应:基于meta 分析[J].南京农业大学学报,40(3):376-385.
朱坚,纪雄辉,田发祥,等,2016.秸秆还田对双季稻产量及氮磷径流损失的影响[J].环境科学研究,29(11):1626-1634.
朱利群,夏小江,胡清宇,等,2012.不同耕作方式与秸秆还田对稻田氮磷养分径流流失的影响[J].水土保持学报,26(6):6-10.
AULAKH MS, KHERA TS, DORAN JW, et al., 2001. Denitrification, N_2O and CO_2 fluxes in rice-wheat cropping system as affected by crop residues, fertilizer N and legume green manure[J]. Biol Fertil Soil, 34:375-389.
BAI Y L, WANG L, LU Y L, et al., 2015. Effects of long-term full straw return on yield and potassium response in wheat-maize rotation[J/OL]. Integr. Agric. 14:2467-2476. https://doi.org/10.1016/S2095-3119(15)61216-3.
BAUMANN K, MARSCHNER P, SMERNIK RJ, et al., 2009. Residue chemistry and microbial community structure during decomposition of eucalypt, wheat

and vetch residues[J].Soil Biology and Biochemistry,41(9):1966-1975.

CHEN Y F,XIA X G,HU C,LIU D H,et al.,2021.Effects of long-term straw incorporation on nematode community composition and metabolic footprint in a rice-wheat cropping system[J].Journal of Integrative Agriculture,20(8):2-13

FERRIS H,2010.Form and function:metabolic footprints of nematodes in the soil food web[J].European Journal of Soil Biology,46(2):97-104.

FERRIS H,BONGERS T,DE GOEDE R G M,2001.A framework for soil food web diagnostics:extension of the nematode faunal analysis concept[J].Applied Soil Ecology,18:13-29.

HUANG S,ZENG Y J,WU J F,et al.,2013.Effect of crop residue retention on rice yield in China:A meta-analysis[J].Field Crops Research,154:188-194.

KANG J,HESTERBERG D,OSMOND D L,2009.Soil Organic Matter Effects on Phosphorus Sorption:A Path Analysis[J/OL].Soil Sci.Soc.Am.J.73,360-366.https://doi.org/10.2136/sssaj2008.0113.

LI Y,YUAN,YANG R,et al.,2015.Effects of long-term phosphorus fertilization and straw incorporation on phosphorus fractions in subtropical paddy soil[J/OL].Integr.Agric.14:365-373.https://doi.org/10.1016/S2095-3119(13)60684-X.

MA ED,ZHANG GB,MA J,et al.,2010.Effects of rice straw returning methods on N_2O emission during wheat-growing season[J].Nutrient Cycling in Agroecosystems,88(3):463-469.

MA J,XU H,KAZUYUKI Y,et al.,2008.Methane emission from paddy soils as affected by wheat straw returning mode[J].Plant and Soil,313(2):167-174.

MAARASTAWI,S.A.,FRINDTE,K,et al.,2019.Rice straw serves as additional carbon source for rhizosphere microorganisms and reduces root exudate consumption[J/OL].Soil Biol.Biochem.135:235-238.https://doi.org/10.1016/j.soilbio.2019.05.007.

NEHER D A,2010.Ecology of plant and free-living nematodes in natural and agricultural soil[J].Annual Review of Phytopathology,48(1):371-394.

OREN A,AND CHEFETZ B,2012.Sorptive and desorptive fractionation of dissolved organic matter by mineral soil matrices[J].Journal of Environmental soil[J].Molecular Ecology,24(1):136-150.

TAKAHASHI S,UENOSONO S,ONO S,2003.Short-and long-term effects of rice straw application on nitrogen uptake by crops and nitrogen mineralization under flooded and upland conditions[J].Plant and Soil,251(2):291-301.

WANG W,LIAO Y,CHENG,GUO Q,2013.Seasonal and Annual Variations of CO_2 Fluxes in Rain-Fed Winter Wheat Agro-Ecosystem of Loess Plateau, China[J]Integr.Agric.12:147-158.

XIA,LL,LAM SK,WOLF B,et al.,2018.Trade-offs between Soil Carbon Sequestration and Reactive Nitrogen Losses under Straw Return in Global Agroecosystems[J].Global Change Biology,24:5919-5932.

XU C,HAN X,RU S,et al.,2019.Crop straw incorporation interacts with N fertilizer on N_2O emissions in an intensively cropped farmland[J].Geoderma, 341:129-137.

ZHANG BW,ZHOU MH,LIN HY,et al.,2020.Effects of different long-term crop straw management practices on ammonia volatilization from subtropical calcareous agricultural soil[J].Atmospheric and Oceanic Science Letters,13(3):232-239.

ZHANG X K,LI Q,ZHU A N,et al.,2012.Effects of tillage and residue management on soil nematode communities in north china[J].Ecological Indicators, 13(1):75-81.

ZHAO H L,SHAR A G,LI S,et al.,2018.Effect of straw return mode on soil aggregation and aggregate carbon content in an annual maize-wheat double cropping system[J].Soil and Tillage Research,175:178-186.

第七章　秸秆直接还田中的问题

问题是指须要研究讨论并加以解决的矛盾、疑难。

——百度百科

第一节　秸秆直接还田中的栽培问题

秸秆还田作为现代农业生产体系中的一种农业资源化利用的重要措施，可显著提高农业生产效率，降低劳动强度，节约劳动成本，减少环境污染，保护生态环境。与传统的耕作方法相比，秸秆还田还可以显著增加土壤肥力，明显改善土壤理化结构（陈云峰等，2020）。但在实际生产操作中，若秸秆还田及其相应配套技术措施实施不到位，又往往会造成一些负面影响，如秸秆还田时粉碎不彻底、覆盖不均匀，翻压还田后的土壤就会变得过松，而且孔隙大，致使土壤与种子不能紧密接触，从而影响种子发芽，形成“吊根”，导致出苗率低下、苗黄、苗弱等生长问题，更有甚者会出现“跑风”、缺苗“断垄”和死苗现象。

一、秸秆直接还田对后茬作物出苗的影响

在水稻—小麦轮作模式下，水稻秸秆直接还田与不同耕作方式互作，可在一定程度上影响后茬小麦的出苗率。与秸秆不还田对照比较，“秸秆还田+免耕”处理的小麦出苗率降低了 7.8%，而“秸秆还田+旋耕”处理降低了 5.9%，“秸秆还田+深翻耕”处理降低了 8.8%，“秸秆还田+浅翻耕”降低幅度最大，降低了 17.0%（李波等，2013）。此外在水稻秸秆全量还田条件下，不同播种方式也能明显影响后茬小麦的出苗率以及出苗的均匀度。与不还田比较，水稻秸秆全量还田条件下的机械条播、机械匀播和人工撒播的小麦出苗率和出苗均匀度都有所降低，其中机械条播的出苗率下降幅度较大，降低了 36.54%（李波等，2013）。造成上述出苗率等情况的差异，虽然与稻茬田土壤

湿黏，整地质量差，加之小麦播种作业中壅土以及开沟器堵塞等原因有关，但主要原因是，在秸秆还田过程中秸秆粉碎程度不够、分布不均造成的。

在水稻—小麦轮作秸秆还田中，前茬水稻秸秆还田量及其粉碎程度等因素也会影响着后茬小麦的出苗状况。在秸秆还田操作时，若水稻秸秆田间分布不均，势必会造成部分秸秆堆积，形成“秸秆土”，进而阻碍小麦种子芽苗的继续生长，甚至造成死苗等现象。而当水稻秸秆还田量较大、稻秆粉碎不佳时，翻压盖土过深却又极易影响土壤墒情，也会严重影响小麦的播种效果和出苗质量（谢凤根等，1995）。考虑到以上问题，我们必须在实际操作中，适当增加10%~15%的稻茬麦播种量才能获得预期目标苗数。而且在水稻秸秆全量还田条件下，播后镇压也已成为稻茬麦生产的关键农艺配套措施，可明显避免小麦种子不能与土壤紧密接触等不利现象，从而影响小麦出苗。此外由于稻麦轮作时的茬口时间相对太短，水稻收获后，其新鲜秸秆在腐熟过程中会产生各种有机酸，对后茬小麦的根系有较为严重的毒害作用，因此应施入适量的石灰，施用量以 450~600 kg/hm^2为宜，用以中和所产生的有机酸，以防小麦中毒并促进水稻秸秆快速腐解。

田仲和等（2002）在上海潮沙土质试验结果表明，在水稻—小麦轮作模式下，小麦秸秆还田量也可影响后茬水稻的成苗率，且有随小麦秸秆还田量的增加而水稻成苗率降低的趋势。当小麦秸秆还田量分别为正常还田量的 0 倍、1 倍、2 倍和 3 倍时，其后茬水稻的平均成苗率分别为 82.75%、72.47%、68.97%、66.37%，即后三者与秸秆不还田对照（0 倍量）间存在显著的成苗率差异，小麦秸秆还田影响了水稻的成苗率。由此说明，超量小麦秸秆还田处理的稻苗生长受到明显抑制，从而表现为发根数减少、地上部分干物质积累下降。进一步的研究结果显示，超量小麦秸秆还田影响后茬水稻稻苗生长的主要原因是土壤中还原性物质的积累，因为当小麦秸秆还田后，其腐败组织中丙二醛（MDA）含量增加、过氧化物酶（POD）活性显著升高，形成不利于稻苗生长的环境。如果此时采取干湿交替灌溉方法，既可明显增加氧气进入土壤的机会，提高土壤氧气含量，则又可以有效消除或减轻还原物的毒害（于建光等，2016）。另外，对于小麦秸秆翻压还田造成的水稻出苗、成苗率低等不利影响，生产上还可适当增加水稻播种量以解决出苗率降低的问题。对于因秸秆还田铺撒不匀、翻耕机具造成土壤移积等原因，出现的局部田块小麦秸秆超量而伤害稻苗的现象，则可采取排水措施，并进行干湿交替灌溉，以减轻或消除秸秆有害物质对秧苗的危害。此外，在生产实际中还可通过适时移苗补缺，以减轻因水稻秧苗欠缺造成的产量损失。

李少昆等（2006）在华北平原的试验结果表明，在玉米—小麦轮作模式中，前茬玉米秸秆的还田方式和还田量等因素也会严重影响后茬小麦的出苗率。与玉米秸秆不还田翻耕相比，玉米秸秆还田后所有种植方式的小麦出苗率均有不同程度的下降，其中以玉米秸秆粉碎覆盖与立秆直播两种种植方式下的出苗率最低，分别较玉米秸秆不还田翻耕对照降低了 13.4%和 16.2%。而在玉米秸秆覆盖条件下，玉米秸秆还田量与小麦保苗率呈现出负相关关系，即小麦出苗数（株/m^2）随玉米秸秆还田量（kg/m^2）的增加呈幂函数级降低。此外于田间观察发现，玉米秸秆还田覆盖处理还常常出现 30~50 cm 长的“断垄”现象，田间这些“断垄”现象是由于前茬玉米秸秆集中堆积，形成物理阻碍，进而影响后茬小麦出苗所致。还有在小麦播种时，播种的深浅度不一致也严重影响着玉米秸秆还田和免耕种植条件下的小麦出苗。究其原因主要有两个方面：一是粉碎的秸秆抛撒不均匀；二是播种时出现秸秆拥堵，均致使播种器入土深度不一致。针对上述问题，在生产实际中可采取相应技术措施来提高小麦出苗率。如因播种深浅不一致影响出苗的问题，则可从秸秆处理和播种机械改进上入手，通过改进秸秆抛撒装置，使粉碎的秸秆在田间分布均匀，还可通过在播种机开沟用圆盘刀上加装限深设备，可有效防止播种过深。此外在农艺措施上，还可采取选择分蘖能力强、分蘖成穗率高的品种，以及加大播种量等措施来弥补因玉米秸秆还田量大而造成的小麦出苗不足等缺憾。

在玉米—小麦轮作模式下，小麦秸秆还田对后茬玉米出苗也有一定的抑制作用。玉米播种后 12 d 发现，小麦秸秆不还田处理玉米的出苗率为 92.8%，而小麦秸秆还田处理玉米出苗率为 88.5%，相比而言有一定程度的降低（张建学，2020）。而在小麦秸秆还田与施肥条件互作影响玉米出苗率的试验中，不施肥时，小麦秸秆全量还田的玉米出苗率为 61.33%，明显低于小麦秸秆不还田条件下的玉米出苗率，后者为 73.73%。而在施肥条件下，正常施肥+小麦秸秆全量还田的出苗率为 53.87%，亦明显低于正常施肥+小麦秸秆不还田处理的玉米出苗率（72.90%）。而只有在水肥充足的情况下，小麦秸秆全量还田，玉米幼苗的出苗率明显优于无小麦秸秆还田（朱丽君等，2013）。另外研究机械直播、小麦秸秆还田与否对直播玉米出苗的影响发现，不还田板茬机械直播的玉米田块出苗率达到 98%，出苗整齐；而秸秆粉碎后旋耕机播的田块出苗率仅有 91%，出苗不齐。分析认为，由于秸秆吸收部分水分，加上粉碎秸秆造成土壤悬空，一些种子不能同土壤充分接触，土壤易跑墒，进而造成出苗不齐（郝桂林，2015）。

在水稻—油菜轮作模式下，前茬水稻秸秆无论是覆盖还田还是翻压还田，对后茬油菜出苗均有一定抑制作用，抑制作用的大小与还田方式、秸秆还田量有关。后茬油菜的出苗率与稻草覆盖量呈现明显线性负相关，且水稻秸秆覆盖还田量达到7 500 kg/hm^{2}时，油菜出苗率最低，与秸秆不还田对照相比，降低了21.2%。对于稻草翻压而言，随着稻草还田量的增加，出苗率也呈现逐渐减小的趋势，但降低的程度远小于覆盖方式（苏伟，2014）。而研究稻草覆盖对直播油菜生长的影响显示，在油菜播种后23 d，稻草覆盖对于冬油菜出苗表现出明显的抑制效应，空白对照处理的油菜出苗密度较稻草覆盖处理高81.4%（王昆昆等，2019）。分析以为，水稻秸秆还田对后茬油菜出苗的不利影响主要归于两个因素：一是物理因素，在翻压还田条件下表现为还田稻秆阻碍了种子与土壤接触，减少种子的水分获取，进而降低出苗率；而在覆盖条件下则表现为覆盖在土壤表面的稻草直接镇压作物出苗。二是生物化学因素，即在水稻秸秆腐解的过程中，秸秆本身参与腐解的某些微生物释放出一些水溶性的有毒物质如酚酸类物质抑制种子萌发，进而影响出苗。因此，针对水稻秸秆还田影响油菜出苗和出苗率偏低的问题，在生产上应注意兼顾播种期和秸秆还田量，早播油菜可适当加大还田量，而迟播油菜则相应减少还田量，并增加种植密度以保证油菜较高产量。

在水稻—油菜轮作模式下，油菜秸秆还田量亦影响着后茬水稻的成秧率。当油菜秸秆还田量为1 800 kg/hm^2、3 600 kg/hm^2、5 400 kg/hm^2、7 200 kg/hm^{2}时，免耕直播单季晚稻的成秧率分别为90.4%、76.8%、74.8%和72.1%，比对照的成秧率78.9%分别增加11.5%、减少2.1%、减少4.1%和减少6.8%。即表明当油菜秸秆还田量超过3 600 kg/hm^{2}时，随秸秆还田量增加，后茬水稻的成秧率反而下降（王月星等，2007），油菜秸秆还田量明显抑制了后茬水稻的成秧率。

另外，我国北方地区低温干旱的生态气候条件不利于农作物秸秆的腐解，从而影响了后茬作物的出苗质量。东北地区是我国最大的玉米产区，玉米秸秆产量占全国玉米秸秆产量的31%。东北地区地处温带季风气候区，冬季气温低、春季干旱，而秸秆腐解需要在合适的土壤水分和地温条件下进行，水分不足或地温过低都将减缓秸秆腐烂速率，影响出苗（王如芳等，2011）。而当秋季玉米籽粒收获后，气温迅速降低进入冻土期，限制了土壤中微生物的代谢活动，土壤中的玉米秸秆腐解速率较慢，体积较大的玉米秸秆存留于地表或土壤中，导致第二年春季播种时种子无法与土壤直接或充分接触，造成失墒，加上春季干旱时常发生，从而导致种子发芽困难，“苗齐”“苗壮”难以实现。加之由于现有农机动力不足，缺乏大型配套农机具，导致深层玉米秸秆还田无法实现，秸秆还田作业质量差，不利于玉米的出苗与生长（蔡红光等，2019）。针对东北地区特殊的气候条件秸秆难腐烂、作业差的问题，吉林省农业科学院通过多年田间定位试验与技术攻关，形成全程机械化玉米秸秆全量深翻还田技术体系，该体系以“机械粉碎—深翻还田—平播重镇压”为技术核心，即采用大型玉米收获机进行收获，同时将玉米秸秆粉碎（长度<10 cm），并均匀抛散于田间；采用栅栏式液压翻转犁进行深翻作业，翻耕深度 30~35 cm，可将秸秆翻埋至 20~30 cm 土层，旋耕耙平，达到播种状态；第二年春季当土壤 5 cm地温稳定通过 8℃、土壤耕层含水量在 20%左右采用平播播种，播后及时重镇压，镇压强度为 400~800 g/cm^2，玉米秸秆呈簇状等行距条带式分布，田间提水层与渗水层间隔排列，纵向松紧兼备。该体系可有效缓解秸秆难以还田并影响后茬出苗等生产难题，并得到很好的推广。

二、秸秆直接还田对后茬作物苗期生长发育的影响

长期定位试验证明，在水稻—小麦轮作模式中，水稻秸秆还田能使土壤中的碳氮比例失调，进而影响氮素的有效供给，从而容易造成后茬小麦苗黄、分蘖减少，严重影响着小麦苗期生长发育（张振江等，1998）。以宁麦 13 为材料，研究不同秸秆还田量（4.5 t/hm^2、9 t/hm^2、18 t/hm^2）、还田方式（混施和表施处理）及覆盖稻秸后模拟降水（秸秆淋洗）对小麦苗期生长发育的影响。结果表明，与不还田对照相比，不同秸秆还田处理小麦苗期植株分蘖减少、叶绿素含量降低；表施秸秆淋洗处理的小麦分蘖受到显著抑制（$P<0.05$）；随着秸秆施用量的增加，小麦生长明显受到抑制，且混施处理比表施处理对小麦的生长抑制作用更强（赵亚慧等，2020）。分析认为，这主要是由于秸秆还田为土壤微生物提供了可利用的碳源，极大地促进了微生物数量和活性，进而会和小麦竞争氮素等养分的吸收而抑制小麦的生长。但微生物高活性只会持续很短的几周时间，之后趋于平稳，因此秸秆还田对小麦的生长表现为前期抑制后期促进作用（即“先抑后扬”现象）。

同样地，在水稻—小麦轮作模式下，小麦秸秆还田对后茬水稻前期生长发育也有一定的抑制作用，但后期对其有促进作用，亦表现为“先抑后扬”的现象。用淮稻 5 号和两优培九两个品种，通过盆栽试验系统观察小麦秸秆还田对后茬水稻生长的影响，结果发现秸秆还田导致移栽后的水稻生长受到一定抑制，全量还田（6 t/hm^2）的抑制程度重于半量还田（3 t/hm^2）。特别是全量还田处理，初期的生长状态严重劣于不还田处理，两优培九甚至出现初期部分死苗的现象，初期生长呈现较为严重的不良状态（方菲菲，2018）。造成这种

现象的一个重要原因是，在水稻生育前期，秸秆分解过程与作物发生“争氮”现象，造成小麦秸秆还田后使水稻苗期分蘖起步和发苗较对照慢；但随着小麦秸秆还田量增加，水稻分蘖起身较慢而后劲足，分蘖高峰有随小麦秸秆还田量增加而增加的趋势（王国忠等，2001）。另有研究表明，在小麦秸秆还田对水稻前期分蘖有明显抑制作用，致使返青期与分蘖期推迟 1~2 d，而在分蘖中后期则表现出促进作用，分蘖高峰期基本不变，后期促进水稻茎秆粗壮，韧性增强，抗倒伏能力增强，同时抗早衰能力增强，高效光合功能叶功能期比对照延长 3~5 d（王增春等，2007）。

分析造成这种“先抑后扬”现象的原因，除前期争氮作用外，小麦秸秆在水田嫌气状态下腐解，易使土壤还原性增强，产生亚铁离子、硫化氢、酚酸等有害物质影响水稻根系发育。从整个生育期看，小麦秸秆还田后在水稻幼苗期由于秸秆腐解量大和幼苗对有害物质的敏感性高，从而表现出水稻秧苗黄苗和“僵苗”（秧苗生长停滞）等症状，但在中后期作物根系深入土壤后，有害物质的负效应被秸秆分解带来的营养效应所掩盖，从而表现出促进作用。因此生产实践中，在秸秆还田的同时，可通过适当施氮来有效地削减秸秆对后茬出苗和幼苗生长的影响，氮的作用主要是改变了土壤中碳氮比，促进了土壤中降解毒性物质的微生物的活性；此外铵离子对植物毒性物质具有明显的解毒作用。

在水稻—油菜轮作模式下，稻草覆盖还田对后茬油菜苗情影响不大，而稻草翻埋还田则对苗期油菜生长有明显的抑制作用。除根茎长度外，叶绿素 SPAD 值、叶片数、叶面积、株高、根茎粗、鲜重和干重分别比不还田对照处理降低了 20. 2%、13. 6%、43. 1%、20. 1%、13. 5%、52. 7%和 47. 6%（苏伟等，2011）。而黄晶等（2016）于 2015 年 4—9 月在西南科技大学农场（31. 5°N，104. 7°E；海拔 582 m）的田间试验结果显示，油菜秸秆翻埋还田引起水稻生长前期僵苗现象明显，影响主要发生在移栽后 10~20 d，表现为根系生长缓慢，返青、分蘖迟缓，分蘖少、植株长势弱，从而降低了鲜重与干物质重。分析认为，油菜秸秆翻埋还田下的土壤 pH 值、电导率和溶氧量的变化可能是引起水稻僵苗的重要原因。王红妮等（2019）同样在西南科技大学农场，采用田间试验与栽培模拟试验相结合的方法，分析了油菜秸秆还田对水稻根系、分蘖和产量的影响，结果表明，水稻移栽后 0~36 d，与秸秆不还田处理相比，油菜秸秆还田处理下水稻分蘖减少 1~2 个，根系单株伤流量降低 1. 0~8. 6 mg，根系谷氨酰胺合成酶（GS）、谷丙转氨酶（GPT）和谷草转氨酶（GOT）活性分别降低 0. 10~6. 11 μmol/(g · h)、0. 06~0. 31 μmol/(g · h)和

0.52~0.84 μmol/(g·h)。另外还发现油菜秸秆还田还会导致水稻生长前期根系活力下降、氮代谢酶活性降低，从而使水稻根系生长缓慢、返青延迟。

此外在水稻—油菜轮作模式下，油菜秸秆还田后水稻分蘖及根系生长受抑制。主要发生在秸秆还田后 15 d 内，翻埋还田的抑制效果强于覆盖还田（韦叶娜，2018）。在水稻移栽后 14 d 内，油菜秸秆翻埋还田处理水稻植株的分蘖数、株高、地上和地下部干物质积累及根系数量均显著低于油菜秸秆不还田（CK）和油菜秸秆覆盖还田处理（陈鑫等，2020）。针对油菜秸秆还田造成后茬水稻分蘖发生迟缓、数量减少、根系生长量低、活力差而导致的养分吸收能力不足等问题，生产上可通过适度增施氮肥，尤其是增加分蘖肥比例，有助于提高秧苗活力，改善秧苗生长。

在玉米—小麦轮作模式下，玉米秸秆还田不当极易造成小麦出苗率低、苗黄、苗弱，甚至死苗现象。华北地区是我国小麦、玉米第二大主产区，在我国粮食生产中占有举足轻重的地位，同时也是我国小麦、玉米秸秆直接还田比例最高的地区，有 70%~80%的小麦、玉米秸秆直接还田。由于目前华北地区 90%以上农户采用旋耕机耕地，旋耕深度不超过 15 cm，玉米秸秆在耕作层中所占的比例大，粉碎的玉米秸秆被翻压在 10~15 cm 土层处，麦苗根系更容易扎到秸秆里出现根系悬空和烧根现象，轻者出现小麦苗黄，重者造成死苗，影响产量和品质。此外，由于华北平原雨水相对较少，当地老百姓存在抢墒播种小麦的现象，土壤水分不充足秸秆腐烂慢，小麦幼苗长势不好。据董印丽等（2018）几年的跟踪调查结果显示，冬小麦田冬前由于地暄，加之玉米秸秆量大，失水干旱造成的死苗现象十分突出，而且呈现出逐年加重的趋势。随着播种收割机械的推广，传统的镇压在农业生产中很少应用，小麦播种机自带的镇压器太轻，镇压效果不好，土壤过于暄松，通风跑墒，影响小麦出苗，小麦根系悬空，易出现小麦吊死根，冬季易受冻害。

针对以上玉米秸秆造成的小麦苗黄和苗弱等不良影响，在生产上，一方面可以选用大型秸秆粉碎机，在玉米收获后及时粉碎，而且旋耕深度大于 15 cm，秸秆与土壤混合均匀，有利于秸秆腐熟；另一方面可以通过肥料管理，如适当加大氮肥施用量，做到氮、磷、钾平衡施肥，防止秸秆在腐熟过程中与小麦争肥。一般在秸秆粉碎后，同时撒施尿素 150~200 kg/hm^2，然后深翻掩埋，以利于玉米秸秆的腐熟。此外，有条件的地方，在播种前如果墒情不足应先浇透底水，3~5 d 后适时播种。对于推迟了播期的要适当加大小麦播种量，一般播种比正常播种量多 15~30 kg/hm^2，播种后出苗前及时进行镇压，以减少土壤中的空隙量，防止出现小麦悬空、吊根等现象。

在玉米—小麦轮作模式下，小麦秸秆还田也可影响玉米的株高和茎粗比值。比较玉米大喇叭口期的株高与茎粗比值，小麦半量秸秆还田处理与全量秸秆还田处理相近，但两者均显著小于小麦秸秆不还田对照处理（$P<0.05$）（王宁等，2007）。

总之，秸秆作为一种含碳丰富的能量物质，直接施入土壤会刺激微生物迅速繁殖，导致土壤中有效氮大量被暂时固定。有研究认为，秸秆的还田量以3 000~4 500 kg/hm^{2}为宜，且稻田秸秆的还田量一般不要超过7 500 kg/hm^2。秸秆还田过量极易造成土壤碳氮比（C/N）失调，进而影响后茬作物苗期生长发育。为此，在生产中必须配施一定量的 N 肥。一般认为，微生物每分解100 g秸秆约需要0.8 g N 肥，即每1 000 kg秸秆至少加入8 kg N 才能保证分解速率不受缺 N 的影响。同时施 N 量亦不宜过多，若施 N 过量，会造成土壤氮磷比（N/P）失调，也不利于秸秆的腐烂，因为土壤微生物有了充足的易于消化吸收的氮肥，它就不再去分解有机物了，反而会使有机物的转化速度变得缓慢。

第二节　秸秆直接还田中的病虫草害问题

关于秸秆还田对农作物病虫草害的影响在学术界一直存在着争议。如有的学者认为，适量的秸秆还田可以明显改善土壤的理化性质，使土壤微生物中拮抗菌的数量增加，因此秸秆腐解产生的物质会一定程度地增强植物的抗病性，从而秸秆还田可减轻病虫草害的发生和危害；但也有部分学者认为秸秆还田后为有害生物的生长与繁殖提供了有利的环境，使有害生物的初始量（或基数）增加，进而秸秆还田会加重病虫草害的发生。依据近年来湖北省农业科学院植保土肥研究所的田间定位试验，以及比较目前国内外关于秸秆还田对农田生态系统病虫草害影响的各项研究等结果发现，秸秆还田方式、还田数量、还田深度、还田年限以及种植品种等的不同，对病虫草害的影响程度也不尽相同。总体而言，秸秆浅层还田可能会加重病虫草害的发生，而秸秆深耕还田并辅以其他栽培措施则可降低病虫害发生；秸秆深耕还田深度达 35 cm 以上时，能显著减少田间病原菌数量及二化螟幼虫数量；长期秸秆浅层还田则可使一些土传病害有加重的趋势，也可使田间杂草密度有显著的增加。

一、秸秆直接还田对病害发生的影响

实施秸秆还田过程中，大量未经过处理的作物植株病残体可随着秸秆直接

混入土壤中，导致土壤中的病原菌基数累积增加，从而可提高病原菌入侵感染机会，特别是一些土传病害，如小麦纹枯病（*Rhizotonia cerealis*）、全蚀病（*Gaeumannomyces graminsis*）、根腐病（*Bipolaris sorokiniana*）、赤霉病（*Fusarium graminearum*）等病害会在一定程度上加重发生。

秸秆还田一定程度上增加了丝核菌（*Rhizoctonia*）、根腐菌（*Phytophthora cinnamomi*）的病原基数，病情指数与秸秆还田量呈正相关。如玉米秸秆还田能显著提高小麦根际土壤和根表土壤中禾谷丝核菌（*Rhizoctonia zeae*）的数量，提高幅度可达 33.3%～83.8%，且禾谷丝核菌成功侵染小麦时间可缩短 3～6 d（齐永志，2014）。玉米秸秆还田可以使玉米纹枯病（*Rhizoctonia solani*）发生加重，且发现玉米纹枯病发生程度与秸秆还田量和还田的年限量呈正相关（王汉朋，2018）。同一年度玉米纹枯病随着秸秆还田量的增加而病害加重，同一秸秆还田量下玉米纹枯病随还田年限的增加而病害加重。分析认为，秸秆还田增大了玉米纹枯病病原菌越冬率，且提高了田间冠层温湿度，为病原菌的侵染提供了便利条件。

但是，另有研究显示，一些土传病害的病情指数与秸秆还田量并非呈正相关，只有高量秸秆还田才能增加土传病害的发生，而低量秸秆还田则可降低土传病害。在长期小区定位试验中发现，玉米秸秆还田量为 7 500 kg/hm^2 和 3 750 kg/hm^2 可明显降低返青至拔节期小麦纹枯病、小麦全蚀病、小麦根腐病等 3 种土传病害病情指数，而还田秸秆量达 15 000 kg/hm^2 时，小麦根腐病和纹枯病的病情指数明显增高（Zhen 等，2009）。分析认为，其主要原因在于秸秆还田达 15 000 kg/hm^2 时导致了小麦根系活力下降、离子渗透增强、SOD 酶活性下降、细胞膜脂过氧化水平上升。

秸秆还田一定程度上增大了小麦赤霉病的发生。安徽农业大学丁克坚教授研究发现，秸秆还田一定程度上加重了小麦赤霉病的发生，且赤霉病发生程度与耕作方式和前茬作物有关。调查显示，农户对全量还田的玉米秸秆进行彻底的耕翻和旋耕，小麦赤霉病病穗率只有 14.6%；如果农户对全量还田的玉米秸秆只进行旋耕，小麦赤霉病病穗率上升到 21.7%；如果农户不进行玉米秸秆还田，小麦赤霉病病穗率则下降到 10.3%。且玉米秸秆还田赤霉病发生明显高于大豆秸秆还田。大田试验表明，前茬作物是玉米时，未进行防治的麦地小麦赤霉病病穗率接近 39.3%，比大豆田要高出 16.7%。

然而，湖北省农业科学院植保土肥研究所的研究发现，短期秸秆还田并没有增加赤霉病的发生，且采用特定的秸秆腐熟剂处理秸秆还可一定程度上降低赤霉病的发生。2016—2019 年度湖北省农业科学院植保土肥研究所在湖北省宜城市小河镇石灰村，选择稻-麦轮作模式秸秆还田短期定位试验田块，开展了连续施用由棘孢木霉、黑曲霉、黑根霉、青霉4种不同微生物菌，分别与枯草芽孢杆菌组合制成的秸秆腐熟剂，处理秸秆后对小麦赤霉病发生的影响试验。结果表明，秸秆还田不施腐熟剂处理的赤霉病病穗率和病情指数分别为64.1%和45.8，而秸秆不还田的病穗率和病情指数分别为68.3%和48.9，秸秆还田并施用棘孢木霉和解淀粉芽孢杆菌组合秸秆腐熟剂处理的病穗率和病情指数分别为46.7%和26.8。以上结果显示，和秸秆不还田相比，短期秸秆还田对赤霉病的发生并没有明显差异；而在赤霉病重发生年份，棘孢木霉和解淀粉芽孢杆菌组合可明显减轻赤霉病的发生（杨立军等，待发表）。

二、秸秆直接还田对虫害发生的影响

秸秆还田特别是秸秆覆盖，为害虫提供了栖息和越冬场所，增加了残存和越冬虫源基数。农作物秸秆直接还田，使土壤中含有大量未完全腐熟的秸秆，为地下害虫提供了丰富的食料，创造了适生环境，有利于地下害虫的发生与为害。

如秸秆还田为一些地下害虫提供了隐蔽场所。谢中卫（2015）在安徽省临泉县小麦—玉米轮作模式下研究表明，小麦收割后秸秆直接还田，为害虫提供了隐蔽的生活场所，大量的蟋蟀（*Gryllulus*）从草丛及其他场所迁入；7月初在玉米苗期正值蟋蟀5~6龄幼虫和成虫，食量最大，大量蟋蟀从小麦秸秆下面钻出为害，造成玉米缺苗、断垄、倒伏，严重影响玉米生产。2013年、2014年、2015年连续3年在7月初期大田调查，蟋蟀平均数量分别为6.8头/m^2、13.5头/m^2、16.4头/m^2，其中2015年较前3年同期均值增加了54.8%。其次，秸秆还田可为一些钻蛀性害虫提供了越冬场所，其中秸秆浅还田有利于害虫越冬存活。作为中国水稻上常发性害虫，二化螟（*Chilo suppressalis*）主要以高龄滞育幼虫在当地越冬。稻桩是二化螟越冬的主要场所之一，90%以上的幼虫分布在离地面高度20 cm的稻桩中，25 cm以上部位分布较少。近些年来，随着秸秆还田技术的推广，多数稻区二化螟种群呈现急剧回升趋势，为害日趋严重。孙秀娟等（2012）在2010年3月至6月、2010年11月至2011年6月、2011年3月至6月设置集中掩埋深度为5 cm、20 cm、35 cm、50 cm共4个处理，以常规覆盖还田为对照，观察带虫秸秆还田掩埋深度对二化螟幼虫越冬存活率影响发现，掩埋越深，二化螟存活率越低；还田深度超过20 cm时，幼虫死亡率60%以上。秸秆还田还可使一些次要害虫上升为主要害虫。孙家峰（2013）对淮北地区秸秆还田二点委夜蛾（*Proxenus lepigone*）发生为害特点田间多年观察发现，自2011年二点委夜蛾在安徽省萧县首次发生后，前茬小麦长势良好、秸秆还田量大的玉米田二点委夜蛾幼虫量大，翻耕灭茬、焚烧灭茬的玉米田几乎没有该幼虫。在同一块地，小麦秸秆、麦糠覆盖物多的地方，虫量多，反之就少。

杨立军等从 2017 年开始连续 3 年在襄阳市襄州区张罗岗原种场，进行了小麦—玉米轮作模式下小麦秸秆还田对玉米害虫发生的影响试验。综合比较分析 4 种小麦秸秆还田条件下，玉米苗期、喇叭口期、抽穗期、乳熟期及完熟期害虫和天敌种群发生数量结果（表 7-1）发现，秸秆不还田+浅耕对照玉米田内玉米害虫，包括亚洲玉米螟（*Ostrinia furnacalis*）、棉铃虫（*Helicoverpa armigera*）、草地贪夜蛾（*Spodoptera frugiperda*）、黏虫（*Mythimna separata*）、蚜虫类、飞虱类、叶甲类、叶蝉类等害虫种群数量最高，秸秆还田+浅耕、秸秆还田+深耕处理次之，秸秆还田+深耕+腐熟剂处理最低（$P<0.05$）。与秸秆不还田对照相比，秸秆还田+深耕+腐熟剂处理的玉米螟发生量下降 29.17%±9.36%。由此说明小麦秸秆还田时，进行深耕并辅以腐熟剂，可明显降低后茬玉米上主要害虫的发生数量（李文静等，2021）。

与此同时，小麦秸秆还田还有可能提高后茬玉米田天敌种群数量。其中秸秆还田+浅耕处理蜘蛛类天敌略高，但 4 种秸秆还田处理间差异不显著（$P>0.05$）。在玉米不同生育期调查时发现，玉米田内天敌（蜘蛛类、瓢虫类、草蛉类、食蚜蝇类、捕食蝽类、寄生蜂类）总数以秸秆不还田+浅耕对照与秸秆还田+浅耕处理略高，其次为秸秆还田+深耕处理，秸秆还田+深耕+腐熟剂较低，但 4 种秸秆还田处理间差异不显著（$P>0.05$）。分析天敌总数与玉米害虫的益害比发现，与秸秆不还田+浅耕的对照处理相比，秸秆还田+深耕+腐熟剂、秸秆还田+浅耕、秸秆还田+深耕处理的益害比显著增加（$P<0.05$），分别增加至对照的 1.82±0.42 倍、1.80±0.51 倍和 1.58±0.38 倍。因此，在小麦—玉米轮作模式下，秸秆还田可明显提高天敌种群的数量（李文静等，2021）。

表 7-1　不同秸秆还田处理下玉米害虫天敌的种群数量（头/百株）及益害比

秸秆还田处理	玉米害虫	蜘蛛类	天敌总数	益害比（%）
秸秆不还田+浅耕	695.96 ± 147.58^{a}	22.97 ± 1.85^{a}	41.55 ± 0.41^{a}	6.43 ± 1.08^{b}
秸秆还田+浅耕	390.11 ± 4.93^{ab}	24.07 ± 2.46^{a}	40.89 ± 3.57^{a}	10.46 ± 0.78^{a}
秸秆还田+深耕	368.66±12.09 ab	23.39 ± 2.38^{a}	34.56 ± 3.76^{a}	9.34 ± 0.83^{a}
秸秆还田+深耕+腐熟剂	301.53 ± 28.93^{b}	19.89 ± 3.36^{a}	32.41 ± 2.65^{a}	10.81 ± 0.53^{a}

注：表中数据为平均值±标准误；数据后标有不同小写字母代表不同秸秆还田处理间经 Duncan's 多重比较检验后差异显著（$P<0.05$）。

从2018—2020年，湖北省农业科学院植保土肥研究所在宜城市小河乡试验点，连续3年调查了小麦—水稻轮作模式下，秸秆还田和土壤耕作方式对水稻二化螟发生的影响。结果表明，秸秆还田及土壤耕作方式对水稻二化螟田间危害率、虫口发生数量等方面影响均不显著。在水稻秸秆还田条件下，浅旋耕（8~10 cm）、深耕（15~20 cm）处理比免耕处理对水稻螟虫提高冬后小麦田存活率相对有利。由此说明，与土壤耕作方式相比，秸秆还田对害虫发生和危害没有直接影响，耕作方式对害虫的影响程度有可能更大（吕亮等，待发表）。

综上所述，虽然秸秆还田可为某些害虫提供了便利越冬或迁移场所，但只要在秸秆还田时采用某些相应配套技术措施，加速秸秆在田间的腐解，应是可以破坏这些害虫的越冬或转移场所，进而造成不利于害虫发生的环境，降低害虫的发生数量。

三、秸秆直接还田对草害发生的影响

有关秸秆还田对杂草发生的影响，多与秸秆还田时的耕作方式有关，一般认为秸秆旋耕还田增加了密度，而覆盖还田会减少杂草的发生。

秸秆还田可增加杂草种子库的密度和改变杂草优势种群。牛永志等（2008）研究苏州和南通地区的稻麦轮作田不同耕作方式和秸秆还田条件下土壤杂草种子库特征，发现秸秆还田增加了土壤杂草种子数量，免耕、旋耕、翻耕、深翻耕处理的春季杂草种子库密度分别比对照增加了5.5%、6.2%、5.9%、4.2%，秋季杂草种子库密度分别增加了7.0%、6.6%、4.5%、3.3%。而在全年秸秆还田下，太湖地区“稻-油”轮作模式中春季杂草群落中，田间优势杂草种群为禾本科的看麦娘（*Alopecurus aequalis*），其相对密度达到69.7%，秸秆还田明显改变了田间杂草优势种群（黄爱军等，2009）。我国北方保护性耕作条件下，研究冬小麦夏玉米一年两熟种植制度中，夏玉米农田的杂草生物多样性发现，秸秆全量还田为杂草的滋生创造了条件，马唐（*Digitaria sanguinalis*）、旱稗（*Echinochloa hispidula*）、牛筋草（*Eleusine indica*）、画眉草（*Eragrostis pilosa*）、碎米莎草（*Cyperus iria*）、狗尾草（*Setaria viridis*）和香附子（*Cyperus rotundus*）等杂草均显著增多。结果还发现，免耕显著提高了杂草的总密度，还改变了杂草优势种群。秸秆全量还田后，免耕和深松条件下，杂草优势种为马唐和旱稗。旋耕和耙耕条件下，为马唐、旱稗和牛筋草。常规耕作条件下，优势杂草为马唐、苘麻（*Abutilon theophrasti*）、旱稗和香附子（韩惠芳等，2010）。

秸秆覆盖还田可明显抑制杂草的发生。在双季稻长期秸秆还田条件下，秸秆冬季覆盖还田显著降低稻田杂草密度和生物量，且秸秆冬季覆盖还田对杂草的抑制效应显著高于夏季旋耕还田（李昌新等，2008）。稻秸秆免耕覆盖还田对小麦田杂草抑制率可达 80%左右（孙厚俊等，2016）。连续 5 年免耕覆盖稻秸秆研究表明，秸秆还田能显著降低小麦田杂草发生的总量及各主要杂草的数量和生物量（朱建义，2018）。研究油菜秸秆还田和氮肥管理对“稻-油”轮作夏季稻田杂草群落分布特征表明，与常规施肥 NPK+秸秆不还田+N 基追肥比例为 6：2：2 对照处理相比，常规施肥 NPK+秸秆全量还田+N 基追肥比例为 6：2：2 处理的杂草总密度降低了 50. 3%（陈浩等，2018）。

小麦秸秆不同还田量对水稻田间杂草发生无明显影响，而水稻秸秆覆盖还田有抑制麦田杂草发生的作用（王国忠等，2004）。对江苏稻麦轮作模式的研究表明，水稻秸秆还田量从 1 125 kg/hm^{2}增至 4 500 kg/hm^2，后茬小麦田杂草的发生量显著下降，4 500 kg/hm^{2}秸秆还田量下小麦分蘖期前杂草发生密度下降 60%左右，其中看麦娘、菵草（*Beckmannia syzigachne*）密度下降显著（李贵等，2015）。室内模拟小麦秸秆还田研究发现，小麦秸秆还田可有效控制后茬作物玉米田狗尾草、反枝苋（*Amaranthus retroflexus*）、牛筋草和马唐等杂草种子萌发（王慧敏等，2019）。

对于稻虾共作复合种养模式，稻秸秆还田主要增加了禾本科草密度，而对莎草和阔叶杂草密度无明显影响。湖北省农业科学院植保土肥研究所，2015—2018 年在湖北省潜江市进行了稻虾共作模式下秸秆还田对杂草影响的试验，设计了 6 种处理：①冬泡+稻虾共作+无稻草还田；②冬泡+稻虾共作+稻草还田；③冬泡+冬闲-中稻+无稻草还田；④冬泡+冬闲-中稻+稻草还田；⑤冬干+冬闲-中稻+无稻草还田；⑥冬干+冬闲-中稻+稻草还田。调查了稻虾共作及稻草还田处理对稻田杂草群落的影响。结果表明，田间杂草主要有稗（*Echinochloa crusgalli*）、千金子（*Leptochloa chinensis*）、双穗雀稗（*Paspalum paspaloides*）、异型莎草（*Cyperus difformis*）、水莎草（*Juncellus serotinus*）、灰化苔草（*Carex cinerascens*）、鳢肠（*Eclipta prostrata*）、陌上菜（*Lindernia procumbens*）、水苋菜（*Ammannia baccifera*）、丁香蓼（*Ludwigia prostrata*）、水蓼（*Polygonum hydropiper*）等。水稻苗期，处理 3 的杂草总密度在所有处理中最小，为 59. 2 株/m^2，即冬泡+冬闲+无稻草还田处理不利于杂草的发生。稻草还田处理比对应的无稻草还田处理的禾本科杂草密度大，可能是由于稻草还田带入稗、双穗雀稗等杂草种子较多，导致次年禾本科杂草密度较大。但各处理对莎草和阔叶杂草密度的影响无显著差异（李儒海等，2018）。

第三节　秸秆直接还田中的农机装备适配性问题

随着近些年我国农作物秸秆还田机械化技术的大量普及应用，农业机械在提高生产效率，为农民增收的同时，也凸显出了一些问题。如农机与还田机适应性不高、农机动能利用率低、农机功能单一、适应性不好等（常亚南，2015）。

一、秸秆直接还田机械现状

国外在研制和生产方面起步较早，发展较快（陈小兵，2000）。尤其是意大利、美国、英国、德国、法国、丹麦、日本和西班牙等发达国家在该领域处于领先地位。意大利开发的各类机具品种很多，能满足不同作物残留秸秆的粉碎还田，同类机具换装不同的工作部件可以对牧草、玉米秸秆、小麦秸秆、水稻秸秆、甜菜和灌木丛残留物等进行切碎。美国万国公司于 20 世纪 60 年代初首次在联合收割机上采用切碎机对秸秆进行粉碎还田，其后研制了与 90 kW 拖拉机配套的 60 型秸秆切碎机。英国于 20 世纪 80 年代初在收获机上对秸秆进行粉碎，并采用犁式耙进行深埋。日本采用的是在半喂入式联合收割机后面加装切草装置，切碎后的茎秆长度一般为 10 cm，一次就能完成收获和秸秆粉碎。西班牙阿格里克公司研制的立式粉碎机与拖拉机配套，适合于直立玉米、高粱秸秆以及联合收割机收后抛下的麦秸、豆秸、棉秆及杂草等的直接粉碎。此外，国外还研制出拖拉机带动的卧式转子切碎机，外壳上有挡板，使茎秆撒布均匀，同时带有遇到障碍物时起作用的安全装置。还有一种立式转子切碎机，既可用于秸秆切碎，又可用于修剪草坪和灌丛。国外秸秆还田技术比较完善，机具品种多，性能可靠，但价格昂贵。

我国秸秆还田机研发近些年来取得长足进步，但仍有一定差距。根据秸秆处理的不同方式，我国机械化秸秆还田技术主要包括秸秆整株还田技术、秸秆粉碎还田技术、根茬粉碎及耕翻还田技术联合作业还田技术等，分别有水稻、小麦联合收割机秸秆切碎装置、水田秸秆还田机、秸秆粉碎还田机等机械。尽管我国秸秆还田机械取得较大进步，但因我国的秸秆粉碎还田技术的理论探索较少，农业机具与技术发展的适应性不高，秸秆粉碎还田机械化技术的器具结构、参数以及动力等方面的设置缺少实践和理论的支持，致使很多器具的技术水平较低，适用的范围较窄，复合性能少，与国外还存在一定差距，尤其在秸秆切碎装置、作业负荷、粉碎效果、动力和零部件等方面均存在问题（何毅，

2013)。

二、秸秆直接还田机械存在的主要问题

现阶段，我国秸秆还田机械在实际操作过程中，主要表现出以下一些问题。

(一) 水稻、小麦联合收获机秸秆切碎装置存在秸秆抛撒不均匀

目前，高性能半喂入联合收获机在出厂时安装了出草口切碎装置，切碎效果较好，但存在切碎后秸秆不能全幅抛撒，秸秆还田后存在有一半割幅秸秆量偏大，有一半割幅秸秆量偏小的问题。因此，需在切碎装置的后下部增设分散装置，使切碎的秸秆均匀撒在田间。另外，全喂入联合收割机在出草口加装了秸秆粉碎装置。该装置切碎后的秸秆更加集中，有的田间无抛撒秸秆，有的粉碎装置也安装抛撒板，但效果也不理想，现仍需对抛撒装置进行改进，以提高切碎秸秆的抛撒均匀性和提高秸秆还田的效果。

(二) 水田秸秆还田机存在作业负荷大、生产率低

现有水田秸秆还田机的埋草效果较好，埋草率可达 90%以上，但普遍存在作业负荷大、生产率低的问题。其主要原因是埋草刀的结构和技术参数不理想。现应对埋草刀进行优化设计，改进埋草刀入土角等技术参数，降低作业阻力，减轻作业负荷，有利于加快该项技术的推广应用步伐。

(三) 稻、麦秸秆粉碎机粉碎效果差

当前在我国推广应用的秸秆粉碎机为玉米秸秆粉碎机，采用了锤爪或甩刀式打击粉碎结构方式，该机对玉米秸秆粉碎效果较好，但对水稻、小麦秸秆粉碎效果较差，达不到农艺要求。因此，现急需对秸秆粉碎机的粉碎刀进行改进，提高稻麦秸秆的粉碎效果。

(四) 反转灭茬机动力不足、零部件强度质量不够

目前推广应用的反转灭茬机是在原旋耕机基础上改进的，该机推广应用较早，但推广应用的数量较少。其主要原因是拖拉机作业负荷较大，在黏土地无法作业。随着拖拉机动力的逐步增大，90 马力以上的拖拉机可以配套反转灭茬机作业，但又存在着部分零件强度不足的问题，尤其是轴承、皮带、切碎刀片和变速箱等问题比较突出，危险部位无安全防护装置。因此，现急需在零部件强度方面提高，以解决大马力拖拉机配套使用反转灭茬机问题。

针对上述农机配套诸多问题，依据现代农业特定的作业需求，充分利用智能农机、精准农业、机艺融合等技术手段，积极引导农业和农机行业大型骨干

企业，联合优势农业机械研发机构，研发农业生产全过程高端农业装备，进一步提高农业机械与秸秆还田的适配性，促进农业秸秆还田全程机械化、智能化的快速发展。

参考文献

蔡红光,梁尧,刘慧涛,等,2019.东北地区玉米秸秆全量深翻还田耕种技术研究[J].玉米科学,27(5):123-129.

常亚南,边爽,2015.农作物秸秆还田机械化技术应用及发展趋势分析[J].农业与技术,35(12):48.

陈浩,张秀英,吴玉红,等,2018.秸秆还田与氮肥管理对稻田杂草群落和水稻产量的影响[J].农业资源与环境学报,35(6):500-507

陈小兵,陈巧敏,2000.我国机械化秸秆还田技术现状及发展趋势[J].农业机械,4:14-15.

陈鑫,兰康,罗兴,等,2020.油菜秸秆翻埋还田对水稻前期农艺性状及叶片几种酶活性的影响[J].西南农业学报,33(1):53-57.

陈云峰,夏贤格,杨利,等,2020.秸秆还田是秸秆资源化利用的现实途径[J].中国土壤与肥料(6):299-307.

董印丽,李振峰,王若伦,等,2018.华北地区小麦、玉米两季秸秆还田存在问题及对策研究[J].中国土壤与肥料(1):159-163.

方菲菲,2018.麦秸还田对水稻前期生长的影响及其机制研究[D].扬州:扬州大学.

韩惠芳,宁堂原,田慎重,等,2010.土壤耕作及秸秆还田对夏玉米田杂草生物多样性的影响[J].生态学报(5):26-33.

郝桂林,2015.小麦秸秆还田对玉米生长的影响分析[J].安徽农学通报(6):53-54

何毅,2013.农作物秸秆还田机械化技术应用及发展趋势分析[J].农业开发与装备(7):60-61.

黄爱军,赵锋,张莉,等,2009.施肥与秸秆还田对太湖稻-油复种系统春季杂草群落特征的影响[J].长江流域资源与环境,86:515-521.

黄晶,王学春,王红妮,等,2016.油菜秸秆翻埋还田对水稻秧苗生长及土壤性状的影响[J].西南农业学报,29(8):1908-1912.

李波,魏亚凤,季桦,等,2013.水稻秸秆还田与不同耕作方式下影响小麦出苗的因素[J].扬州大学学报(农业与生命科学版),34(2):60-63.
李昌新,赵锋,芮雯奕,等,2008.长期秸秆还田和有机肥施用对双季稻田冬春季杂草群落的影响[J].草业学报,18(3):142-147.
李贵,王晓琳,张朝贤,等,2015.水稻秸秆还田结合炔草酯对禾本科杂草和小麦生长发育的影响[J].植物保护学报,1(1):130-137.
李儒海,黄启超,褚世海,等,2018.稻虾共作及稻草还田对稻田杂草群落的影响[C]// 绿色植保与乡村振兴——中国植物保护学会2018年学术年会论文集.
李少昆,王克如,冯聚凯,等,2006.玉米秸秆还田与不同耕作方式下影响小麦出苗的因素[J].作物学报,32(3):463-465.
李文静,吕亮,杨立军,等,2021.小麦-玉米周年秸秆还田对玉米害虫及敌的影响[J].安徽农业科学,49(20):166-169.
吕亮,杨泽富,常向前,等.稻麦轮作下秸秆还田和耕作方式对水稻螟虫发生的影响(待发表).
牛永志,李凤博,刘建国,等,2008.秸秆还田和不同耕作方式对稻麦轮作田土壤杂草种子库的影响[J].江苏农业科学(1):79-81.
齐永志,2014.玉米秸秆还田的微生态效应及对小麦纹枯病的适应性控制技术[D].保定:河北农业大学.
苏伟,2014.稻草还田对油菜生长土壤肥力的综合效应及其机制研究[D].武汉:华中农业大学.
苏伟,鲁剑巍,周广生,等,2011.稻草还田对油菜生长,土壤温度及湿度的影响[J].植物营养与肥料学报,17(2):366-373.
孙厚俊,赵永强,杨冬静,等,2016.秸秆还田后麦田杂草发生规律及防治技术研究[J].广西农学报(6):1-4.
孙家峰,2013.淮北地区二点委夜蛾发生规律及为害特点浅析[J].安徽农业科学,35:13568-13569.
孙秀娟,李妍,朱利群,等,2012.秸秆集中掩埋还田深度对二化螟幼虫越冬存活率和出土规律的影响[J].江苏农业学报,28(4):743-747.
田仲和,高善民,朱恩,等,2002.麦秸还田不均匀对直播水稻生长的影响及对策[J].中国土壤与肥料(1):26-29.
王国忠,杨佩珍,2001.麦秸还田及水稻氮肥配施技术研究[J].土壤肥料(6):34-37.
王国忠,杨佩珍,陆峥嵘,等,2004.秸秆还田对稻麦田间杂草发生的影响及化除效果[J].上海农业学报(1):87-90.

王汉朋,2018.秸秆还田对玉米纹枯病发生及流行的影响[D].沈阳:沈阳农业大学.

王红妮,王学春,赵长坤,等,2019.油菜秸秆还田对水稻根系、分蘖和产量的影响[J].应用生态学报,30(4):168-177.

王慧敏,魏守辉,张朝贤,等,2019.小麦秸秆对杂草种子萌发和土壤微生物代谢的影响[J].植物保护,45(2):114-120.

王昆昆,刘秋霞,朱芸,等,2019.稻草覆盖还田对直播冬油菜生长及养分积累的影响[J].植物营养与肥料学报,25(6):1047-1055.

王宁,闫洪奎,王君,等,2007.不同量秸秆还田对玉米生长发育及产量影响的研究[J].玉米科学(5):100-103.

王如芳,张吉旺,董树亭,等,2011.我国玉米主产区秸秆资源利用现状及其效果[J].应用生态学报,22(6):1504-1510.

王月星,陈叶平,高松林,等,2007.不同油菜秸秆还田量对免耕直播单季晚稻产量的影响[J].作物研究,21(4):438-439.

王增春,刘胜怀,黄少华,2007.小麦秸秆全量还田稻作氮肥运筹研究[J].江苏农业科学(6):44-47.

谢凤根,龚景春,沈岳良,等,1995.大麦田覆盖稻草的增产效果[J].土壤肥料(4):18-21.

谢中卫,2015.秸秆还田对玉米病虫草害的影响及防治对策[J].现代农业科学(21):140-141.

杨立军,杨泽富,张俊华,等.秸秆腐熟剂对稻麦轮作田小麦赤霉病发生的影响(待发表).

于建光,贺笑,王宁,等,2016.水肥管理减缓麦秸还田对水稻生长负面效应研究[J].土壤通报,47(5):1218-1222.

张建学,2020.小麦秸秆还田对玉米苗生长期和成熟的影响[J].农业开发与装备(1):119-120.

张振江,1998.长期麦秸还田对作物产量与土壤肥力的影响[J].土壤通报,29(4):154-155.

赵亚慧,王宁,于建光,等,2020.不同还田量及还田方式下稻秸淋洗对小麦苗期生长发育的影响[J].山东农业科学,52(1):53-58.

朱建义,郑仕军,赵浩宇,等,2018.不同耕作方式对小麦田杂草发生规律及产量的影响[J].中国农学通报,34(33):12-16.

朱丽君,李布青,施六林,等,2013.小麦秸秆还田对玉米生长发育及产量的影响初探[J].中国农学通报,29(9):123-128.

ZHEN W ,WANG S ,ZHANG C ,et al.,2009.Influence of maize straw amendment on soil-borne diseases of winter wheat[J].Front.Agric.China,3(1):7-12.

第八章　秸秆直接还田下的耕作革命

耕作是指从事农耕，耕种土地的技艺或科学。

——百度百科

秸秆直接还田对于农田生态系统最大的意义，就是有机质回归土壤，增加了土壤中的有机碳。补充给土壤的有机碳是否能固持？或者说能在土壤中保持多长时间？这是应当予以关注的。还有一个方面的问题是我们不得不考虑的，就是大量有机质加入土壤之后，必将引起农田生态系统的一系列变化，势必对原有耕作方式和技术形成挑战，进而引发一场深刻的耕作革命。

戴维·蒙哥马利在《耕作革命》一书中指出，耕作革命是以土壤健康为实践核心，将农业技术和农业生态学相结合，将古老的观点和现代科学技术相结合，从而恢复土壤的肥力。本章节中所说的耕作革命是在秸秆直接还田条件下，以土壤为核心，围绕农田生态系统向好的方向演化而展开的耕作制度调整，包括种植制度、栽培技术、耕整技术和耕地休养生息的安排，以及适应双碳目标下的耕作技术创新，最终达到培育健康土壤，保持土壤可持续利用。

第一节　完善耕作制度

耕作制度是农作物栽培的方式和用地、养地农业技术体系的总称，主要包括作物种植制度和与种植制度相适应的技术措施。显而易见，进行耕作革命，必须首先调整和完善好耕作制度。

一、耕作制度必须适应现代农业的时代特征

秸秆直接还田，是随着我国经济社会发展而逐步成为一项主要的农艺措施的。从某种意义上来说，秸秆直接还田是一个历史范畴，是时代发展的产物。与其说是秸秆直接还田触动着耕作制度，不如说是耕作制度的变革，正在不断

适应现代农业发展的要求。

完善耕作制度，必须坚持农业绿色发展方式。正确处理人与自然的关系，在耕作制度的安排上，更加注重资源节约、环境友好。现阶段，要把提高劳动生产率、土地利用率和节水、减肥控药减排作为重要目标予以考量。加快农业生产方式由过度消耗资源向节能减排绿色发展转变，由保证“量”的供应向满足“质”的提高转变，不再单纯追求产品的数量增长，而要追求质量、品牌，保证产品优质、健康、绿色。

完善耕作制度，必须坚持资源循环利用。通过农业技术创新，调整和优化生态系统产业结构，延长产业链条，提高农业系统物质能量的多级循环利用。有学者将循环农业模式分类为：农业复合型循环模式、农业生态保护型循环模式、农业废弃物循环再利用模式和产业链循环模式。其中复合型循环农业模式中最典型的就是种养循环模式，将种植业与畜牧业结合，种植业主副业产品充分利用，实现资源的循环使用。种养循环模式中存在的问题是种养分离，全国70% 以上农业园区为单一种植业或单一养殖业，严重缺乏种植与养殖的相互衔接。为改变种养分离，重塑种养结合，可以地块可消纳的有机肥量来确定养殖业的布设，使养殖废弃物可以有效返回农田。无论哪种循环农业模式，都必须注重重点环节如饲料化、肥料化、基料化的有效衔接。

完善耕作制度，必须坚持充分利用光、温、水等自然资源。根据当地的农业气候资源，结合农作物生长发育所需的水、光照、温度等条件，调整农作物种植安排。如，长江中下游地区，在水稻种植上，为解决光温资源“两季不足、一季有余”的问题，实施再生稻栽培，既避免了生产上的气候风险，又充分利用了光、温、水资源，提高了单位面积上的粮食产量。又如，在光温资源相对紧缺的黄淮海北部，针对冬小麦播种过早导致夏玉米成熟度低，选用半冬性小麦品种晚播（5~7 d），中熟品种玉米晚收（5~7 d)，发挥玉米高光效优势。而南部光温资源充足区，种植半冬性晚熟小麦品种早播（6~8 d)，中晚熟品种玉米晚收（7~10 d)，两季充分利用休闲期的积温和辐射资源，实现增产增效。

完善耕作制度，必须坚持用地养地相结合。因地制宜，建立耕地轮作制度，促进可持续发展。种植“养地型”作物，如种植蚕豆、豌豆、大豆、绿豆、花生等豆类作物，可进行生物固氮，增加土壤氮素含量；种植油菜、棉花等“兼养型”作物，改善土壤理化性状，促进农作物高产；实行稻田养鱼、稻田养鸭等“复合型”种养模式，以培肥地力、恢复土壤元气。

完善耕作制度，必须坚持节本增效、粮食优质丰产。我国传统的劳动密集型精耕细作农业，随着农村劳动力日益紧张，逐步向轻简化、机械化、标准化农业生产转变。耕作制度安排，必须体现节本省工、农机农艺有机融合。同时，围绕我国粮食总产量13 000亿斤（1 斤=500 g）的丰产目标，合理调整农业布局，严格统筹粮经饲发展，在耕作制度上避免“非农化”“非粮化”，为实现农产品的有效供给提供制度保障。

二、秸秆还田条件下的耕作制度安排

根据不同区域的资源条件和生态特点合理调整种植制度。南方多熟地区，发展禾本科与豆科、高秆与矮秆、水田与旱田等多种形式的间作、套种模式，有效利用光温资源，实现可持续发展。东北地区，实行玉米大豆轮作、玉米苜蓿轮作、小麦大豆轮作等生态友好型耕作制度，发挥生物固氮和养地肥田作用。北方农牧交错区，重点发展节水、耐旱、抗逆性强等作物和牧草，防止水土流失，实现生态恢复与生产发展共赢。西北风沙干旱区，依据降水和灌溉条件，以水定种，改种耗水少的杂粮杂豆和耐旱牧草，提高水资源利用率。

作物种植单一化的地区需建立合理的轮作制度来调整作物的生产，通过不同作物的轮作复种，培肥土壤，恢复地力，保证农业产出的持续稳定。我国南方水稻区 80%左右的冬闲田，可利用稻田冬季休闲进行绿肥作物的种植，稻田的水旱轮作既解决了连续淹水种水稻造成的耕层变浅、土壤板结，还达到了增加作物产量和农民收入的目的。北方积极探索豆谷轮作、粮肥轮作模式，不仅可以改善连作障碍，还能提升土壤肥力。

农作物间作套种是利用群落空间结构原理，将空间资源充分利用起来。由于丘陵地区受地理条件限制，机械化、集约化生产力不足，推广马铃薯和玉米、蔬菜及棉花等农作物的间作套种种植，能提高土地利用率，增加耕地面积的单位产出。在无霜期较短、光热资源较差的地区，实行高秆作物与矮秆作物、深根作物和浅根作物的混作方式，最大限度地利用有限的资源。

积极探索作物栽培技术。无论是长期秸秆还田，还是短期秸秆还田，对下茬作物栽培的全过程都会产生较大影响。因而，在秸秆还田条件下作物栽培技术也要作相应的调整。在整地上，是采用深翻、旋耕，还是深松？是长期采用一种耕整形式，还是几年一调整？在播种上，播量要增加还是要减少？在肥料运筹上，基肥-追肥-穗肥如何确定？在水分管理上，如何适时调控？在作物收获上，选择什么机型、留茬高度、粉碎长短等等如何确定？面对这些问题，需要根据不同生态区、不同土壤类型、不同作物种类和种植制度，开展相应的技术研究，逐步构建秸秆还田条件下的作物栽培技术体系。

大力实施耕地休养生息。耕地休养生息主要包括耕地养护行动、退耕还林还草、轮作休耕试点、耕地污染防控治理等。一是开展耕地修复和养护，提升耕地有机质含量。积极推广秸秆还田模式、推进农业废弃物肥料化利用，实施果蔬茶等作物有机肥替代化肥行动，调整种植结构，恢复种植绿肥、豆科等养地型作物。二是将水土流失严重的坡耕地、严重沙化耕地和严重污染耕地退出耕种，种上树、草，改善生态环境。三是因地制宜推行轮耕休耕试点：在地下水漏斗区开展休耕或调整种植结构，实行"一季休耕、一季雨养"，减少地下水用量。在耕地重金属污染区，连续多年实施休耕，休耕期间优先种植生物量高、吸收积累作用强的植物。在生态严重退化地区，包括东北西部、华北北部、西北局部的风沙干旱区和西南石漠化地区，实行休耕或调整种植结构，改种防风固沙、涵养水分、保护耕作层的植物（黄国勤等，2017）。

完善耕地质量保护与提升补助政策，支持农业经营者因地制宜采取增施有机肥、保护性耕作、秸秆还田、轮作等措施。落实中央退耕还林还草、轮作休耕试点补助政策。合理确定补助标准，保证农民种植收益不降低，休耕要与原有的种植收益相当。严格落实耕地保护各项法律法规和制度，探索建立地方各级政府耕地保护目标责任制，督促地方各级政府和农业经营主体依法保养耕地。

第二节　倡导保护性耕作

保护性耕作是以土壤健康为中心，对农田实行免耕、少耕，用作物秸秆覆盖地表，减少风蚀、水蚀，提高土壤肥力和抗旱能力的先进农业耕作技术。区别于任何传统耕作方式，保护性耕作旨在促进保持永久性土壤覆盖、最低程度的土壤耕作以及动物和植物物种多样性发展。简单来说，保护性耕作就是尽量少的土壤扰动和尽量多的植物残体覆盖，来呵护受伤的土地和补给土壤有机质，使退化的土壤能够逐渐恢复良好的结构，提高土壤的肥力。

保护性耕作是培肥地力、促进农业可持续发展的重要手段。首先，保护性耕作具有明显的蓄水保墒、培肥地力的作用。通过覆盖或混埋等方式实现秸秆还田，使土壤有机质含量得到提高，土壤抗旱蓄水能力增强。研究表明，土壤有机质每提高1%，蓄水能力或蓄水容量可提高76 m^3/hm^2。因此，实施保护性耕作技术可以改善土壤结构、培肥土壤地力、增加土壤蓄水量、提高水分利用效率、促进农业持续协调快速发展。其次，推行保护性耕作是防治秸秆焚烧、减少温室气体排放的有效措施，能够实现生态、经济和社会效益的有机统一，使资源节约、循环利用和环境保护相互促进，实现人与自然和谐相处、和谐发展。最后，推行保护性耕作是降低农业生产成本、提高生产效益的有效途径。保护性耕作通过免耕、少耕，采取机械化复式作业，简化生产工序，降低作业成本，提高农业生产效益，起到节本增效的作用。

保护性耕作技术措施包括以下几点。

一是田间秸秆覆盖技术。地表作物秸秆覆盖对农田来说就像盖了一层“被子”，具有显著的保墒、调温、压草等作用。秸秆腐解后还可以起到增肥、改土作用，进而改善作物土壤生态环境。同时，用秸秆盖土、根茬固土的方式，保护土壤，减少风蚀、水蚀和水分蒸发，提高天然降水利用率。但是，还田秸秆太长或量过多，可能会造成播种机堵塞；秸秆堆积或地表不平，又可能影响播种质量；多风地区还可能把秸秆吹走，失去地表覆盖作用。因此，必要时可进行如秸秆粉碎、秸秆旋埋、地表平整等作业。

二是免耕少耕技术。以垄作、翻耕为主的传统耕作技术加剧了土壤有机质分解和结构破坏，导致土壤养分流失。翻耕对于生活在土壤中的动物和微生物来说，就类似于地球上发生了地震等灾害，毁坏了它们赖以生存的道路或房子，而免耕或者少耕保护了土壤的原生态特性，保持了土壤生物良好的生存空间，不仅可以促进土壤动物对土壤结构的改良，还能提高土壤微生物的多样性，促进土壤养分的循环和积累，让土壤保持生机和活力。

随着保护性耕作技术的发展，免耕覆盖、深松少耕、自然免耕等在农业生产中将日益发挥重要作用。然而部分地区由于耕作层较浅，常常造成秸秆与土壤混合不匀的现象，土壤中易形成秸秆团。且长期免耕处理，秸秆覆盖在表层，容易导致养分在表层富集。适当的翻耕和旋耕也是必要的，只是要控制周年次数和强度。总体上坚持以少免耕为主，耕翻为次的少耕制，年际间耕与免、深与浅、翻与旋等组合轮替。

三是免耕少耕播种技术。在有残茬覆盖的地表实现开沟、播种、施肥、施药、覆土镇压复式作业，简化工序，减少机械进地次数，降低耕作成本。

四是杂草及病虫害防治技术。一般情况下，在一年内适时喷撒或机械表土作业控制杂草。

保护性耕作是一种保护土壤的理念。由于保护性耕作具有保水保土、节本增效等功能，受到国外许多国家的推广。我国的保护性耕作具有自身的特点，它不仅要解决水土流失、环境污染等问题，还应考虑到我国人多地少，粮食如何增产增效的问题。随着现代化农业的高速发展，保护性耕作需与机械、耕作、种植和管理技术统筹考虑，形成标准化、轻简化、机械化的现代土壤耕作技术模式与技术规范。

第三节　创新“双碳”目标下的耕作技术

2020年9月，我国明确提出二氧化碳排放力争于2030年前达到峰值，努力争取2060年前实现碳中和的双碳目标。“碳达峰”是指我国承诺2030年前，二氧化碳的排放不再增长，达到峰值之后逐步降低。“碳中和”是在“碳达峰”后，针对排放的二氧化碳，要采取植树、节能减排等各种方式全部抵消掉，通过这种中和作用，在2060年前实现二氧化碳“零排放”。实现碳达峰、碳中和目标具有重要的现实意义和长远的战略意义。当前，全球2/3以上的国家和地区已经提出了碳中和愿景，覆盖了全球二氧化碳排放和经济总量的70%以上。未来，围绕碳达峰、碳中和将掀起一场新的科技创新与产业变革的浪潮。

一、农业“双碳”目标形势

农业实现碳达峰、碳中和具有鲜明的产业内生特征，很有必要单独开展研究。首先，农业自身对气候变化非常敏感，气候变化会给农业带来更多的不确定性。其次，农业是第二大温室气体排放源，也是碳排放的重要来源之一。我国农业生产活动产生的温室气体排放占全国总量20%左右，碳排放占全国碳排放总量13%左右。同时，农业也是唯一创造碳汇的领域。2013年我国农业总碳汇约1.58亿t，之后逐年小幅下降，2020年农业总碳汇约为1.57亿t。自1961年有统计以来，中国农业碳排放总体呈上升趋势，经历了平稳增长、快速增长、趋于达峰三个阶段。1961年农业碳排放总量为2.49亿t二氧化碳当量（CO_2eq），到2016年达到8.85亿t后略有下降，2018年为8.7亿t，如按此趋势，农业碳排放已经趋于达峰。但农业能源消耗的碳排放一直呈上升趋势，从1979年的3 002.32万t上升到2018年的2.37亿t，增长了近7倍。截至2018年，能源消耗占比已经超过化肥，达到农业碳排放的27.18%，成为第一大排放源。随着未来中国农业机械化水平的进一步提高，预计农业能源消耗带来的碳排放还将进一步上升，这将成为影响中国农业整体碳达峰的最大不确定因素且碳排放未达到峰值。从排放来源看，能源消耗、化肥、动物肠道发酵、水稻种植是四个最主要的来源，2018年它们占据总排放量的76.9%。从排放物的成分来看，我国农业碳排放以甲烷和氧化亚氮两类非二氧化碳温室气体为主，二氧化碳是第三种温室气体来源。2018年甲烷、氧化亚氮、二氧化碳的排放比例大致为 3∶4∶3（FAO）。

二、“双碳”目标实现路径

农业实现碳达峰、碳中和的路径主要包括减少碳排放，捕获碳和提高固碳能力 3 个方面。

一是减少碳排放。包括采用高产低碳品种、旱耕湿整、增密控水栽培、施用减排肥料等抑制稻田甲烷产生，加快甲烷氧化，降低甲烷排放；优化施肥方式，提高肥料利用效率，降低氧化亚氮排放，以及改善动物健康和饲料消化率，控制肠道甲烷，提高畜禽废弃物利用率，减少甲烷和氧化亚氮排放。

二是生物捕碳技术。种植光合作用强的植物，将 CO_2 作为气肥大量使用，创造高效率光合作用环境，提高植物生产率；还可将捕获的 CO_2 转化为碳酸氢盐，用于微藻的养殖，固碳效率可达 60%~80%，微藻所产生的有机物可用于养殖、生物肥及清洁燃油生产等。藻类养殖对场地要求不高，全国的盐碱地、废弃矿山均可利用。

三是提高农田固碳能力。实施保护性耕作，提升团聚体稳定性，从而提高土壤碳储量。在轮作中加入豆科植物或牧草，增加土壤有机质的固定。秸秆还田和有机肥施用，增加土壤的碳输入，提升农田土壤有机碳含量。

三、“双碳”目标下的耕作技术创新

为实现农业碳达峰、碳中和的目标，耕作技术创新应围绕 3 个方面展开。

一是积极探索固碳减排的耕作方式。要衡量种植作物的品种、搭配和栽培技术是否可以达到固碳减排的效果。如一年多熟制栽培、免耕少耕栽培及间作套种，多样化的种植结构不仅能提升土壤肥力及均衡养分，而且能丰富土壤生物多样性，有利于土壤固碳。从常规深耕转向少耕或免耕，减少对土壤的扰动，避免土壤结构的破坏，减少碳排放，增加土壤有机碳储量。

二是加大在农业能源消耗、化肥施用、动物肠道发酵、水稻种植等方面减排技术的创新力度。在节省能源上，开发高效节能的新型农机（具），推广节能型农机（具）的使用，加大太阳能、风能等在农机能源中的比重，减少农机能源消耗带来的碳排放。合理安排养殖结构和规模，优化饲料配方，改善动物营养，减少动物消化过程中甲烷排放量。完善水稻种植的肥水管理和水田耕整措施，控制稻田甲烷产生量。

三是大力开发生物固碳技术，利用微生物和植物的光合作用，提高生态系统的碳吸收和储存能力，从而减少 CO_2 在空气中的浓度。

第四节　构建土壤健康管理体系

健康土壤是农业绿色发展的基础，直接关系到农产品安全，影响人类健康。土壤健康是指土壤在生态系统以及土地利用范围内作为重要生命系统发挥作用的能力，以维持植物和动物的生产力，维持或提高水和空气质量，促进植物和动物的健康。康奈尔大学 Johannes Lehmann 等在《土壤健康的概念和未来展望》中指出，土壤健康必须考虑 3 点：通过多功能管理来提高土壤生态系统服务，包括可持续植物生产、水质控制、人类健康改善和气候变化缓解；通过管理土壤来改善一项服务的同时可能对另一项服务产生积极（协同）或负面影响（权衡）；土壤健康管理应长期维持土壤的服务功能。

《土壤健康资源指南》中指出，加强土壤健康管理，应该做到 5 个自觉。第一是保持土壤覆盖。高土壤覆盖率能有效地限制土壤水分蒸发和缓冲土壤温度，为微生物创造适宜的生存环境；覆盖物如同土壤保护层能减少极端气候对土壤的负面影响，如减少雨滴冲刷导致的土壤孔隙堵塞。第二是减少土壤扰动。最小程度的干扰是土壤健康的关键原则。免耕技术配合种植覆盖作物提高了土壤的有机碳含量且改善了土壤结构。覆盖作物保证了碳流量，免耕减少了土壤碳的流失。土壤具有稳定的团粒结构，有利于通气、保肥、保水及促进有益微生物的繁殖。第三是增加植物的多样性。覆盖作物越多样化，根系分泌物相应地多样化，能为土壤微生物群落提供更丰富的营养物质，也保证了生物群落的多样性。这样有助于控制植物病害、杂草、虫害，有助于与植物的根形成有益的共生关系。第四是尽可能保证全年有根存活在土壤中。活着的根系既能将富含碳的根系分泌物输送给土壤微生物，又能通过生物过程交换将养分输送给植物，促进养分的循环。第五是将动物纳入健康生态系统中。在轮作休耕期间，将牲畜带入种植作物农田，一方面牲畜有了饲料，另一方面牲畜的排泄粪肥给土壤表面覆盖了一层新鲜养分，提升了土壤有机质含量。

一、培育健康土壤

培育健康土壤的措施有很多，包括保护性耕作、种植覆盖作物和作物轮作，以及投入品干预等。但是，培育健康土壤的两个方面的基础工作不容忽视。

其一，提高土壤有机碳含量。土壤有机碳之所以受到重视，是因为土壤有机碳是土壤的关键物质，是形成土壤结构和土壤体的基础。构建土壤有机碳是激活土壤健康的关键策略，这反过来又有助于维持农业生产力及其对极端条件的恢复力（IPCC，2019；Rumpel 等，2020）。

一般来说，土壤中的有机碳主要来源于两个部分：一部分是作物生长期间凋落物以及收获后的秸秆根茬部分，另一部分是作物根系分泌物。近年来，土壤有机碳持留存在三种不同的理论：腐殖化理论、选择性保持理论和渐进分解。土壤腐殖质是操作定义，并没有被当今原位光谱显微检测技术观察到，它在自然土壤中并不存在，只是来源于苛刻的化学提取过程中小分子的自行装配。不同于以上观点，关于土壤有机碳稳定性的新理论认为，土壤有机质持留取决于有机化合物的分子多样性，有机—矿物和有机—有机界面之间的相互作用，以及微生物分解有机质的时间变化（Weng 等，2021）。探明秸秆还田处理的分子组成及其多样性变化，结合土壤微生物碳泵理论，即秸秆还田后，由于添加了外源有机物质，会促进大量的微生物生长繁殖，土壤微生物将“吃”进来的植物秸秆碳合成为自身生物量，经过生长和死亡的迭代周转，不断以微生物源有机碳的形式贡献给土壤稳定碳库，进而将外源碳持续地转化为土壤碳库的一部分，提高土壤有机碳含量，能让土壤有机碳的持留时间更久一点，更好地培育健康的土壤。

其二，维持土壤碳氮平衡。土壤碳氮平衡是土壤肥力的基础。不同生态区、不同土壤类型、不同耕作方式，构成了不同的土壤碳氮平衡。碳氮平衡不仅会影响土壤碳、氮的矿化和固定，以调节碳氮的供应强度，还会影响土壤微生物活性、数量及群落结构，以及土壤养分的有效性（张晗等，2018）。当土壤处于合理且相对稳定的碳氮比时，能促进土壤微生物和根系对土壤矿物质营养的吸收，改善土壤团粒结构、提高土壤保肥能力和肥料利用率。

二、管理土壤健康

这里讨论的土壤健康管理，主要是土壤健康管理的监管体系构建问题。

一是构建土壤健康监测评价网络。土壤健康监测点布设要遵循 3 项原则。①全面性原则。监测区要覆盖不同农业生态区域或主要的土壤类型结构。②连续性原则。即点位的布局应除了要满足任务测定目标，还应从后续工作客观需求角度出发，以保障监测工作的连贯性，如长期的土壤动态监测、风险管控等。③可行性原则。设点的位置和数量应保障基础点监测工作后续的开展，要充分参考现场建筑分布、交通等要素，以便于后期各项工作的开展。“十四五”期间，我国生态环境监测目标为构建“大监测”格局，要求对土壤生态健康监测技术进行标准化和定量化；开展多生物指标联合监测；结合遥感和物联网技术扩大土壤时空监测尺度，形成完整的土壤生态环境健康监测与评价体系，为政府管理部门有效监测土壤生态环境提供依据（高旭等，2021）。

二是确定土壤健康的评价指标。不同于土壤耕地质量评价中物理、化学和生物指标3个方面，土壤健康指标应体现土壤生态服务功能，分为3步进行评估。第一步应尽可能从不同土壤类型、用地类型和气候条件下获取土壤样本，并进行物理、化学和生物指标检测，通过主成分分析、相关性分析和聚类分析等数学方法建立最小数据集，从中选择最佳的土壤健康指标，用来描述土壤所能提供的生态系统服务功能。通过相关性分析和主成分分析来最小化需要测量的指标数量，然后采用聚类分析来确定每组在统计上相似指标中最具代表性的指标。第二步是将原始数据转换为标准化分值。常用的方法是将测量指标的绝对值转换为相对值（0%~100%）。第三步是通过最小二乘模型实现数据整合。这些模型将为每个指标提供特定的系数，以表征其对每个土壤服务功能（供给服务、调节服务和支持服务）及整个模型的贡献（Rinot 等，2019）。

三是加强土壤健康管理的法治建设。我国土壤管理正在发生变化：从耕地数量管理向耕地数量质量并重管理转变；从培肥地力、提升产能管理向土壤可持续利用管理转变；从单一的行政手段管理向经济手段、行政手段和法治手段共同管理转变。但是，从土壤健康的要求来看，在管理上还有许多工作要做，尤其要制定和完善土壤健康管理的政策法规，把土壤健康管理逐步纳入法治化管理的轨道。

四是强化土壤健康管理的科研队伍建设。首先要注重智能监测、精细评估、调控方案等土壤健康管理相关基础研究的人才培养。其中包括落实经费保障，保证人才队伍持续培养和科研工作的长期正常开展。其次要注重领军人才的引进。土壤健康管理处于飞速发展阶段，对创新型研究人才、技术型人才和复合型管理人才的需求十分紧迫。要拓展海外顶尖人才的引进，也要鼓励国内优秀人才脱颖而出。

参考文献

高旭，罗浩，张光，等，2021.土壤生态环境健康监测与评价技术现状与展望[J].环境监控与预警，13(5)：38-44.

黄国勤，赵其国，2017.轮作休耕问题探讨[J].生态环境学报，26(2)：357-362.

张晗，欧阳真程，赵小敏，等，2018.江西省不同农田利用方式对土壤碳、氮和碳氮比的影响[J].环境科学学报,38(6):2486-2497.

FAO,2019.Database.Food and Agriculture Organization of the United Nations.

IPCC,2019.Land:An IPCC Special Report on climate change,desertification, land degradation,sustainable land management,food security,and greenhouse gas fluxes in terrestrial ecosystems.The approved Summary for Policymakers (SPM) was presented at a press conference.

RINOT O,LEVY G J,STEINBERGER Y,et al.,2019.Soil health assessment:A critical review of current methodologies and a proposed new approach[J].Science of the Total Environment,648:1484-1491.

RUMPEL C,AMIRASLANI F,CHENU C,et al.,2020.The 4p1000 initiative: Opportunities,limitations and challenges for implementing soil organic carbon sequestration as a sustainable development strategy[J].Ambio,49(1), 350-360.

WENG Z,LEHMANN,ZWIETEN V L,et al.,2021.Probing the nature of soil organic matter[J].Critical Reviews In Environmental Science And Technology, Ahead-Of-Print,1-22.

后　记

秸秆还田，既是一个实践问题，也是一个科学问题。

“十三五”时期（2016—2020 年），在国家、省重点研发项目和湖北省农业科学院重大成果培育项目的资助和支持下，我们科研团队对秸秆还田中的科学技术问题，展开了一些研究，初步形成了一些研究成果。尽管有些工作还在继续，有些观点还不够成熟，但还是觉得有必要将阶段性的研究成果，展示给广大科技工作者和农业战线上的朋友们，以期讨论交流，促进对秸秆还田这一科学问题的认识。

2020 年 1 月 23 日至 4 月 8 日，武汉因新冠疫情封城 76 天。在此期间，我们科研团队一群年青博士，虽然居家隔离，但独处守心活跃网上，没有工作日与非工作日之分，也没有白天与黑夜之别，只要有人发起讨论，或视频会议，或微信群聊，分享秸秆还田试验数据和资料，交流秸秆还田科研中的心得，讨论秸秆还田的相关问题。多次讨论交流，思想不断碰撞，逐步达成共识，最后自然形成了《秸秆何处安放》的写作大纲。随后在 1 年半的时间里，大家分析试验数据，整理相关资料，利用工作之余，辛勤写作，数易其稿，终于完成了本书。

本书出版发行，凝聚了大家的心血和汗水。

应当感谢我们科研团队的各位成员，特别是团队里的年青博士们：邹娟、胡诚、刘东海、张智、张志毅、于翠、董朝霞、刘波、刘威、胡洪涛、刘冬碧、张富林、夏颖、徐祥玉、杨立军、吕亮、李文静、周维、聂新星等。他们提供了大量试验数据，整理了许多科研资料，有的还承担了部分写作任务。

应当感谢农业农村部潜江农业环境与耕地保育科学观测实验站和国家农业环境潜江观测实验站水稻—小麦轮作制度下周年秸秆直接还田长期定位试验、湖北省襄阳市原种繁殖场小麦—玉米轮作制度下周年秸秆直接还田长期定位试验的工作人员。他们为秸秆还田研究提供了优良的平台，做了大量科辅工作。

应当感谢焦春海先生、邵华斌先生、胡定金先生、熊桂云先生。他们在我们科研团队秸秆还田研究项目实施过程中，给予了许多工作上和业务上的具体指导。

应当感谢出版社的同志们。他们为本书顺利出版，做了大量卓有成效的工作。